JN061978

実践的技術者のための
電気電子系教科書シリーズ

# 電気機器

高木 浩一
上田 茂太
上野 崇寿
郷 冨夫 共著
河野 晋
三島 裕樹
向川 政治

理工図書

# 発刊に寄せて

人類はこれまで狩猟時代，農耕時代を経て工業化社会，情報化社会を形成し，その時代時代で新たな考えを導き，それを具現化して社会を発展させてきました。中でも，18 世紀中頃から 19 世紀初頭にかけての第 1 次産業革命と呼ばれる時代は，工業化社会の幕開けの時代でもあり，蒸気機関が発明され，それまでの人力や家畜の力，水力，風力に代わる動力源として，紡績産業や交通機関等に利用され，生産性・輸送力を飛躍的に高めました。第 2 次産業革命は，20 世紀初頭に始まり，電力を活用して労働集約型の大量生産技術を発展させました。1970 年代に始まった第 3 次産業革命では電子技術やコンピュータの導入により生産工程の自動化や情報通信産業を大きく発展させました。近年は，第 4 次産業革命時代とも呼ばれており，インターネットであらゆるモノを繋ぐ IoT（Internet of Things）技術と人工知能（AI: Artificial Intelligence）の本格的な導入によって，生産・供給システムの自動化，効率化を飛躍的に高めようとしています。また，これらの技術やロボティクスの活用は，過去にどこの国も経験したことがない超少子高齢化社会を迎える日本の労働力不足を補うものとしても大きな期待が寄せられています。

このように，工業の技術革新はめざましく，また，その速さも年々加速しています。それに伴い，教育機関にも，これまでにも増して実践的かつ創造性豊かな技術者を育成することが望まれています。また，これからの技術者は，単に深い専門的知識を持っているだけでなく，広い視野で俯瞰的に物事を見ることができ，新たな発想で新しいものを生みだしていく力も必要になってきています。そのような力は，受動的な学習経験では身に付けることは難しく，アクティブラーニング等を活用した学習を通して，自ら課題を発見し解決に向けて主体的に取り組むことで身につくものと考えます。

本シリーズは，こうした時代の要請に対応できる電気電子系技術者育成のための教科書として企画しました。全 23 巻からなり，電気電子の基礎理論をしっかり身に付け，それをベースに実社会で使われている技術に適用でき，また，新たな開発ができる人材育成に役立つような編成としています。

編集においては，基本事項を丁寧に説明し，読者にとって分かりやすい教科書とすること，実社会で使われている技術へ円滑に橋渡しできるよう最新の技術にも触れること，高等専門学校（高専）で実施しているモデルコアカリキュラムも考慮すること，アクティブラーニング等を意識し，例題，演習を多く取り入れ，読者が自学自習できるよう配慮すること，また，実験室で事象が確認できる例題，演習やものづくりができる例題，演習なども可能なら取り入れることを基本方針としています。

また，日本の産業の発展のためには，農林水産業と工業の連携も非常に重要になってきています。そのため，本シリーズには「工業技術者のための農学概論」も含めています。本シリーズは電気電子系の分野を学ぶ人を対象としていますが，この農学概論は，どの分野を目指す人であっても学べるように配慮しています。将来は，林業や水産業と工学の関わり，医療や福祉の分野と電気電子の関わりについてもシリーズに加えていければと考えています。

本シリーズが，高専，大学の学生，企業の若手技術者など，これからの時代を担う人に有益な教科書として，広くご活用いただければ幸いです。

2016 年 9 月　　　　　　　　　　　　　　　　　　　　　　　編集委員会

# 実践的技術者のための電気・電子系教科書シリーズ 編集委員会

**田中秀和**　大同大学教授
博士(工学)（名古屋工業大学），技術士（情報工学部門）
1973 年　名古屋工業大学工学部電子工学科卒業
1973 年　川崎重工業（株）ほかに従事し，
1991 年　豊田工業高等専門学校（助教授，教授）
2004 年　大同大学教授（2016 年からは特任教授）
著書　QuickC トレーニングマニュアル（JICC 出版局），C 言語によるプログラム設計法（総合電子出版社），C++によるプログラム設計法（総合電子出版社），C 言語演習（啓学出版，共著），技術者倫理—法と倫理のガイドライン（丸善，共著），技術士の倫理　（改訂新版）（日本技術士会，共著），実務に役立つ技術倫理（オーム社，共著），技術者倫理　日本の事例と考察（丸善出版，共著）

**所　哲郎**　岐阜工業高等専門学校教授
博士(工学)（豊橋技術科学大学）
1982 年 豊橋技術科学大学大学院修士課程修了
1982 年 岐阜工業高等専門学校（助手，講師，助教授を経て）
2001 年 岐阜工業高等専門学校教授 現在に至る
著書　学生のための初めて学ぶ基礎材料学（日刊工業新聞社，共著）

所属は 2016 年 11 月時点で記載

# まえがき

電気は，理学では宇宙の成り立ちを理解する上の基礎ツールで，工学でも人の暮らしのありかたを決める重要なツールです。我々が生活する上でのエネルギーインフラは電気が基本です。エネルギーの形には，電池や化石燃料などの化学エネルギー，熱，核，運動エネルギーなど，いろいろあります。その中で，私たちの生活の中心に電気エネルギーがあるのは，熱や光，運動，化学物質などとのエネルギーへ変換が容易で，しかも要する時間が短いためです。この現象を取り扱うのが電気エネルギー変換工学で，力学的エネルギーと電気エネルギーの変換を中心に扱う学問を「電気機器工学」と呼びます。持続可能社会，スマート社会へ舵を切ろうとしているいま，電気エネルギー変換工学と電気機器工学を学ぶことはたいへん重要です。

電気機器工学は，電気エネルギー分野の基礎科目です。大きいものは発電所にあるタービン（発電機の回転部など），小さなものは家庭の洗濯機や扇風機を想像するとよいと思います。このような力学的エネルギーと電気エネルギーの変換に用いられる機器は主に3種類です。直流の電気を使うものが直流機，交流を使うものが誘導機と同期機です。このほか，交流の電気の電圧や電流の大きさを変える変圧器があります。これは電気エネルギー同士の変換です。これらの基礎になる学問は，主に電気回路と電磁気です。また，電気機器工学を基礎として発電・変電工学や送電・変電工学など電力応用関係の科目が続きます。半導体素子によるエネルギー変換も，電力応用分野です。現代のエネルギーインフラに不可欠な学問です。電気機器工学は長い歴史を有する実学です。かつては工学における花形学問として多くの優秀な学生がこぞって学ぶ人気の学問であり，現在では持続可能社会を考える上でその重要性を増してきています。

電気機器工学を学ぶ上で、いくつかコツがあります。実学で歴史があることとも関わりますが，なじみのない専門用語も多く出てきます。コツのひとつは，これらの言葉には早く慣れてイメージできることです。実際の機器は複雑な構造をしています。部位の名前も多く，どう理解していいのか戸惑うこともあります。その際は，電気回路の等価回路やフェーザおよびベクトル軌跡，電磁気学の磁気回路や電磁力など，電気の専門基礎科目の内容に置き換えて，基本に立ち戻って考えてください。これが2つめのコツです。本書では，上記のような観点から，電気回路での取り扱いが比較的容易な直流機から学び，次に交流の等価回路とフェーザで扱える変圧器，その後，すべりでフェーザが変化してベクトル軌跡となる誘導機の順番で学べるように構成しました。3つめのコツは体得です。実学ならではの表現は，頭でわかっても腑に落ちないことがあります。例えばこれまで電気回路で，電源の値が与えられて負荷へ加わる電圧や流れる電流，また電力を求める問題を数多く解いてきたと思います。電気機器工学では，機器の定格が決まっているので，負荷への出力（電力，電圧，電流）が与えられていて，電源にあたる発電機の電圧，電流，電力を求める流れが一般的です。電気回路の考え方をしっかり勉強してきた学生さんほど，この違いに違和感を覚えると思います。電気機器工学特有の考え方に慣れてもらうため，本書では多くの例題や演習を準備しています。

本書は従前の教科書に比べると，専門知識の習得よりストーリー，現象のモデル化，モデルの使い方に力点が置かれています。これは，本書が課題解決力育成に力点を置いたためです。前述の3つのコツの具現を目指して、本書を構成しました。学問には奇策はなく、オーソドックスな方法で，地道に繰り返し練習して身体に染み込ませないと上達しません。本書で学ぶにあたり、まず本文中の例題でしっかり問題を解く型を身に付けて，章末の演習問題で型が身についたかを確認してください。導出過程は省略しないで書いてください。あとで見るときにわかりやすくなります。理工系は他人に見せる報告書（レポート）を作成する機会も多く，そのトレーニングにもなります。

本書は12章で構成されています。1回の講義で1章ずつ進められるようにしています。いずれの章もその章の学習でなにができるようになるかは，章のはじめに書いています。ひとつひとつ階段を上るように技を身に付けていってください。ではははじめましょう！

著者一同

# 目　次

# 1章　電気機械エネルギー変換とは

この章の目標は，1）電磁現象の法則について数式を用いた解りやすい説明，2）回転機械の運動についての説明，3）電気機械工学の基礎となる電気機械エネルギー変換の説明ができるようになることである。電気機械とは，電気エネルギーの発生，変換，利用する機械，器具，装置を総称するものである。一般的には，電磁現象を動作原理として用いる回転電気機械と静止機器を指す。機械エネルギーを電気エネルギーに変換する機械を発電機，この逆のエネルギー変換を行う機械を電動機という。また，交流電圧の大きさを自由に変換する機械を変圧器という。これらの電気機械と電磁現象の関わりを学ぶことで，それぞれの電気機械を学ぶ基礎を築く。

## 1.1　エネルギー変換と電気機械

### 1.1.1　エネルギー変換

エネルギーとは，「物理的な仕事を成し得る諸量（運動エネルギー，位置エネルギーなど）の総称」であり，電気エネルギー，熱エネルギー，運動エネルギー，化学反応エネルギー，光（電磁波）エネルギー，原子力のエネルギーなどがあり，いずれも「仕事」をする能力を持つ。

**図 1–1** に，エネルギー変換の例を示す。例えば，水力発電では水の位置エネルギーを利用して電気エネルギーに変換する。電子レンジでは，マイクロ波の振動エネルギーを食品内部の水分に吸収させて熱エネルギーに変換して加熱する。

電気エネルギーは，**図 1–2** に示すように，多種のエネルギーへ変換できるので，利用価値が高いエネルギーといえる。本書では，機械エネルギー $\rightarrow$ 電気エネルギー変換や，電気エネルギー $\rightarrow$ 電気エネルギー変換を取り扱う。

・力学的エネルギー ⇒ 電気エネルギー　：水力発電
・熱エネルギー　⇒ 力学的エネルギー　：ブレーキ
・化学エネルギー ⇒ 光学エネルギー　：花火
・電磁波のエネルギー ⇒ 熱エネルギー　：電子レンジ
・光学エネルギー ⇒ 化学エネルギー　：植物
・電気のエネルギー ⇒ 力学的エネルギー ：扇風機

図 1–1　エネルギー変換の例

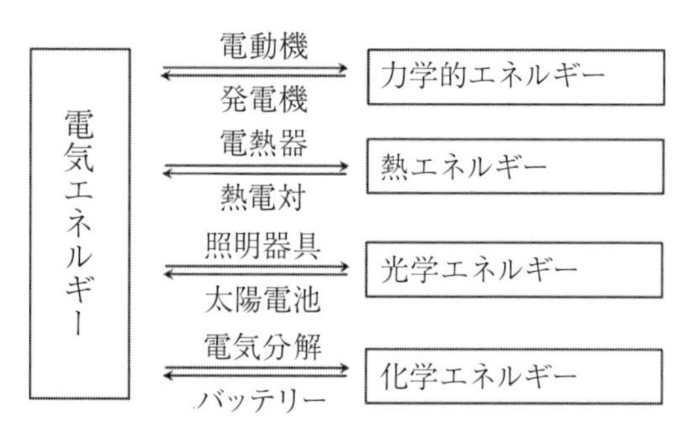


図 1–2　電気エネルギーの変換

### 1.1.2　電気機械

電気機械の種類を**図 1–3** に示す。電気機械は，回転機と回転部を持たない静止器に分けられる。回転機は直流機と交流機に分けられ，交流機は，周波数と回転速度の関係が常に保たれている同期機とそうでない非同期機に分けられる。

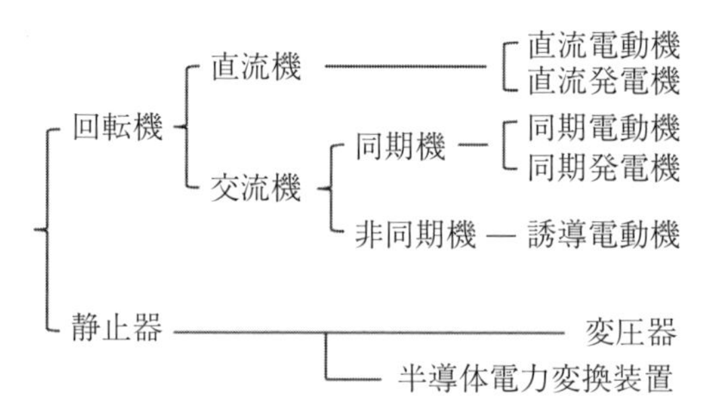


図 1–3　電気機械の種類

また，発電機は機械エネルギーを電気エネルギーに変換し，電動機は電気エネルギーを利用して機械的なエネルギーに変換する。このうち電動機は，国内の電気エネルギーの約 7 割を利用していると言われている。

静止器のうち変圧器は，交流電圧，電流の大きさを自由に変換する機械である。また半導体電力変換装置は，電気回路のスイッチングを行うことができる半導体デバイスを用い，交流から直流に変換する順変換，及び直流から交流に変換する逆変換を行う。順変換装置をコンバータ，逆変換装置をインバータと呼ぶ。半導体電力変換装置を応用することで，電動機速度制御などが容易に行われる。半導体デバイスの技術進歩に伴い電動力応用の技術革新も著しい。

## 1.2　電磁力と起電力

### 1.2.1　電磁力（フレミングの左手の法則）

磁束密度 $B$ [T] の磁界中に電流 $i$ [A] が流れる長さ $\ell$[m] の導体がある場合，その導体には下式のような電磁力 $F$ [N] が働く。

$$F = iB\ell\,[\mathrm{N}] \tag{1.1}$$

この力の向きはフレミングの左手の法則，すなわち**図 1–4** に示すように，左手の人差し指を磁界，中指を電流として，親指の向きが力（電磁力）の向きである。

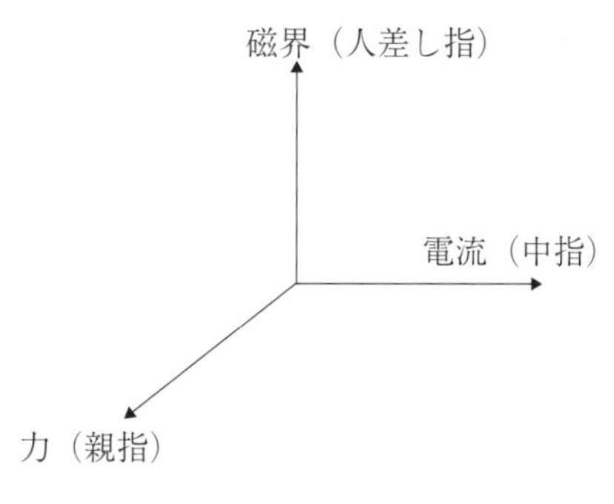


図 1–4　フレミングの左手の法則

例として，**図 1–5** に示すように，2 本の導体に電流が流れる場合，片方の電流 $i_1$ [A] により導体周りに $H = \frac{i_1}{2\pi r}$ [A/m] なる磁界ができるので，この磁界によりもう一方の電流 $i_2$ [A] が単位長さあたり

$$f = \mu_0 H i_2 = \frac{\mu_0 i_1 i_2}{2\pi r} \text{ [N/m]} \tag{1.2}$$

なる力を受ける。したがって，電流が流れる導体間には $f$ なる相互の力が作用することになる。双方の電流が同じ向きのときには吸引力，反対向きのとき反発力が働く。ここで，$\mu_0$ は真空の誘電率であり，導体周辺の物質によっては比誘電率 $\mu_s$ を乗ずる必要がある。

ここで，磁界中の電流が受ける電磁力をマクスウェル応力で表現してみる。**図 1–6** に示すように，外部磁界と導体に流れる電流による磁界との合成磁界は，

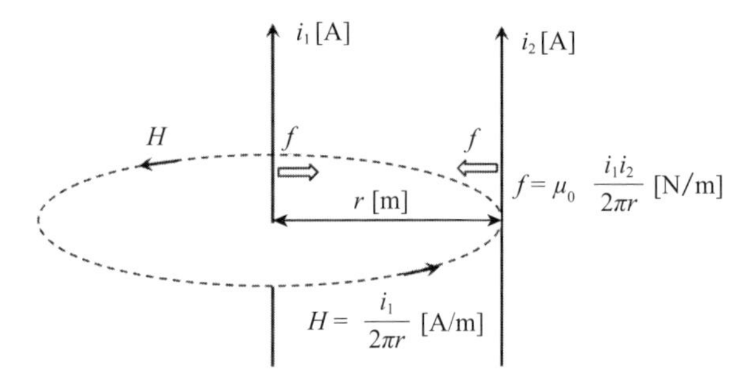


図 1–5　電流が流れる 2 本の導体に働く力

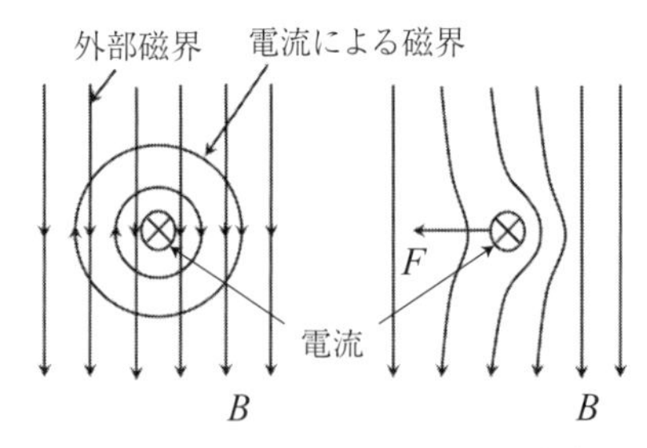


(a) 外部磁界と電流による磁界　　(b) 合成磁界

図 1–6　マクスウェル応力

導体の右側が密に，左側が疎になる。この曲がった磁力線がまっすぐになろうとする力をマクスウェル応力と呼び，左向きに働く。これは，フレミングの左手の法則による電磁力の向きと同じになる。

**例題 1.1**

磁束密度が 0.5 T の磁界中に長さが 0.4 m の直線導体を磁界と垂直の方向に置き，8 A の電流を流したとき，導体に発生する電磁力を求めよ。

**例題解答 1.1**

導体に発生する電磁力は，式（1.1）より，

$$F = iB\ell = 8 \times 0.5 \times 0.4 = 1.6\,\mathrm{N}$$ ◢

### 1.2.2　起電力（フレミングの右手の法則）

磁束密度 $B$ [T] なる磁界中で長さ $\ell$ [m] の導体を速度 $v$ [m/s] で移動させると，導体に下式に示すような起電力 $e$ [V] が発生する。

$$e = vB\ell\,[\mathrm{V}] \tag{1.3}$$

この起電力の向きはフレミングの右手の法則,すなわち**図 1–7** に示すように,右手の人差し指を磁界,親指を移動方向として,中指の方向が起電力の向きになる。

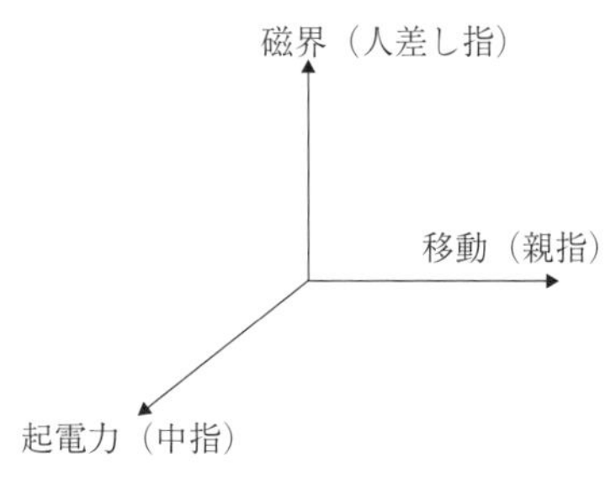


図 1–7　フレミングの右手の法則

ここで，磁界中の導体の移動により発生する起電力を電磁誘導の法則で表現してみる。**図 1–8** に示すように，磁界中で長さ $\ell$ の導体が時間 $dt$ 中に距離 $dx$ 動くと $v = dx/dt$ となり，また移動した領域 $dx \cdot \ell$ だけ導体が磁束 $dx \cdot \ell \times B$ を切ることになり，同量の $dx \cdot \ell \times B = d\psi$（巻数は 1）だけ磁束鎖交数が変化したことに相当するので，起電力

$$e = -\frac{d\psi}{dt} = -\frac{dx \cdot l \times B}{dt} = -vBl\,[\mathrm{V}] \tag{1.4}$$

が発生する。これは，フレミングの右手の法則による起電力と大きさは同じになる。式 (1.4) のマイナスは，正方向を右ねじの向きとすれば反対向きであることを示す。

以上，上記の起電力の式 $e = vB\ell\,[\mathrm{V}]$ は電気機械の発電機の基本となる式であり，電磁力の式 $F = iB\ell\,[\mathrm{N}]$ は電動機の基本となる式であり，ともに電気機械にとって非常に重要である。

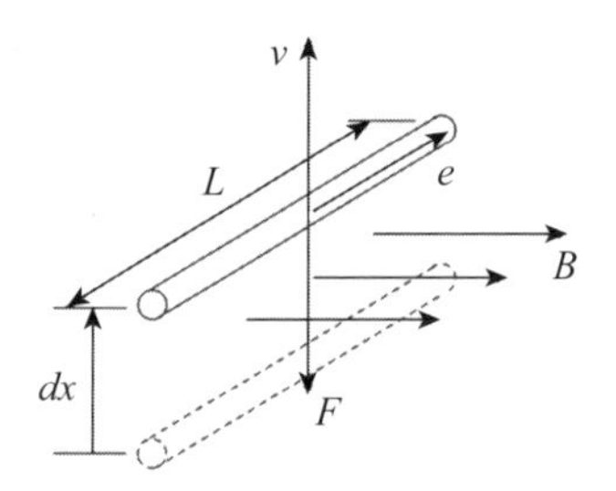


図 1–8　電磁誘導の法則

## 例 題 1.2

磁束密度が 0.5 T の磁界中に長さが 0.4 m の直線導体を磁界と垂直の方向に置き，磁界と導体の双方に対し垂直の方向に 3 m/s の速度で導体を平行移動した場合に誘導される起電力を求めよ。

**例題解答 1.2**

導体に発生する起電力は，式（1.3）より

$$e = vB\ell = 3 \times 0.5 \times 0.4 = 0.6\,\mathrm{V}$$

◢

## 1.3　電動機の原理と発電機の原理

磁界中の導体に電流を流せば導体が移動する電動機作用が生じ，磁界中の導体を動かせば導体に起電力が発生する発電機作用が生じた。同時に，電動機作用で移動する導体には起電力が発生し，発電機作用により起電力が発生する導体は電動機作用を受け移動することになる。

### 1.3.1　電動機の原理

**図 1–9** を用いて電動機の原理を説明する。導体の両端に電源をつなぎ，電流 $i\,[\mathrm{A}]$ を流した場合，式（1.1）に示す電磁力 $F = iB\ell\,[\mathrm{N}]$ が働き，導体は上方向に動く。このとき，電動機として外部から電流を流し込むことで外部磁界との相互作用で導体が磁界中を移動することになるが，同時に導体が磁界を切ることになるので，フレミングの右手の法則により導体に起電力 $e[\mathrm{V}]$ が誘導される。この起電力 $e$ の向きは，電流 $i$ を流す電源電圧 $E$ の向きとは逆になるので，逆起電力と呼ぶ。電動機として導体を上に移動させ続けるためには，逆起電力

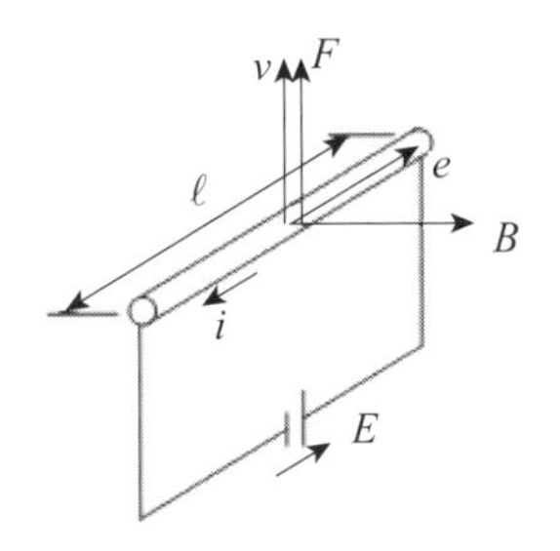


図 1–9　電動機の原理

$e$ に打ち勝って電流 $i$ を流し続ける必要があるので，$e$ より大きな電源電圧 $E$ を加える必要がある。

図 1–9 の回路において，導体の抵抗を $r\,[\Omega]$ とすると，

$$i = \frac{E - e}{r}\,[\mathrm{A}] \tag{1.5}$$

式（1.5）において，$e$ の式に変形し，両辺に $i$ を乗ずると，

$$ei = Ei - ri^2\,[\mathrm{W}] \tag{1.6}$$

式（1.6）において，$Ei$ は電源が供給している電力であり，そのうち $ri^2$ なる抵抗損が熱となって失われ，残りの $ei$ が次項の式（1.9）の変換式にしたがって動力に変換される。すなわち，電磁力 $F\,[\mathrm{N}]$ が外部に対して機械的な仕事をすることになる。以上のように，電力を機械的な動力に変換する装置を電動機と呼んでいる。

### 1.3.2　発電機の原理

**図 1–10** を用いて発電機の原理を説明する。磁界中での導体移動で式（1.3）の起電力 $e = vB\ell[\mathrm{V}]$ が発生するので，導体の両端に抵抗 $R\,[\Omega]$ をつなぐと，抵抗 $R$ には次式のような電流 $i\,[\mathrm{A}]$ が流れる。

$$i = \frac{e}{r + R}\,[\mathrm{A}] \tag{1.7}$$

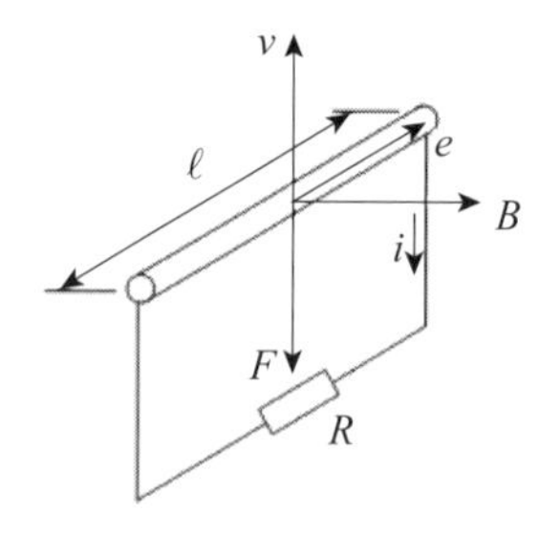


図 1–10　発電機の原理

ただし，$r$ は導体の抵抗 [Ω] とする。式（1.7）を $e$ の式に変形し，両辺に $i$ を乗すると，次式が成立する。

$$ei = ri^2 + Ri^2 \,[\mathrm{W}] \tag{1.8}$$

式（1.8）において，$ei$ は磁界中で導体が移動することにより発生する電力であり，$ri^2$ は導体内部の抵抗によって消費される電力，$Ri^2$ は外部抵抗すなわち負荷に供給される電力に相当する。

ところが，外部から導体を移動させることで導体に起電力を発生する発電機であっても，導体に電流 $i$ が流れると外部磁界から電磁力を受け，フレミングの左手の法則により外部から移動させる向きと反対向きに電磁力 $F$ [N] が発生する。そのため，この電磁力 $F$ [N] に打ち勝って外部から機械力を導体に与え，導体を $v$ [m/s] で移動し続ける必要がある。このとき，外部から供給される動力 $P_{\mathrm{m}}$[W] は，

$$P_{\mathrm{m}} = Fv = (iB\ell)v = (B\ell v)i = ei \,[\mathrm{W}] \tag{1.9}$$

となるので，外部から供給すべき機械的動力は，磁界中で導体が移動したことにより変換される電力に等しくなる。この変換電力のうち $ri^2$ なる抵抗損が熱になって失われ，$(P_{\mathrm{n}} - ri^2)$ が負荷での電気的出力になる。以上のように，動力を電力に変換する装置を発電機と呼んでいる。

### 例題 1.3

100 V で動く電動機がある。この電動機の始動瞬時の電流及び，定格回転時の電流を求めよ。ただし，定格回転時の電動機内部誘導起電力は 96 V，電機子抵抗は 2 Ω とする。

### 例題解答 1.3

停止時の電動機内部誘導起電力はゼロであるから，始動瞬時の電流は，

$$I_{\mathrm{S}} = \frac{100 - 0}{2} = 50 \,\mathrm{A}$$

また，定格回転時の電流は，

$$I = \frac{100-96}{2} = 2\,\mathrm{A}$$

◢

## 1.4 変圧器起電力と速度起電力

電磁誘導によってコイルに起電力を誘導させるには，コイルと鎖交する磁束が時間的に変化するか，または空間的に変化する必要がある。

$w$ 巻のコイルに磁束 $\phi$ [Wb] が鎖交しているとき，磁束鎖交数 $\psi = w\phi$ が時間的に変化する場合，発生する誘導起電力は，

$$\mathrm{e} = -\frac{d\psi}{dt} = -w\frac{d\phi}{dt}\,[\mathrm{V}] \tag{1.10}$$

一方，コイルが $x$ 方向に移動しているとき，磁束 $\phi$ は時間 $t$ と位置 $x$ の関数になり，誘導起電力は，

$$e = -w\frac{d\phi}{dt} = -w\left(\frac{\partial\phi}{\partial t} + \frac{\partial\phi}{\partial x}\frac{dx}{dt}\right) = -w\left(\frac{\partial\phi}{dt} + \frac{\partial\phi}{\partial x}\cdot v\right)[\mathrm{V}] \tag{1.11}$$

ここで，第 1 項の $-w\frac{\partial\phi}{\partial t}$ はコイルが静止していて磁束 $\phi$ が時間的に変化する場合の誘導起電力で変圧器起電力といい，変圧器が動作する原理である。磁束が時間的に変化する，すなわち交流電流により生ずる磁界により発生するような誘導起電力を意味する。第 2 項の $-w\frac{\partial\phi}{\partial x}\cdot v$ はコイルが速度 $v$ [m/s] で移動している場合の誘導起電力で速度起電力といい，回転電気機械が動作する原理である。大きさが変化しない磁束でも空間的に移動するとか，または，コイルが移動するなど，相対的な移動により誘導起電力が発生することを意味する。

### 1.4.1 変圧器起電力の大きさ

変圧器起電力は，例えば変圧器の鉄心内の磁束 $\phi$ が角周波数 $\omega$ [rad/s] として

$$\phi = \varPhi_{\mathrm{m}}\cos\omega t\,[\mathrm{Wb}] \tag{1.12}$$

のように正弦波状に変化するとき，コイルに誘導される起電力 $e_t$ は，

$$e_\mathrm{t} = -\frac{d\phi}{dt} = \omega\Phi_\mathrm{m}\sin\omega t\,[\mathrm{V}] \tag{1.13}$$

となり，この実効値 $E_\mathrm{t}$ は，$\omega = 2\pi f$（$f$：周波数 [Hz]）として，

$$E_\mathrm{t} = \frac{\omega\Phi_\mathrm{m}}{\sqrt{2}} = \frac{2\pi f}{\sqrt{2}}\Phi_\mathrm{m} = 4.44f\Phi_\mathrm{m}\,[\mathrm{V}] \tag{1.14}$$

となる。コイルの巻数を $w$ とすると，変圧器起電力の大きさ $E_\mathrm{te}$ [V] は，

$$E_\mathrm{te} = 4.44fw\Phi_\mathrm{m}\,[\mathrm{V}] \tag{1.15}$$

となる。

**例 題 1.4**

断面積 500 cm² の鉄心の許容最大磁束密度を 1.4 T とした場合，1 巻の巻線に誘導される起電力を求めよ。ただし，電源の周波数は 50 Hz とする。

**例 題 解 答 1.4**

式（1.15）より誘導起電力の実効値を求めると，断面積が 0.05 m² であるから最大磁束 $\Phi_\mathrm{m} = 1.4 \times 0.05 = 0.07\,\mathrm{Wb}$ より，$E = 4.44fw\Phi_\mathrm{m} = 4.44 \times 50 \times 1 \times 0.07 = 15.5\,\mathrm{V}$ が得られる。

### 1.4.2　速度起電力

円周方向に対し正弦波状のギャップ磁束を発する磁極が回転する場合，固定側に配置しているコイルと鎖交する磁束は，**図 1–11** に示すように，磁極の回転に伴い変化する。鎖交する磁束は斜線部に相当（横軸より上の斜線部が +，下が −）するとして，(a) の磁束を $\Phi$（1 極あたりの磁束に相当）とすると，(b) ～ (e) へと進んで行くにつれて，$\phi = \Phi\cos\omega t$ [Wb] で変化していく。コイルの巻数が $w$ であるとすると，誘導起電力 $e_\mathrm{s}$ は，

$$e_\mathrm{s} = -w\frac{d\phi}{dt} = -w\frac{d}{dt}(\Phi\cos\omega t) = w\omega\Phi\sin\omega t\,[\mathrm{V}] \tag{1.16}$$

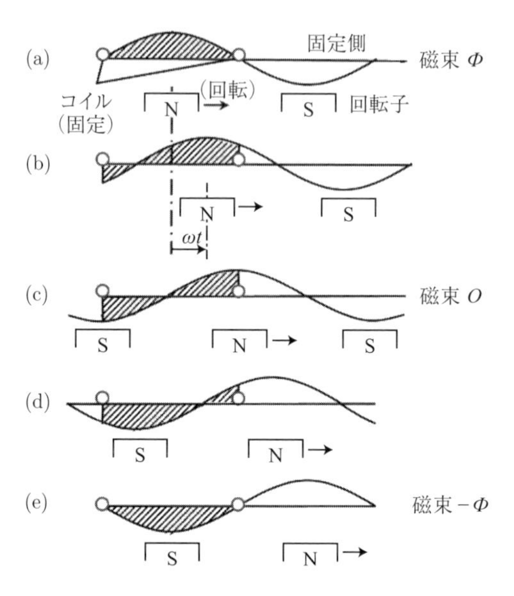


図 1–11　速度起電力発生時の磁束

となり，この速度起電力の実効値 $E_{\mathrm{se}}$ は，

$$E_{\mathrm{se}} = \frac{w\omega\Phi}{\sqrt{2}} = 4.44 f w\Phi \,[\mathrm{V}] \tag{1.17}$$

となる。これは，変圧器起電力 $E_{\mathrm{te}}$ に相当する。

## 1.5　磁気回路

電気機械は，機械エネルギーを磁気エネルギーに変換し電気エネルギーに変えたり，電気エネルギーを磁気エネルギーに変換し機械エネルギーに変えたりする。磁気回路は磁束を通す鉄心，ギャップなどから構成される。回転機にとってギャップは必須であるが，磁気回路から見れば磁束を漏れさせる原因になる。

磁束と鎖交する巻線の磁束鎖交数の時間的変化により電圧を誘導することができる。この磁束鎖交数を元の電流で割った値をインダクタンスと呼ぶ。

### 1.5.1　インダクタンス

電気機械の巻線に電流が流れると，その起磁力により磁束が発生する。この磁束は，大部分が他の主巻線と鎖交し機械としての本来の機能を発揮する。

巻数 $w$ の巻線に電流 $i$ [A] を流すと磁束 $\phi$ [Wb] が発生する。磁気回路の抵抗を $R_{\mathrm{m}}$[A/Wb] とすると，磁束 $\phi$ は，

$$\phi = \frac{wi}{R_{\mathrm{m}}}\,[\mathrm{Wb}] \tag{1.18}$$

で表される。ここで，$F = wi$ [A] は起磁力である。

巻線と磁束が全て鎖交すると仮定して，磁束鎖交数 $\psi$ は，

$$\psi = w\phi = \frac{w^2 i}{R_{\mathrm{m}}} \tag{1.19}$$

したがって誘導起電力 $e$ [V] は，

$$e = -\frac{d\psi}{dt} = -\frac{w^2}{R_{\mathrm{m}}} \cdot \frac{di}{dt} = -L\frac{di}{dt}\,[\mathrm{V}] \tag{1.20}$$

ここで，$L = \frac{w^2}{R_{\mathrm{m}}}$ をインダクタンスと呼び，巻線に単位電流を流したときの鎖交磁束に相当し，$L = \frac{w^2}{R_{\mathrm{m}}} = \frac{\frac{w^2 i}{R_{\mathrm{m}}}}{i} = \frac{\psi}{i}$ [H] で表される。このインダクタンス $L$ の角周波数 $\omega$ の交流に対する作用をリアクタンス $X = \omega L$ といい，交流理論で扱われる $\dot{E}_{\mathrm{L}} = j\omega L\dot{I}$ として実効値 $\dot{I}$ の交流電流により逆起電力 $\dot{E}_{\mathrm{L}}$（誘導起電力 $\dot{E}$ とは逆向き）を発生させる。

### 1.5.2　漏れインダクタンス

電気機械の巻線に電流を流すことで発生する磁束のうち，一部は自分自身の巻線としか鎖交しない。この磁束を漏れ磁束と呼ぶ。巻線に電流を流すと漏れ磁束も時間的に変化するので，漏れ磁束と鎖交する自分自身の巻線内に誘導起電力を生ずる。この誘導起電力は式（1.20）と同様に電流に比例し電流より 90° 位相が遅れる。

巻数 $w$ の巻線に電流 $i$[A] を流したとき発生する磁束 $\phi$[Wb] のうち，一部は

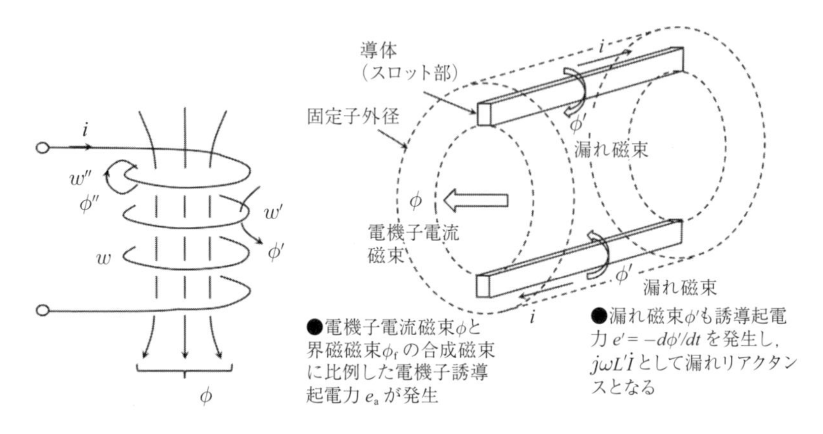


図 1–12　漏れ磁束

自分自身の巻線としか鎖交しないものがある。**図 1–12** の $\phi'$ や $\phi''$ で示す磁束である。これらによる磁束鎖交数 $\psi'$ は，

$$\psi' = w'\phi' + w''\phi''\,[\mathrm{Wb}] \tag{1.21}$$

したがって，漏れインダクタンス $L'$ は，

$$L' = \frac{\psi'}{i}\,[\mathrm{H}] \tag{1.22}$$

で表される。この漏れインダクタンス $L'$ の角周波数 $\omega$ の交流に対する作用を漏れリアクタンス $X' = \omega L'$ といい，交流理論で扱われる $\dot{E}'_{\mathrm{L}} = j\omega L'\dot{I}$ として実効値 $\dot{I}$ の交流電流により逆起電力 $\dot{E}'_{\mathrm{L}}$（誘導起電力 $\dot{E}$ とは逆向き）を発生させる。

なお，図 1–12 には，回転機器のスロット内導体についての，機械本来の電磁作用に寄与する電機子電流磁束 $\phi$ と寄与しない漏れ磁束 $\phi'$ を示している。

### 1.5.3　漏れインダクタンスの例

回転機のスロット部の漏れインダクタンスを，磁束鎖交数を元の電流で割って求めた例を，**図 1–13** に示す。図では簡単のため，導体（$Z$ 本で構成）内部

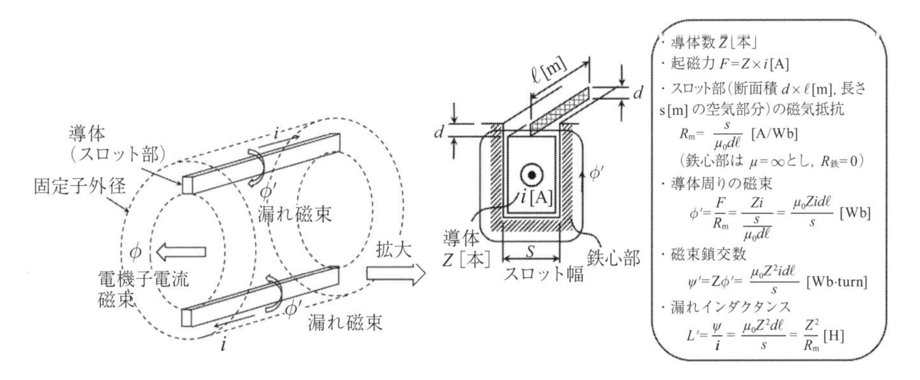


図 1–13　スロット部漏れインダクタンス

は除き，導体外部の漏れインダクタンスのみを求め，$L'=\frac{Z^2}{R_m}$ [H] としている。ただし，$R_m$ はスロット上部の空気部分の磁気抵抗（鉄心部の磁気抵抗は無視）である。

## 1.6 回転運動の動力の基本式

回転機の機械的出力 $P_m$ [W] は，回転子の回転角速度 $\omega$ [rad/s] およびトルク $T$ [N· m] に比例する。すなわち，

$$P_m = \omega T = 2\pi nT\ [\mathrm{W}] \tag{1.23}$$

で表される。ここで $n$[s$^{-1}$ もしくは rps] は回転子の回転速度である。この関係式は回転運動の動力の基本式であり，**図 1–14** に導出過程を示す。

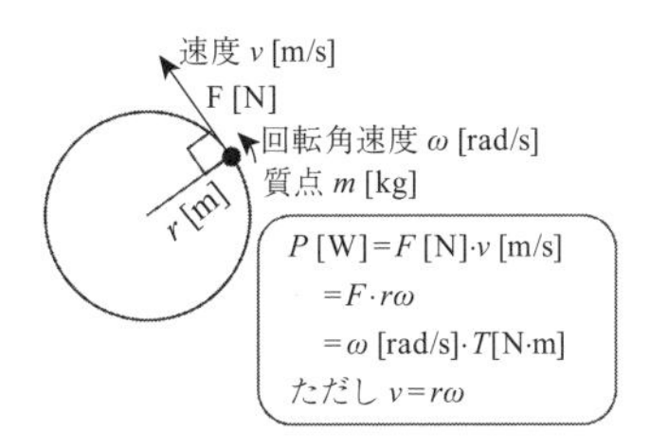


図 1–14　回転体

## 例題 1.5

回転数 $25\,\mathrm{s}^{-1}$ で $10\,\mathrm{N{\cdot}m}$ のトルクを発生している電動機の出力を求めよ．

## 例題解答 1.5

出力は，

$$P = 2\pi \times 25 \times 10 = 1571 = 1.57 \times 10^3\ \mathrm{W}$$

となり，回転数に比例することになる。

## 演習問題

(1) **問題図 1–1** に示すように，磁束密度 0.5 T の一様な磁界中に，長さ 0.4 m の導体を磁界の方向に対し 60° に置き，800 A の電流を流したとき，この導体に働く電磁力を求めよ。

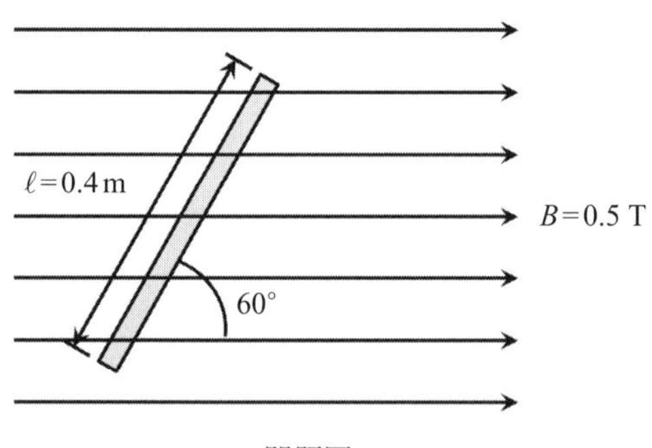


問題図 1–1

(2) **問題図 1–2** に示すように，磁束密度 0.5 T の一様な磁界中に，磁界に垂直な方向に長さ 0.6 m の導体を置き，磁界に対し 60° の方向に速度 4 m/s で移動したとき，この導体に発生する起電力を求めよ。

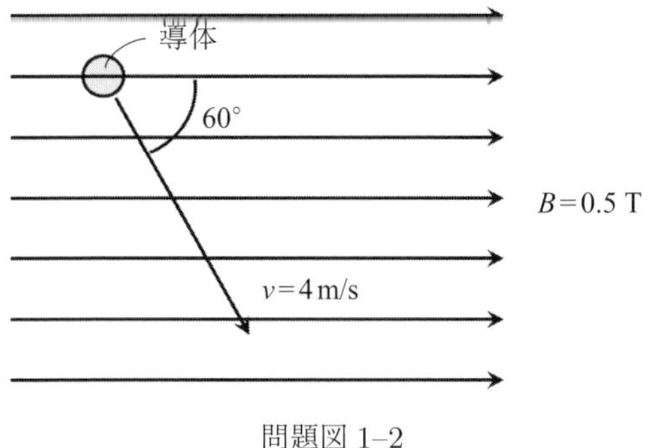


問題図 1–2

(3) 発電機の原理を示す図 1–10 において，磁束密度 0.6 T，導体の長さ 0.5 m，速度 10 m/s とするとき，次に答えよ。ただし，導体の抵抗は 0.01 Ω，外部抵抗は 0.09 Ω とする。

(a) 導体に発生する起電力
(b) 導体に発生する電磁力
(c) 発電電力
(d) 導体の駆動動力

(4) 巻線に流れる電流が 0.01 秒間に 5 A の割合で一様に変化している。このコイルに 25 V の起電力が誘導されるとすると，このコイルの自己インダクタンスはいくらか。

(5) 巻数 20 のコイルに 0.1 A の電流を流したとき，$3 \times 10^{-4}$ Wb の磁束が発生したとする。そのコイルの自己インダクタンスを求めよ。

(6) **問題図 1–3** に示すような断面積 20 cm$^2$，平均磁路長 60 cm の鉄心に巻数 100 回の巻線を巻き，巻線に 3 A の電流を流したとき，長さ 1 mm のギャップに発生する磁束密度を求めよ。ただし，鉄心の比透磁率を 3,000 とし，ギャップ部の磁束は鉄心と同じ断面積を通り漏れ磁束はないものとする。

(7) 問題図 1–3 に示すような断面積 20 cm$^2$，平均磁路長 60 cm の鉄心に巻数 100 回の巻線を巻いた場合，長さ 1 mm のギャップに発生する磁束密度は

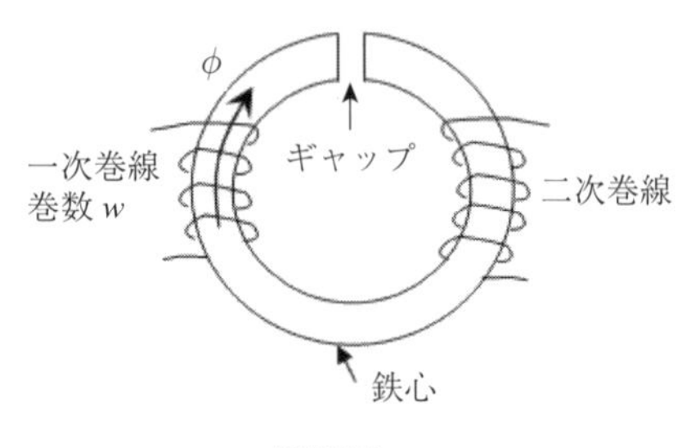


問題図 1–3

1.4 T であった。巻線に流した電流を求めよ。また，ギャップがない場合に必要な電流を求めよ。ただし，鉄心の比透磁率を 3,000 とし，ギャップ部の磁束は鉄心と同じ断面積を通り漏れ磁束はないものとする。

(8) **問題図 1–4** に示すように，磁束密度 0.8 T の磁界中に，縦 0.2 m，横 0.2 m，巻数 30 のコイルが O-O′ 軸に対して回転するように配置している。コイルに 25 A の電流を流すとき，コイルに発生する最大トルクを求めよ。

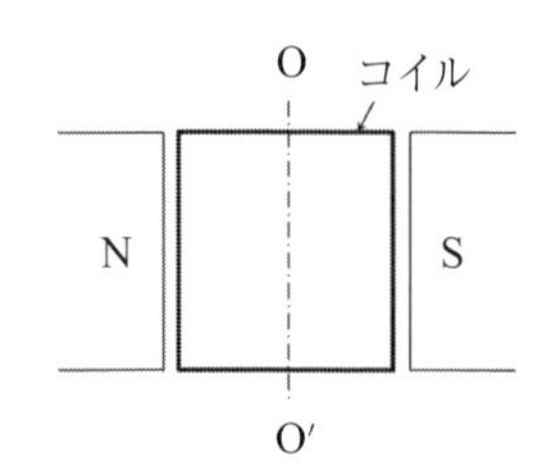


問題図 1–4

## 実習；*Let's active learning!*

手回し発電機を回してみよう。発電機に電球などの負荷をつないだときは回すと重く感じる。負荷をつながないときは軽く回すことができる。重く感じるのは，電球に流れる電流により，手で回すトルクと反対向きのトルクが発電機内部で発生しているからである（1.3.2 参照）。

## 演習解答

(1) 導体に働く電磁力は，導体の磁界に垂直な成分が $\ell \sin\theta$ となることから，

$$F = iB\ell \sin\theta = 800 \times 0.5 \times 0.4 \times \sin 60^\circ = 139\,\mathrm{N}$$

(2) 導体に発生する起電力は，導体の移動速度（磁界に垂直な成分）が $v \sin\theta$

となることから，

$$e = v\sin\theta \times B\ell = 4\sin 60^\circ \times 0.5 \times 0.6 = 1.04\,\mathrm{V}$$

(3) (a) 導体に発生する起電力

$$e = vB\ell = 10 \times 0.6 \times 0.5 = 3\,\mathrm{V}$$

(b) 導体に発生する電磁力

導体に流れる電流は，

$$i = \frac{e}{r+R} = \frac{3}{0.01+0.09} = 30\,\mathrm{A}$$

$$\therefore F = iB\ell = 30 \times 0.6 \times 0.5 = 9\,\mathrm{N}$$

(c) 発電電力

$$P = ei = 3 \times 30 = 90\,\mathrm{W}$$

ただし，導体での抵抗損失 $P_{\mathrm{r}} = ri^2 = 0.01 \times 30^2 = 9\,\mathrm{W}$

外部抵抗での消費電力 $P_{\mathrm{R}} = Ri^2 = 0.09 \times 30^2 = 81\,\mathrm{W}$

発電電力は，導体での抵抗損失と外部抵抗での消費電力に分かれる。

(d) 導体の駆動動力

$$P_{\mathrm{m}} = Fv = 9 \times 10 = 90\,\mathrm{W}$$

導体の駆動動力は，発電電力に等しい。

(4) 巻線のインダクタンス $L$ は下式により求められる（式 (1.20) 参照）。

$$e = -L\frac{di}{dt} \quad \text{（電流 } i \text{ が } dt \text{ 秒間に } di \text{ の割合で変化）}$$

$$25 = -L\frac{5}{0.01}$$

$$\therefore L = \left| -\frac{25}{500} \right| = 0.05\,\mathrm{H}$$

(5) インダクタンスは，磁束鎖交数を元の電流で除した値である。

$$L = \frac{w\phi}{i} = \frac{20 \times 3 \times 10^{-4}}{0.1} = 0.06\,\mathrm{H}$$

(6) 鉄心とギャップ部の磁気抵抗は直列接続されているので，

$$wi = R_\mathrm{m}\phi = \left(\frac{\ell}{\mu_0\mu_\mathrm{s}S} + \frac{g}{\mu_0 S}\right) \times BS$$

$$\therefore B = \frac{wi}{\frac{1}{\mu_0}(\frac{\ell}{\mu_\mathrm{s}} + g)} = \frac{100 \times 3}{\frac{1}{4\pi \times 10^{-7}}(\frac{0.6}{3{,}000} + 0.001)}$$

$$= \frac{0.377 \times 10^{-3}}{0.0002 + 0.001} = 0.314\,\mathrm{T}$$

(7) 磁気回路のオームの法則より，

$$wi = R_\mathrm{m}\phi = \left(\frac{\ell}{\mu_0\mu_\mathrm{s}S} + \frac{g}{\mu_0 S}\right) \times BS$$

$$\therefore i = \frac{B}{\mu_0 w}\left(\frac{\ell}{\mu_\mathrm{s}} + g\right) = \frac{1.4}{4\pi \times 10^{-7} \times 100}\left(\frac{0.6}{3{,}000} + 0.001\right)$$

$$= 11{,}141 \times 0.0012 = 13.4\,\mathrm{A}$$

ギャップのない場合には，

$$wi' = \frac{\ell}{\mu_0\mu_\mathrm{s}S} \times \phi = \frac{\ell}{\mu_0\mu_\mathrm{s}S} \times BS = \frac{B\ell}{\mu_0\mu_\mathrm{s}}$$

$$\therefore i' = \frac{B\ell}{\mu_0\mu_\mathrm{s}w} = \frac{1.4 \times 0.6}{4\pi \times 10^{-7} \times 3{,}000 \times 100} = 2.23\,\mathrm{A}$$

したがって，ギャップがあるときは非常に大きな電流が必要になる。

(8) コイルの片側に発生する最大電磁力は，

$$F = w \times iB\ell = 30 \times 25 \times 0.8 \times 0.2 = 120\,\mathrm{N}$$

したがって，最大トルクは，

$$T = 2 \times F \times r = 2 \times 120 \times 0.1 = 24\,\mathrm{N \cdot m}$$

## 引用・参考文献

1) 広瀬敬一原著，炭谷英夫：電機設計概論［4 版改訂］，電気学会，2007.
2) 天野寛徳，常広 譲：電気機械工学 改訂版，電気学会，1985.
3) 前田 勉，新谷邦弘：電気機器工学，コロナ社，2001.
4) 森本雅之：よくわかる電気機器，森北出版，2012.
5) 野中作太郎：電気機器（I），森北出版，1973.

# 2章　直流機の構造と基本動作

**直流機**（**direct current machine：DC machine**）は，回転などの機械エネルギーを直流の電気エネルギーに変換，また逆に直流の電気エネルギーを機械エネルギーに変換する回転電気機械（電気機器）である。前者を**直流発電機**（**DC generator**），後者を**直流電動機**（**DC motor**）という。原理的には同じで，どちらにも使用できる。電力会社からの電力は，ほとんどが交流電力であるが，アルミニウムや銅の電界精錬，電車の駆動など，直流電力に変換して使用する場合も多い。特に直流電動機は，広い速度範囲で，無段階に精密に速度制御が可能であるため，容量の小さな家電やOA機器，自動車の分野では幅広く用いられている。近年，パワーエレクトロニクスの進歩により交流電動機の制御が進歩し，容量の大きな電動機は直流電動機から交流電動機へ置き換えられつつある。しかし，速度制御の考え方の基本は直流機であるので，直流機の理解は，電気・機械エネルギー変換を学ぶ上で大切になる。本章では，直流機の基本原理と構造，基本特性について学ぶ。

## 2.1　直流機の原理と構造

### 2.1.1　直流発電機の原理

1章で学習したように，直流磁界内でその磁界を横切るように導体を移動させると，導体内にはフレミングの右手の法則にしたがって起電力が発生する。**図2–1**のように，電磁石などを用いて磁場を作り，中央に長方形のコイルを置くことを考える。直流磁界は図のNからSに向かって平行に作られている場合，導体cdの起電力$e$は，

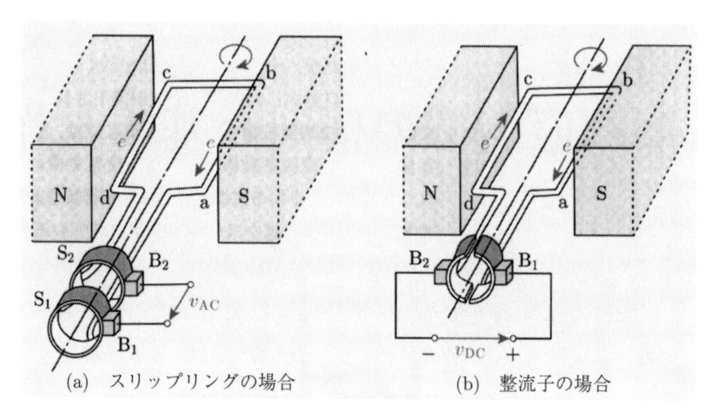


図 2–1　直流発電機の基本原理 1)

$$e = r\omega Bl \times \cos(\omega t) \text{ [V]} \tag{2.1}$$

となる。ただし，$r$ は回転軸から導体までの距離 [m]，$\omega$ は回転するコイルの角周波数 [rad/s]，$l$ はコイルを構成する導体 cd および ab の長さ [m]，$B$ は磁界の強さ [T]，$t$ は時間 [s] を示す。横軸を $\theta(=\omega t)$ としたときの導体の起電力 $e$ を図 **2–2 (a)** に示す。図 2–1 (a) に示すように，2 つの導体 cd および ab で構成されるコイルの両端をスリップリングにつなぎ，ブラシ $B_1$ と $B_2$ 間で電圧を取り出す場合を考える。$B_1$-$B_2$ 間の電圧 $v_{AC}$ は導体 2 つの起電力 $e$ の直列接続

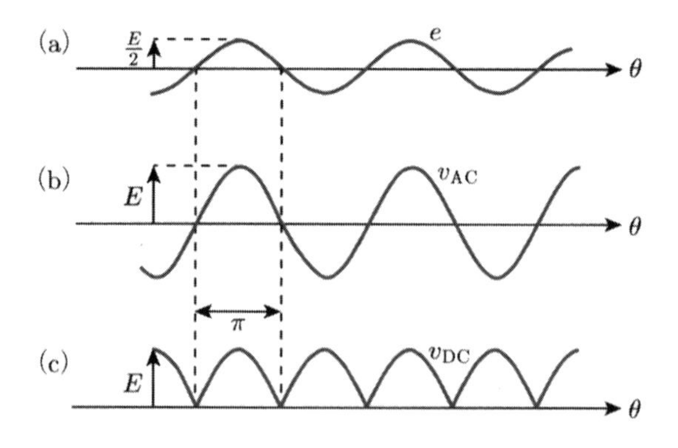


図 2–2　導体の起電力および整流 1)

なので，**図 2–2（b）**のように 2 倍（$v_{\mathrm{AC}}=2e$）となる。これは単相交流（AC）の発生原理である。次に交流を整流して取り出すために，図 2–1（b）に示すように整流子を設け，コイルの両端を接続してブラシ $\mathrm{B}_1$ と $\mathrm{B}_2$ 間で電圧を取り出す場合を考える。整流子はコイルとともに回転するため，コイルが 180° 回転するごとに切り替わり，**図 2–2（c）**のように，整流された電圧が取り出される。

図 2–1 は，導体数が 2，コイル数が 1 の基本的な構成であるが，図 2–2（c）のように正弦波を全波整流しただけで脈動が大きく，直流とはほど遠い。この脈動を小さくして出力波形を直流に近づけるため，直流発電機ではいくつかの工夫がなされる。まず磁界がコイルの進行方向に対して常に垂直となるように，磁石（**界磁極：field pole**）の形状や配置を工夫する。この場合，式（2.1）の $\cos(\omega t)$ は 1 なので導体の起電力は，

$$e = r\omega Bl[\mathrm{V}] \tag{2.2}$$

となる。これでも磁石の極が変わるところで起電力は 0 となり，リップルの大きさは変わらない。そこでさらに，通常，導体数およびコイル数を増やして用いる。**図 2–3（a）**は電機子と呼ばれるコイルを納めている回転部（回転子）に，コイルを納める 4 つの溝（**スロット：slot**）を設け，導体を二層に巻いたものである。コイル数は 4，導体数は 8 である。導体 $a_1$ と $-a_1$ の起電力を $e_1$，$a_2$

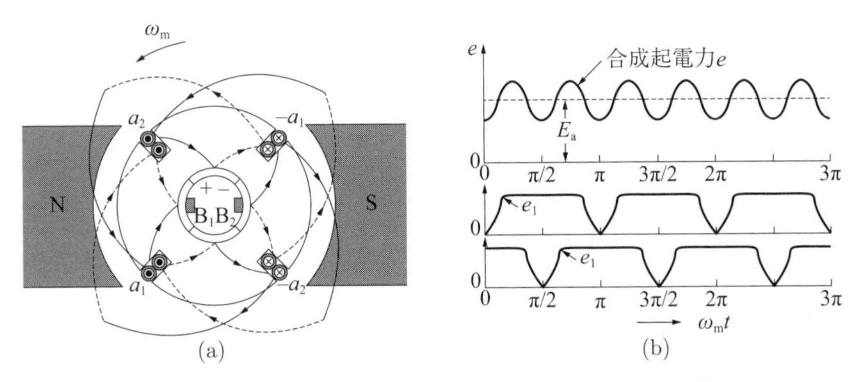


図 2–3　コイル数を 4 に増やした場合のブラシ間電圧 [2)]

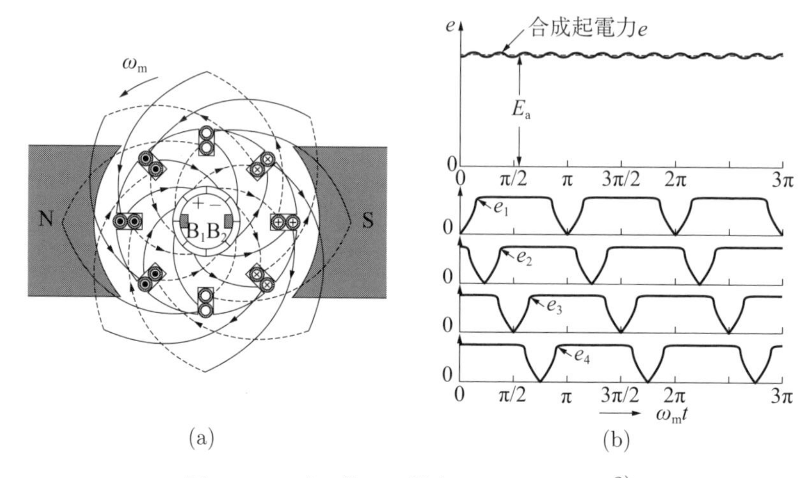


図 2–4　コイル数 8 の場合のブラシ間電圧 [2)]

と $-a_2$ の起電力を $e_2$ とすると，コイルの位置が 90° ずれているため，図 2–3 (b) のように $e_1$ と $e_2$ の位相差も 90° となる。ブラシ $B_1$–$B_2$ 間の電圧 $e$ は，$-a_1 \to a_1 \to -a_2 \to a_2$，もしくは $-a_2 \to a_2 \to -a_1 \to a_1$ の総起電力となり，いずれも $2e_1 + 2e_2$ となり，**図 2–3 (b)** の上のグラフのように，出力電圧に対してリップルは小さくなる。**図 2–4** は，コイル数 8，導体数は 16 とした場合である。各コイルの起電力の位相差のずれは 45° となり，リップルはさらに小さくなる。

### 2.1.2　直流電動機の原理

直流電動機の構造は直流発電機と同じである。発電機ではブラシの端子に電圧が発生するのでこれに負荷をつないで用いるが，電動機では直流電源が接続される。**図 2–5 (a)** はブラシに直流電源をつないだ例で，電源から流入する電流はブラシと整流子を介して，図の矢印の向きに導体に電流 $i_a$ を流す。この結果，導体にはフレミングの左手の法則にしたがって，**図 2–5 (b)** のように，

$$f = i_a B l \,[\mathrm{N}] \tag{2.3}$$

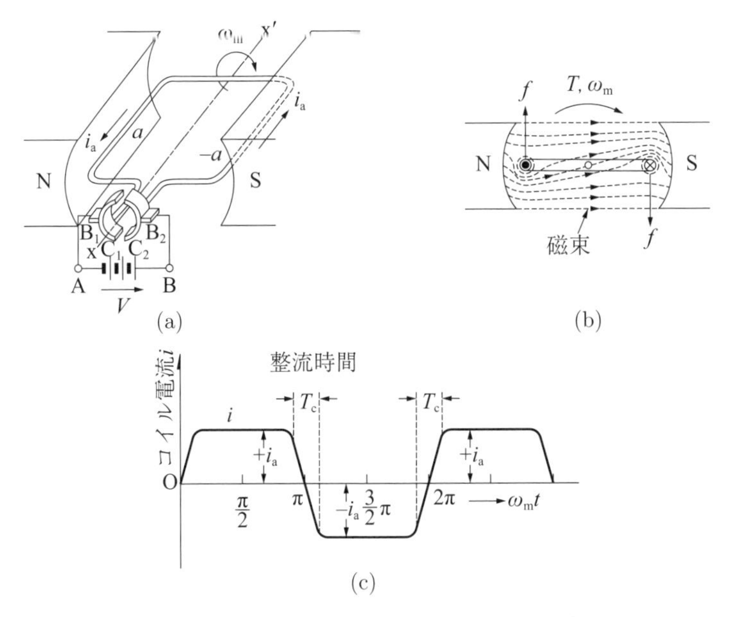


図 2–5　直流電動機のトルク発生の原理 [2)]

の力が作用して，トルク $T$ が生じ，回転する。導体に流れる電流の向きは整流子とブラシの作用で，**図 2–5（c）**のように，コイルがブラシで短絡される時間（**整流時間：commutating period**）で $+i_a$ から $-i_a$ へ，もしくは $-i_a$ から $+i_a$ へ反転する。このため図 2–5（b）のように，コイルの回転に関わらず N 極の下では導体の電流の方向はこちら向き，S 極の下では向こう向きとなり，トルクの働く方向は変わらない。トルクの脈動を小さくするためにコイルを増やすなどを行う点は，発電機同様である。

### 2.1.3　直流機の基本構造

**図 2–6** に直流機の構造を示す。直流機は，回転部（**回転子：rotor**）と静止部（**固定子：stator**）に分けられる。静止部は，**界磁（field magnet）**を構成する**界磁巻線（field winding）**，**界磁鉄心（field core）**，**磁極片（pole piece）**からなる**磁極（field pole）**と**継鉄（yoke）**が主な要素で，これ以外に軸受け，

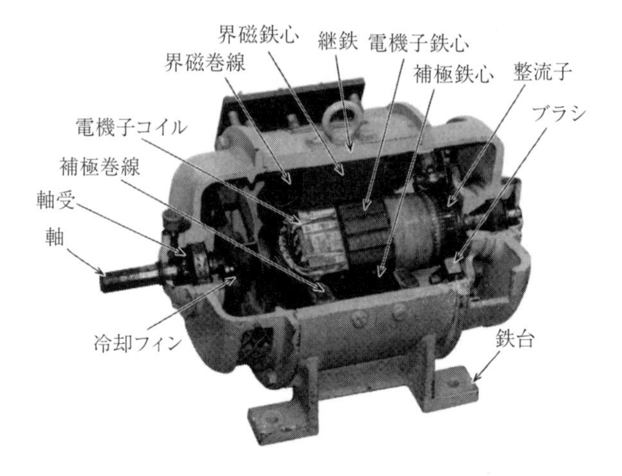


図 2–6 直流機の構造[3)]

ブラシ（brush），ブラシ保持器などからなる。回転部は**電機子**（**armature**）と呼ばれ，**電機子鉄心**（**armature core**），**電機子巻線**（**armature coil**），**整流子**（**commutator**），軸で構成される。

**図 2–7** に磁極と磁器回路を示す。界磁巻線に**界磁電流**（**field current**）を流すことで界磁鉄心に磁界が生じる（N 極）。この磁界は，磁極片でコイルを構成する導体と垂直に交わるように調整されたのち，**エアギャップ**（**air-gap**）を介して電機子へ入る。そして，再びエアギャップを介して S 極側の界磁へ入り，さらに継鉄を経て N 極の界磁へと戻る。界磁では，磁極片での鉄損を減らすため磁極鉄心と磁極片は厚さ 0.6 mm～0.8 mm 程度の鋼板で成層構造となっている。**補極**（**inter pole**）は界磁の間に設け，整流が良好となるように，磁場分布を調整する。

**図 2–8** に電機子鉄心と電機子巻線を示す。電機子鉄心も，界磁鉄心同様に，厚さ 0.35 mm～0.5 mm のケイ素鋼板を成層して用いる。また，電機子巻線を納めるためのスロットが多数設けられており，ここに 2 つの導体で構成されるコイルを複数重ねて納める。電機子巻線に発生する電圧や流れる電流は，整流子とブラシで整流される。

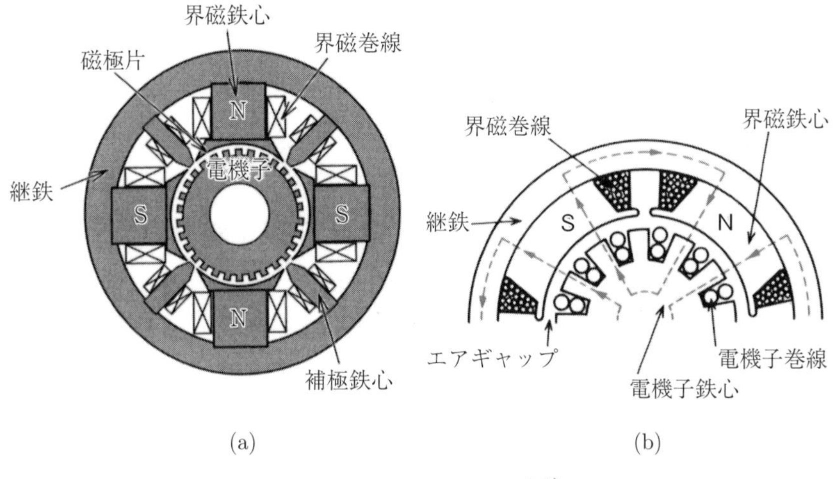


図 2–7　磁極と磁気回路 [4, 5]

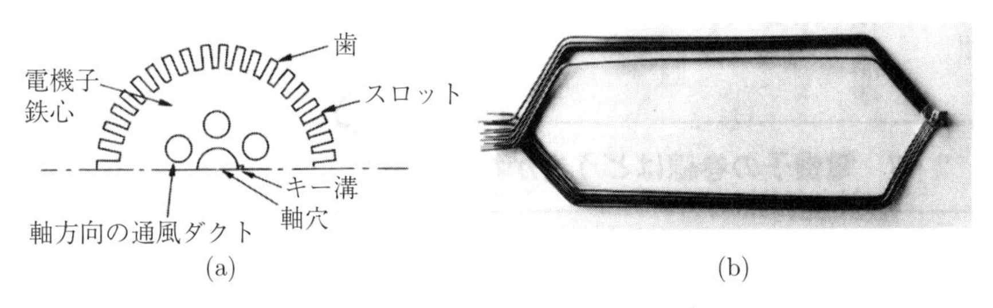


図 2–8　電機子鉄心と電機子巻線 [6]

## 2.2　直流機の電機子巻線法

ブラシ間に脈動の少ない直流を得るためには，電機子鉄心のスロットに多数のコイルをはめ込み，多数の整流子片に規則正しく接続する必要がある。また，ブラシ間に一定の電圧を保つためには，コイル片（ひとつのコイルに含まれる 2 つの導体）の間隔（ピッチ）を等間隔に，しかも極間隔（磁極のピッチ）に等しくして，コイルの起電力が互いに加わるように配置する必要がある。電機子巻

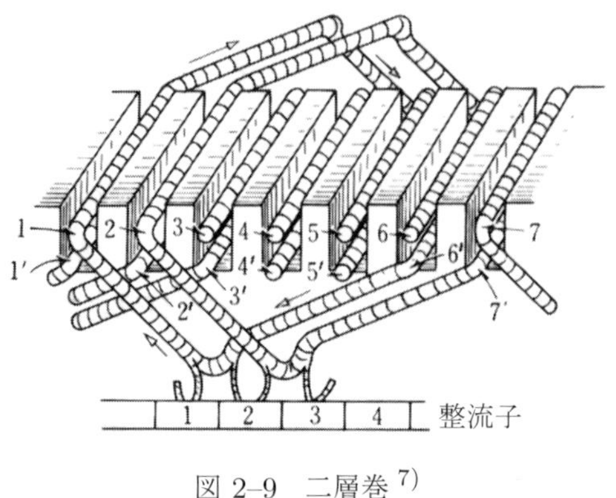


図 2–9　二層巻[7)]

線をスロットに納める方法として単相巻と**二層巻**（**double-layer winding**）がある。二層巻は巻線の作成が容易なため，特に小さなものを除き，二層巻が用いられる。この構造を**図 2–9** に示す。1〜7 は上層，1′〜7′ は下層に配置されている。1–6′ がひとつのコイルで，コイル片 1 は整流子 1 へ，コイル片 6′ は整流子 2 へ接続されている。整流子 2 から，さらにコイル 2–7′ を経て整流子 3 へとつながれている。また，図 2–4 などに示す接続は，巻線をたどっていくと，再び元の場所へ戻る。このような巻線を**閉路巻**という。直流機の巻線はすべて閉路巻である。

電機子巻線法には**重ね巻**（**lap winding**）と**波巻**（**wave winding**）がある。前者は並列巻で大電流・低電圧の取扱いに適しており，中型・大型の直流機に用いられる。後者は直列巻で，低電流・高電圧の取扱いに適しており，主に小形の直流機に用いられる。重ね巻は，図 2–9 のように，コイル 1–6′ の巻き終わり（整流子片 2 へ戻ってくるコイル片 6′）と，次のコイル 2–7′ の巻き始め（整流子片 2 から出ていくコイル片 2）を同じ整流子片に接続する。このようにコイルを次々に整流子 片に接続していくと，**図 2–10（a）** のように，コイルが重なり合うようになる。波巻は，**図 2–10（b）** のように，コイルが極から極へと一方向に進んで接続されていく巻線法で，その形が波に見えることから波巻と呼ばれる。

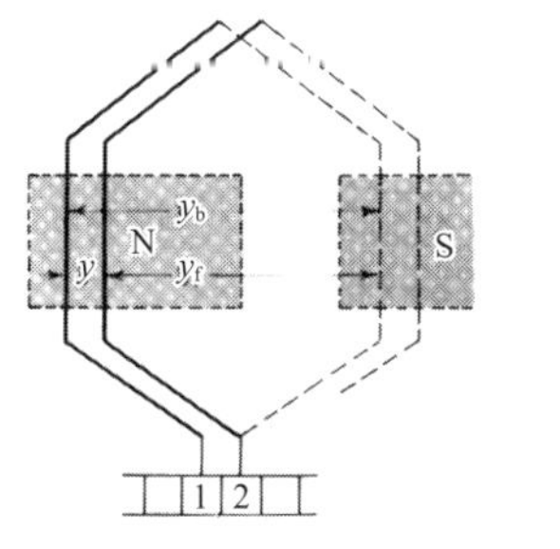


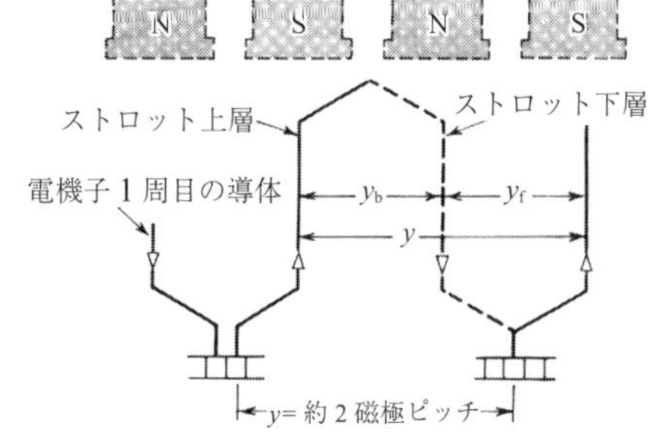


実線：スロット上層のコイル辺
(a)　重 ね 巻

破線：スロット下層のコイル辺
(b)　波　巻

図 2–10　電機子巻線の巻線法と巻線ピッチ [7)]

電機子巻線に対して，ひとつのコイル片と巻き進む方向の次のコイル片との間隔を**巻線ピッチ**（**winding pitch**）という。図 2–10 の $y_b$ は，整流子の反対側で測ったピッチで**後ピッチ**（**back pitch**），$y_f$ は，整流子側で測ったピッチで**前ピッチ**（**front pitch**）と呼ばれる。後ピッチと前ピッチを合成したピッチ $y$ を**合成ピッチ**（**resultant pitch**）といい，重ね巻および波巻に対して以下のような関係式となる。

$$\begin{aligned} &\text{重ね巻}\quad y = y_b - y_f \\ &\text{波巻}\quad y = y_b + y_f \end{aligned} \tag{2.4}$$

巻線ピッチは，一般的には長さではなく，コイル番号などで表される場合が多い。また，隣り合った磁極の中心の間隔は**極ピッチ**（**pole pitch**），整流子片の中心の間隔は**整流子ピッチ**（**commutator pitch**）という。極ピッチと後ピッチが等しい巻き方を全節巻，極ピッチより短い巻き方を短節巻という。

重ね巻と波巻を，極数 4 で比較したものを，**図 2–11** に示す。◯の番号は下層，●の番号は上層のコイル片を表す。コイル片はコイルの巻き数回分の導体で構成される。□の番号は整流子片を示し，電機子とともに回転する。ブラシで固定子なので止まっている。整流子片にはコイルが接続されており，隣り合う整流子片は絶縁されている。重ね巻では，磁極の数 $P = 2p$（ただし，$p$ は磁

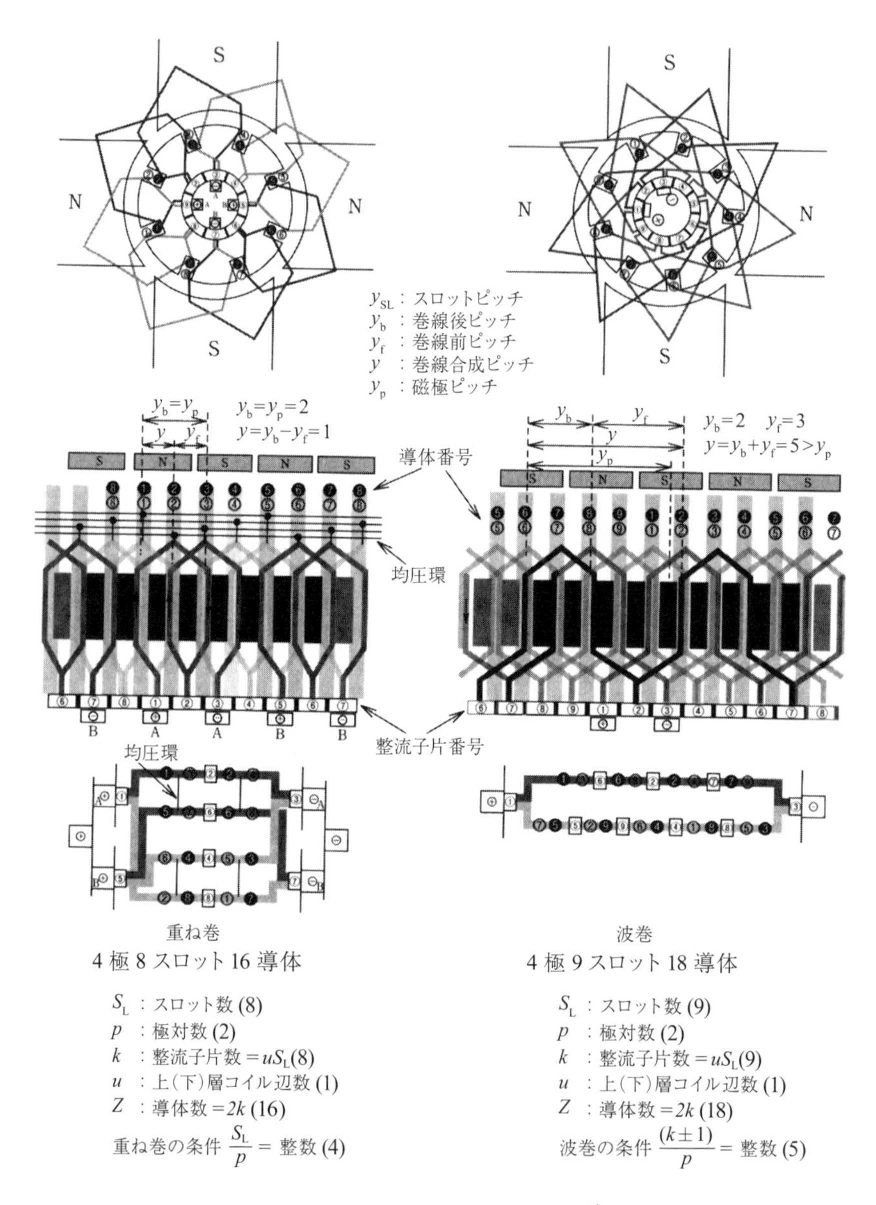


図 2–11　重ね巻と波巻の比較[4)]

極対数）と，並列回路の数 $a$ が等しくなる（$a = P$）。このため電流を多く流すことができ，低電圧・大電流の機器に適している。重ね巻では，2 磁極ピッチ離れた整流子片が同極性のブラシで短絡される。このため，この整流子片を導電委にするために極対数 $p$ はあたりのスロット数 $S_\mathrm{L}$ が整数とならなければならない（重ね巻条件；$S_\mathrm{L}/p$ が整数）。しかし実際には，各並列回路間の起電力に不平衡が起こる。このため，同極性のブラシを介して循環電流が流れてしまい，整流の不良や火花の発生につながりやすい。この対策として，多極機では，回転子の整流子と反対側の端部で，巻線の等電位となるべき点を環状の導線で接続して，循環電流がブラシを通らないようにする。これを**均圧結線**と呼ぶ。

波巻では，正極のブラシに接触している整流子片 1 からコイル ① ❸ を介して 2 磁極分進んで整流子片 6 へ，さらにコイル ⑥ ❽ を介して 2 磁極分進んで整流子片 2 へ，さらにコイル ② ❹ から整流子片 7，コイル ⑦ ❾ から整流子片 3 から負極側のブラシへとつながる。よって，並列回路は 2 個しか形成されない（$a = 2$）。波巻が成立するためには，一周目の巻き終わりが巻き始めの整流子片の左右どちらか隣の整流子片に戻り，二周目の起点になる必要がある。そのため，整流子片の数 $k \pm 1$ を極対数 $p$ で割ったものが整数とならなければならない（波巻条件；$\frac{k\pm1}{p}$ が整数）。ブラシは 1 組でよいので均圧結線は必要なく，高電圧・省電力の機器に適している。

## 2.3　電機子反作用と整流

### 2.3.1　電機子反作用

直流発電機が無負荷のときは，磁極が作る主磁束だけでギャップの磁束密度は一様である。しかし負荷をかけると電機子巻線に電流が流れて電機子に磁束が生じる。この磁束の影響で，主磁極によって作られるギャップの磁束は，その分布や大きさが変化する。これを**電機子反作用**（**armature reaction**）と呼ぶ。

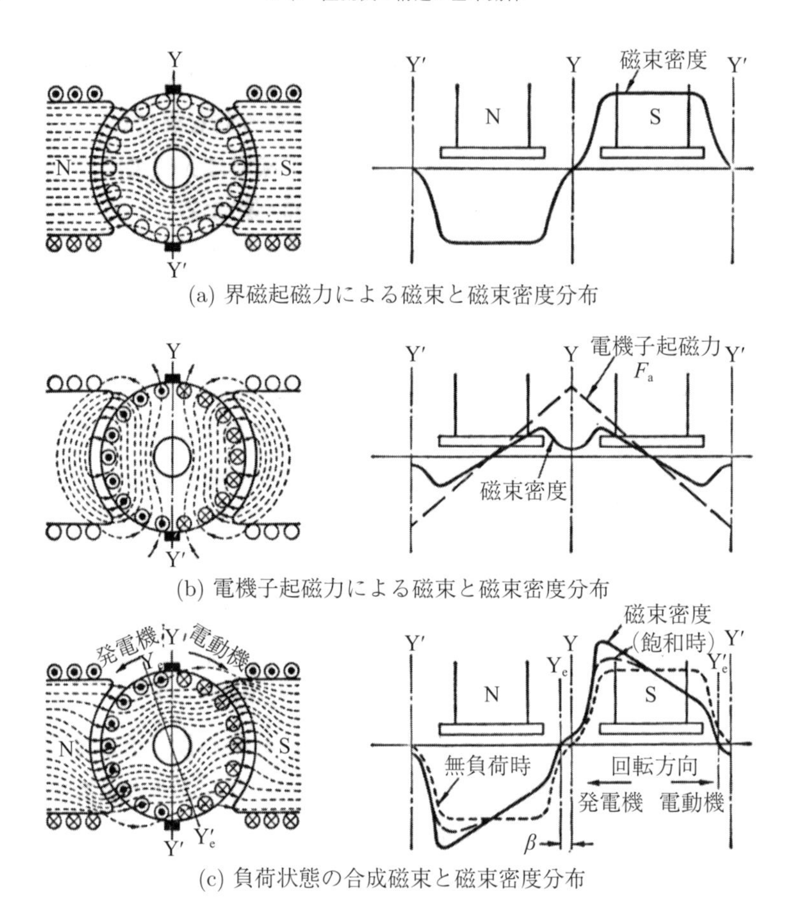


図 2–12 電機子反作用 [7)]

**図 2–12（a）** に，電機子巻線に電流が流れていない場合の主磁束の分布を示す。右側の展開図のように，ギャップの磁束密度（磁界）の分布は，磁極片の下でほぼ一定で，磁極の中間 YY′ でゼロとなる。この YY′ の位置を**幾何学的中性軸**（**geometrical neutral axis**）という。この中性軸では導体に起電力が生じないが，中性軸の両側では逆極性の起電力が生じる。このため，ブラシは中性軸上の整流子片に置く必要がある。

次に，界磁起電力をゼロにして，電機子だけに電流を流す場合を考える。ブラシが幾何学的中性軸上にあるとすると，電機子電流による起磁力分布は，**図 2–12（b）**の点線で示すような，YY′ で最大となる三角波で表すことができる。この起磁力によってギャップに生じる磁束密度の分布は，実線で示す曲線となる。中性軸付近の磁束の減少は，中性軸付近は鉄の磁路がなく，磁気抵抗が大きくなることによる。

実際に負荷がかかっている状態では，界磁巻線と電機子巻線の両方に電流が流れる。このため，ギャップの磁束密度の分布は，基本的に**図 2–12（c）**の実線で示すように，図 2–12（a）のおよび（b）を重ね合わせた形となる。鉄心の磁束の飽和などを考慮すると，最大磁束密度が減少するため破線のようになる（主磁束の減少）。このように，電機子反作用によって磁束分布に偏りが生じる現象を**偏磁作用**という。図では界磁極の極性と電機子電流の方向を規定しているので，発電機と電動機では回転方向が反対になる。発電機では界磁束回転方向に対し磁極片の後方に偏り，電動機では前方に偏ることになる。

電機子反作用の影響として，① 主磁束の減少，② 整流子片間電圧の不均一，③ 電気的中性軸の移動などが起こる。主磁束の減少は，鉄心の磁束飽和により最大磁束密度に制限が加わるもので，これにより誘導起電力も減少する。整流子片間電圧の不均一は編磁作用により電機子コイルの誘導起電力も不均一になる。これによって整流子片間にも電圧が発生する。整流子片間は 0.8 mm 程度の薄いマイカ板で絶縁されているので，片間の電圧が大きくなると絶縁破壊が起こり，ブラシ間がアーク放電で短絡され（フラッシオーバ），機器の破損に至る。磁束密度がゼロになる位置を**電気的中性軸**という。電気的中性軸は，電機子反作用により図 2–12（c）のように YY′ から $Y_eY'_e$ へ移動する。ブラシの位置は中性軸上に置く必要があるため，**図 2–13** のように，角度 $\beta$ だけ移動する。このため，電機子電流による起磁力も YY′ のときの $\dot{F}_q$ から $\dot{F}_a$ となる。これは $\dot{F}_d$ だけ界磁の起磁力 $\dot{F}_f$ を減じる（**減磁作用**）。

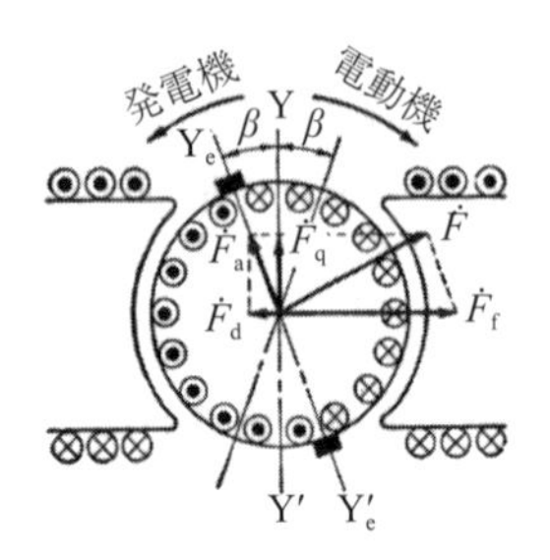


図 2–13 減磁作用[7)]

### 2.3.2 補極と補償巻線

電機子反作用の対策として，負荷変化が小さく，容量の小さな場合は，ブラシを電気的中性軸に移動するなどが取られる。しかし負荷変動のある場合，電気的中性軸の傾きの角度は電機子電流，すなわち負荷によって変化するので，ブラシの固定位置を変えることでは対応できない。このため，負荷変動のある容量の大きな直流機では，**補極**や**補償巻線**（**compensating winding**）などの対策が取られる。

**図 2–14** に補極の配置とその作用を示す。ブラシは幾何学的中性軸に置き，電機子電流による磁束と逆極性の磁束を，電機子電流の大きさに応じて発生させる補極を設ける。補極鉄心は界磁極の中間に置かれ，これに巻いた補極巻線を電機子巻線に直列につないで電機子電流で磁束を作り出し，その直下のギャッ

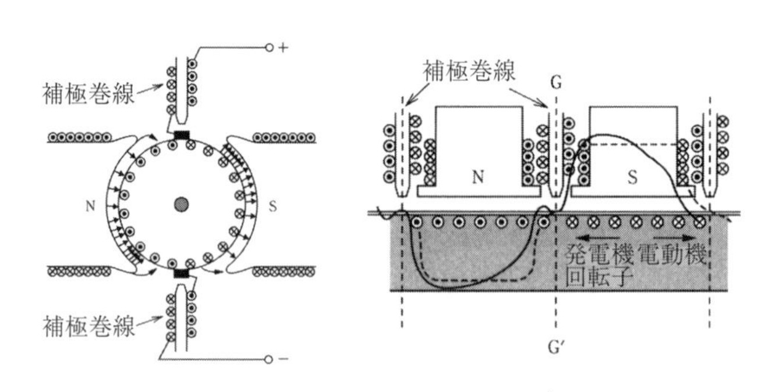


図 2–14 補極とその作用[4)]

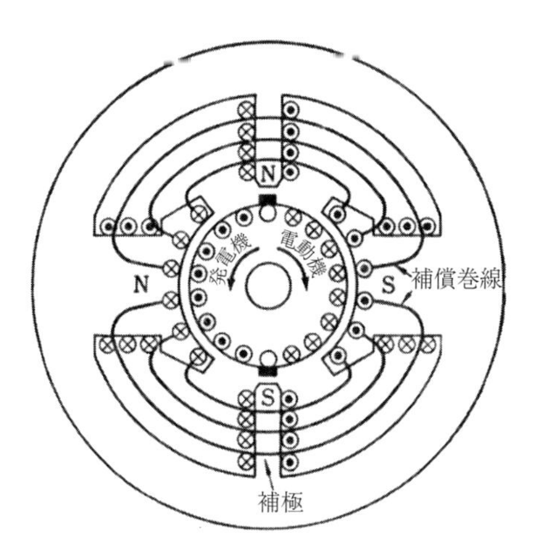


図 2–15 補償巻線の電流方向 [7)]

プ磁束の分布形状を補正する。電機子電流の大きさに応じた補正であるため，これにより電機子反作用の影響を打ち消し，良好な整流が得られるようになる。

補極によって，電機子反作用のうち，電気的中性軸の移動に伴う整流の悪化防止は改善できるが，磁束密度のひずみによる整流子片間電圧の不均一は除去できない。そこで特に大容量の機器において，主磁極の磁極片にスロットを設け，**図 2–15** のように，電機子巻線と直列にした補償巻線を配し，これに電機子電流を流してギャップにおける電機子反作用の磁束を打ち消す。これを設けることで，補極は電機子反作用による磁束を補正する必要はなくなり，整流時の短絡コイルのインダクタンス電圧を補正するだけの小さな起磁力で済むようになる。

### 2.3.3 整流

電機子巻線で発生した電力は，整流子，ブラシを通して外部へ取り 出される。このとき，整流子とブラシで短絡されているコイルに流れる電流の方向は，短絡されている間に反対になる。この電流を反転させることを**整流 (commutation)** という。

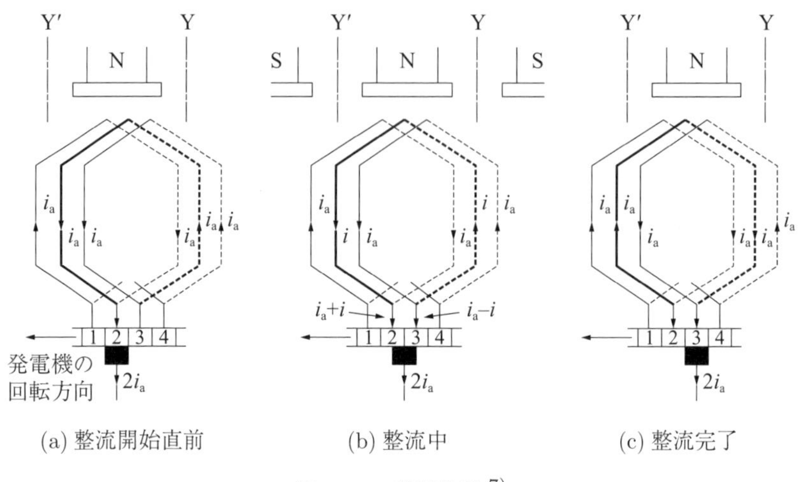


(a) 整流開始直前 (b) 整流中 (c) 整流完了

図 2–16 整流作用 [7)]

**図 2–16** はブラシが幾何学的中性軸にある場合の重ね巻コイルの整流作用を示したもので，整流子片 2-3 に接続されたコイルの電流は，**図 2–16（a）** のようにブラシが整流子片 3 に接触する前は $i_a$ であったものが，**図 2–16（b）** のようにブラシで整流子片が短絡されると，ブラシを通って短絡電流 $i$ が流れる。さらに電機子が回転すると，**図 2–16（c）** のように，ブラシが整流子片 2 を離れて 3 だけに接触するようになり，整流子片 2-3 に接続されたコイルの電流は強制的に図 2–16（a）の場合と反対方向の $i_a$ となり，整流を完了する。コイルがブラシで短絡されている時間 $T_c$ をコイルの**整流時間（整流期間）**といい，ブラシの幅 $W_b$ を整流子の移動速度 $v_c$ で割った値である。

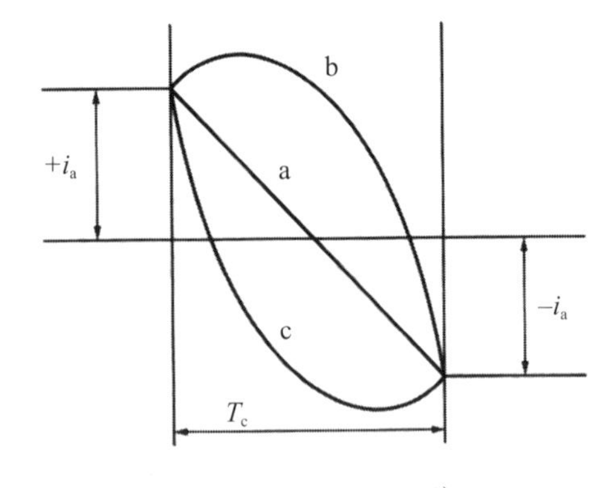


図 2–17 整流曲線 [8)]

**図 2–17** に整流中のコイル電流の変化を示す（**整流曲線：com-**

**mutation curve**)。ブラシが幾何学的中性軸にある場合，図 2–12（c）で示したように，電機子反作用によって電気的中性軸が移動するので，短絡コイルには，整流開始直前の電流の方向と同じ方向に起電力が生じ，回路インダクタンスで制限を受ける形で電流が流れるため b のような経過を取る（不足整流)。この場合，整流の終わり近くで電流が急激に変化するので，回路インダクタンスのためにサージ電圧が発生し，ブラシが整流子片から離れるときに火花を起こしやすい。補極は，先に述べたように電気的中性軸の補正だけでなく，補極による整流電圧 $e_{\mathrm{c}}$（$v_{\mathrm{c}}B_{\mathrm{c}}l$；$B_{\mathrm{c}}$ は短絡コイル下の磁束密度）が $e_{\mathrm{r}} = L(di/dt)$ がと同じになるように設計して，不足整流から直線整流 a に近づくようにする。しかし整流出圧を大きくしすぎると，過整流 c となり，整流の初めで火花を起こしやすくなる。

## 2.4　直流機の誘導起電力とトルク

### 2.4.1　誘導起電力

**図 2–18（a）**に，電機子反作用を無視して，電機子周辺の磁束分布を 2 極分示す。この磁束分布の中で，電機子が一定速度で回転すると，導体にはフレミングの右手の法則 $vBl$ 式（1.5）により，**図 2–18（b）**のように，それぞれの位置の磁束密度に比例して起電力が生じる。磁極ピッチ $\tau$ [m] と同じピッチを有する全節巻コイルのコイル片 $a$ と $a'$ の起電力の和 $e$ [V] は，

$$e = 2wBlv\,[\mathrm{V}] \tag{2.5}$$

となる。ここで，$w$ はコイル巻数，$B$ は磁束密度 [T]，$l$ はコイル片の長さ [m]，$v$ は導体の速度 [m/s] である。コイル片 $a$ が $x = 0$ から $x = \tau$ まで 1 磁極間を動く間に誘導される起電力の平均値 $e_{\mathrm{a}}$ は，

$$e_{\mathrm{a}} = \frac{1}{\tau}\int_0^{\tau} e dx = 2wlv\frac{1}{\tau}\int_0^{\tau} B dx = 2wlvB_{\mathrm{a}}\,[\mathrm{V}] \tag{2.6}$$

となる。ただし，$B_{\mathrm{a}}$ は磁束密度の以下で示す平均値である。

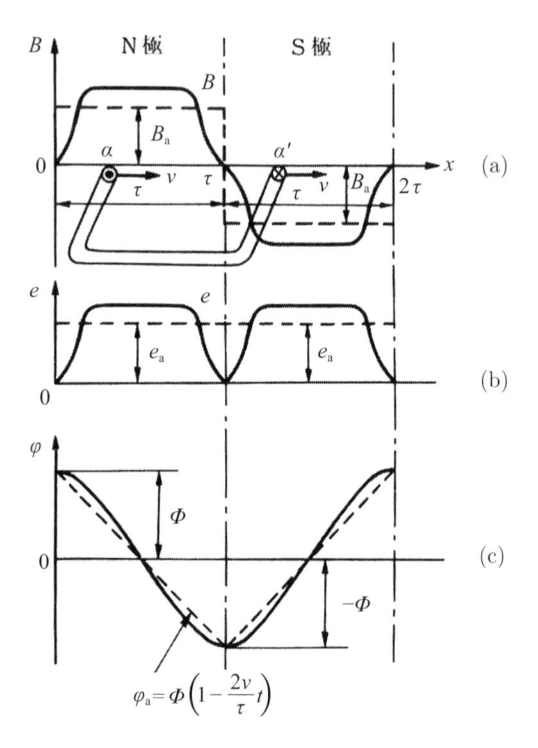


図 2–18 磁束密度と誘起起電力 [6)]

$$B_a = \frac{1}{\tau}\int_0^{\tau} B dx\,[\mathrm{T}] \tag{2.7}$$

さらに，**図 2–19** に示すように電機子直径を $D$ [m]，回転角速度を $\omega$ [rad/s]，回転速度を $n$ [rps]（ただし，$\omega = 2\pi n$），極数を $P$ とすると，磁極ピッチ $\tau$ は $\pi D/P$ なので，

$$v = \frac{D}{2}\omega = \frac{P}{2\pi}\tau\omega = P\tau n\,[\mathrm{m/s}] \tag{2.8}$$

また，1極あたりの磁束を $\phi$ [Wb] とすると，

$$\phi = \tau l B_a\,[\mathrm{Wb}] \tag{2.9}$$

となり，式（2.6）は，

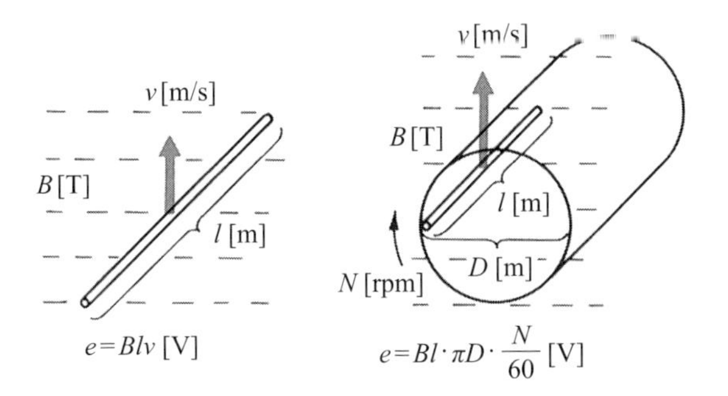


図 2–19 電機子の起電力 [5)]

$$e_{\mathrm{a}} = 2wl \times P\tau n \times \frac{\phi}{\tau l} = 2Pw\phi n\,[\mathrm{V}] \tag{2.10}$$

電機子導体の総数を $Z$ とすれば，コイルの総数は $Z/2w$，したがって，並列回路の数を a とすれば，正負ブラシ間につながれているコイル数は $Z/2wa$ であり，いずれも同じ平均起電力 $e_{\mathrm{a}}$ を生じる。したがって，ブラシ間で得られる直流起電力は $E_{\mathrm{a}}$ [V] は以下となる。

$$E_{\mathrm{a}} = e_{\mathrm{a}}\frac{Z}{2wa} = \frac{PZ}{2\pi a}\phi\omega = K_{\mathrm{a}}\phi\omega\,[\mathrm{V}] \tag{2.11}$$

ただし，$K_{\mathrm{a}}$ は，以下で示す比例定数である。

$$K_{\mathrm{a}} = \frac{PZ}{2\pi a} \tag{2.12}$$

$K_{\mathrm{a}}$ は機器の構造によって値が定まるため，直流起電力は，磁束 $\phi$ と電機子の回転速度 $\omega$ との積に比例することがわかる。

### 2.4.2 トルク

**図 2–20（a）**に，c 図 2–18 同様に電機子反作用を無視して，電機子周辺の磁束分布を示す。この磁束分布の中で，電機子導体に一定電流 $i_{\mathrm{a}}$ [A] を流すと，導体には式（2.3）に示すフレミングの左手の法則 $i_{\mathrm{a}}Bl$ により，それぞれの位置の磁束密度に比例して導体に力が働く。ブラシが幾何学的中性軸にあれば，図

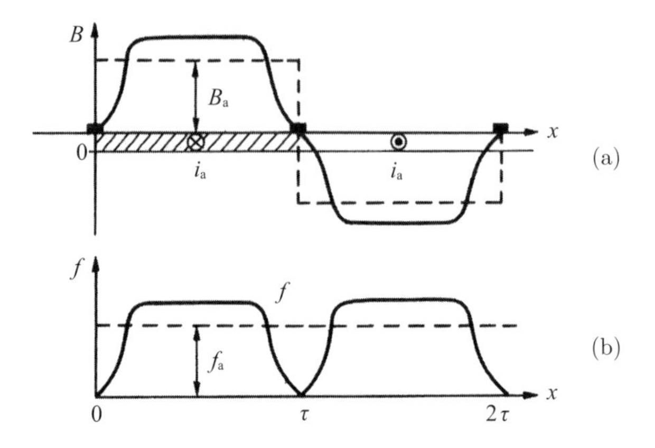


図 2–20 磁束密度と導体に働く力 [6)]

**2–20**（**b**）のように，各磁極間で力の作用方向が同じになり，導体に働く力の平均値 $f_a$ は，

$$f_{\rm a} = \frac{1}{\tau}\int_0^{\tau} f dx = i_{\rm a} l \times \frac{1}{\tau}\int_0^{\tau} B dx = i_{\rm a} B_{\rm a} l\,[{\rm N}] \tag{2.13}$$

となる。ただし $B_{\rm a}$ は式（2.7）で示す磁束密度の平均値である。したがって，導体に作用する平均トルク $\tau_{\rm a}\,[{\rm N\cdot m}]$ は，

$$\tau_{\rm a} = f_{\rm a} \times \frac{D}{2} = \frac{D}{2} i_{\rm a} B_{\rm a} l\,[{\rm N\cdot m}] \tag{2.14}$$

となる。すべての導体に作用する全トルク $T\,[{\rm N\cdot m}]$ は，

$$T = Z\tau_{\rm a} = Z\frac{D}{2} i_{\rm a} B_{\rm a} l\,[{\rm N\cdot m}] \tag{2.15}$$

で表される。いま，電機子電流を $I_{\rm a}\,[{\rm A}]$，並列回路数を $a$ とすれば，

$$i_{\rm a} = \frac{I_{\rm a}}{\rm a}\,[{\rm A}] \tag{2.16}$$

なので，式（2.15）は以下となる。

$$T = Z\frac{D}{2} \times \frac{I_{\rm a}}{a} B_{\rm a} l = Z\frac{P}{2\pi}\tau\frac{I_{\rm a}}{a} \times \frac{\phi}{\tau l} l = \frac{PZ}{2\pi a}\phi I_{\rm a} = K_{\rm a}\phi I_{\rm a}\,[{\rm N\cdot m}] \tag{2.17}$$

ただし，$K_a$ は式（2.12）と同じ比例定数で，機器の構造によって値が定まるため，発生するトルクは磁束 $\phi$ と電機子電流 $I_a$ との積に比例し，回転速度に無関係であることがわかる。

### 2.4.3　エネルギー変換

直流機は，直流の電気エネルギーと機械エネルギーの変換を行う電気機器となる。電動機が一定角速度 $\omega$ [rad/s] で回転しているとき，この電動機の機械的仕事の動力 $P_2$ [W] は，式（1.32）および式（2.17）より，

$$P_2 = T\omega = K_a \phi I_a \omega \,[\mathrm{W}] \qquad (2.18)$$

となる。$K_a\phi\omega$ は，式（2.11）より，誘起起電力 $E_a$ に等しいため，

$$P_2 = T\omega = E_a I_a \,[\mathrm{W}] \qquad (2.19)$$

の関係が得られる。

**図 2–21** に直流機の等価回路を示す。電動機の端子電圧を $V$ [V]，誘起起電力（逆起電力）を $E_a$ [V]，電機子回路の抵抗を $R_a$ [Ω] とすると，

$$E_a = V - R_a I_a \,[\mathrm{V}] \qquad (2.20)$$

の関係が成り立つ。両辺に $I_a$ をかけると，

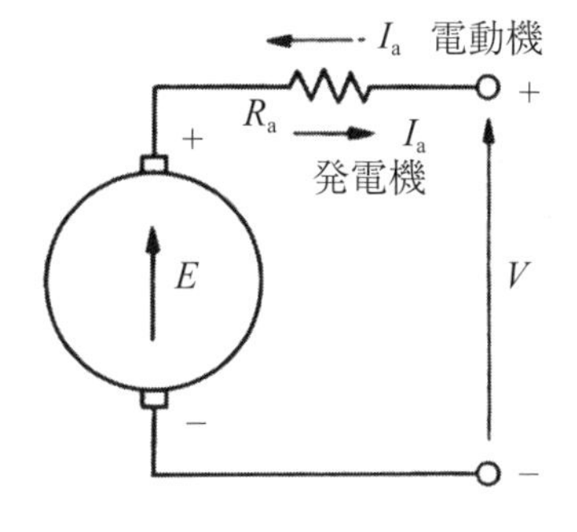

図 2–21　直流機の等価回路 [6)]

$$E_a I_a = P_2 = V I_a - R_a I_a^2 \,[\mathrm{W}] \qquad (2.21)$$

となる。上式で，$VI_a$ は電気的入力，$R_a I_a^2$ は電機子回路中の銅損で熱として失われる電力で，この差の $E_a I_a$ が電動機で機械動力に変換される電力になる。発電機の場合は，電流の方向が逆になるので，

$$E_a = V + R_a I_a \,[\mathrm{V}] \tag{2.22}$$

$$E_a I_a = P_2 = V I_a + R_a I_a^2 \,[\mathrm{W}] \tag{2.23}$$

となり，電機子に発生した電力 $E_a I_a$ は，$V I_a$ の電気的出力とその一部が $R_a I_a^2$ の銅損となる。

## 演習問題

(1) 磁束密度 0.5 T，導体の長さ 0.6 m，導体の移動速度 20 m/s，外部抵抗 0.5 Ω のとき，① 誘導起電力，② 導体に働く電磁力，③ 機械エネルギー入力，④ 電気エネルギー出力を求めよ。

(2) 入力 1 kW，回転数 1,500 rpm の直流電動機のトルクを求めよ。ただし，損失はないものとする。

(3) 磁極数 $P$ が 8，重ね巻の直流発電機がある。電機子の直径が 0.2 m，軸方向の長さが 0.3 m，電機子コイル数が 36，一個のコイルの巻き数が 10，導体の抵抗は 0.4 Ω，各磁極の平均磁束密度が 0.2 T であるとき，この発電機を 2,000 rpm で回転させた。このとき，以下を求めよ。

① 並列数 $a$　② 導体数 z　③ 導体 1 本あたりの起電力 $e_a$

④ 発電機全体の起電力 $E_a$　⑤ ブラシ間の短絡電流 $I_a$

⑥ 電機子巻線を波巻に変えたときのブラシ間電圧と電流の変化

(4) 磁極数 6，電機子導体数 400 の直流発電機がある。各磁極の磁束 0.01 Wb，回転速度 600 rpm で無負荷運転しているときの誘起起電力を，重ね巻および波巻，それぞれの場合で求めよ。

(5) 磁極数 4，電機子導体数 400 の重ね巻の直流発電機がある。各磁極の磁束 0.01 Wb，回転速度 1,200 rpm で運転しているとき，無負荷の誘起起電力を求めよ。また，負荷として 4.6 Ω の抵抗をつないだとき 16 A の電流が流れた。電機子巻線の抵抗はいくらか？

(6) 定格出力 10 kW，定格電圧 100 V，定格速度 1,200 rpm の他励発電機を全

負荷運転している。電機子電流 $I_{\mathrm{a}}$ および，誘起起電力 $E_{\mathrm{a}}$ を求めよ。また，負荷をそのままの状態で発電機の回転数を 1,500 rpm に増やした。このとき，誘起起電力 $E'_{\mathrm{a}}$ および電機子電流 $I'_{\mathrm{a}}$ はいくらになるか求めよ。ただし，電機子抵抗は $0.2\,\Omega$，電機子反作用はないものとする。

## 実習；*Let's active learning!*

直流機は，制御が交流機に比べて容易で，かつバッテリーなどの電池が利用できるため，歴史的にも古くから利用されてきた。直流機を使った電気自動車は，ガソリンエンジンの 10 年前には登場していた。電車も以前はほとんどが直流機で走っていた。トロッコ列車などもほとんどが直流機で，佐渡金山の展示や，乗り物博物館など，多くの展示で見ることができる。博物館などで，直流機がどこで，どのように使われていたかを調べなさい。

## 演習解答

(1) ① 起電力 $e = vBl = 20 \times 0.5 \times 0.6 = 6\,\mathrm{V}$，② 電磁力 $f = iBl = \frac{20}{0.5} \times 0.5 \times 0.6 = 12\,\mathrm{N}$，③ 機械エネルギー入力 $P_{\mathrm{M}} = fv = 12 \times 20 = 240\,\mathrm{W}$，④ 電気エネルギー出力 $P = ei = 6 \times 40 = 240\,\mathrm{W}$

(2) トルク $T = \frac{P}{\omega} = \frac{1000}{2\times 3.14\times \frac{1500}{60}} = 6.37\,\mathrm{N\cdot m}$

(3) ① 並列数 $a = P = 8$，② 導体数 $z = 36 \times 10 \times 2 = 720$，③ 導体一本あたりの起電力 $e_{\mathrm{a}} = vBl = \frac{0.2}{2} \times 2\pi \times \frac{2{,}000}{60} \times 0.2 \times 0.3 = 1.257\,\mathrm{V}$，④ 発電機全体の起電力 $E_{\mathrm{a}} = e_{\mathrm{a}}\frac{z}{a} = 1.257 \times \frac{720}{8} = 113.1\,\mathrm{V}$，⑤ ブラシ間の短絡電流 $I_{\mathrm{a}} = a\frac{e_{\mathrm{a}}}{r} = 8 \times \frac{1.257}{0.4} = 25.1\,\mathrm{A}$，⑥ 波巻だと並列数 $a$ は 2 となる。したがって，電流は 1/4 倍となり，電圧は 4 倍となる。

(4) 重ね巻：$E_{\mathrm{a}} = \frac{Pz}{2\pi a}\phi\omega = \frac{6\times 400}{2\pi\times 6} \times 0.01 \times 2\pi \times \frac{600}{60} = 40\,\mathrm{V}$

　波巻：$E_{\mathrm{a}} = \frac{Pz}{2\pi a}\phi\omega = \frac{6\times 400}{2\pi\times 2} \times 0.01 \times 2\pi \times \frac{600}{60} = 120\,\mathrm{V}$

(5) 起電力 $E_a = \frac{Pz}{2\pi a}\phi\omega = \frac{4\times 400}{2\pi\times 4} \times 0.01 \times 2\pi \times \frac{1{,}200}{60} = 80\,\mathrm{V}$

　電機子巻線の抵抗 $R_{\mathrm{a}} = \frac{80}{16} - 4.6 = 0.4\,\Omega$

(6)　電機子電流 $I_{\mathrm{a}} = \frac{P}{V} = \frac{10{,}000}{100} = 100$ A，誘起起電力 $E_{\mathrm{a}} = V + R_{\mathrm{a}} I_{\mathrm{a}} = 100 + 0.2 \times 100 = 120$ V，電機子電流 $I'_{\mathrm{a}} = 100 \times \frac{1{,}500}{1{,}200} = 125$ A，誘起起電力 $E'_{\mathrm{a}} = 120 \times \frac{1{,}500}{1{,}200} = 150$ V

## 引用・参考文献

1)　三木一郎，下村昭二：電気機器学，数理工学社，2017.
2)　野中作太郎：電気機器（I），森北出版，1973.
3)　西方正司，下村昭二，百目鬼英雄，星野勉，森下明平：基本からわかる電気機器講義ノート，オーム社，2014.
4)　白井康之，大橋俊介，森實俊光：電気機器学，オーム社，2017.
5)　飯高成男，沢間照一：絵とき電気機器，オーム社，1986.
6)　柴田岩夫，三澤茂：エネルギー変換工学，森北出版，1990.
7)　電気学会編：電気機械工学 改訂版，電気学会，1987.
8)　高齢・障害・求職者雇用支援機構職業能力開発総合大学校基盤整備センター編：電気機器 改訂版，雇用問題研究会，2017.

# 3章　直流発電機：結線と出力特性

2章で学んだ通り，直流発電機は発生した交流を整流子によって整流することで直流に変換しており，ダイナモとも呼ばれる。初期の産業用発電機としてダイナモは多く用いられており，現代の交流機の礎となった。本章では直流発電機の種類や特性そして効率や損失について学び，その基礎を習得する。

## 3.1　直流発電機の種類

直流機の界磁極は，小容量のものでは永久磁石を用いることも多いが，一般的には鉄心に巻線を施した電磁石が使用される。この場合，界磁極の励磁方式によって自励式，他励式に大別され，自励式は分巻，直巻，複巻とに分かれる。直流機の特性は励磁方式によって大きく変わり，その種類については他励発電機や分巻発電機などと表される。

### 3.1.1　永久磁石式

**永久磁石式（permanent magnet method）** は，界磁極に永久磁石を用いる方式である（**図 3–1**）。永久磁石からの磁束によって誘導起電力を発生させるため，電圧を調整できないが小形であることが特徴である。

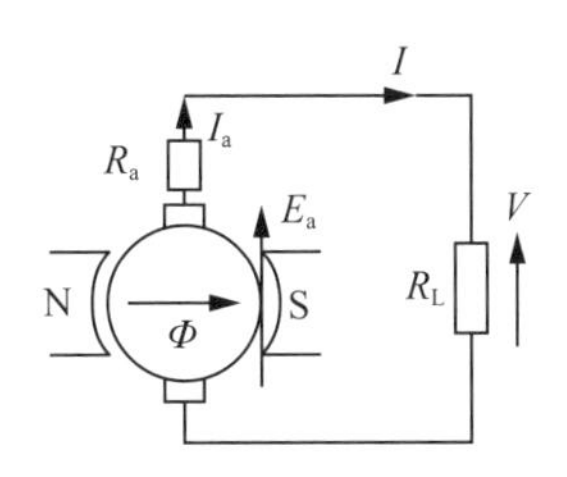


図 3–1　永久磁石式発電機

### 3.1.2　他励式

**他励式**（**separate excitation method**）は，励磁用の直流電源を別に設けて界磁巻線に電流を流す方式である（**図 3–2**）。界磁電流 $I_{\mathrm{f}}$ は，電源電圧 $V_{\mathrm{f}}$ によって可変できる。

### 3.1.3　自励式

**自励式**（**self-excitation method**）は，電機子巻線に発生した誘導起電力により界磁巻線に電流を流す方式であり，主に3つの励磁方式に大別される。

① 分巻発電機：**分巻式**（**shunt excitation method**）は**図 3–3** のように，界磁巻線を電機子巻線と並列に接続したものであり，分巻発電機の場合，界磁電流 $I_{\mathrm{f}} = I_{\mathrm{a}} - I$ となり，電機子電流の一部が界磁電流となる。

② 直巻発電機：**図 3–4** のように，界磁巻線を電機子巻線と直列に接続したものを**直巻式**（**series excitation method**）という。このとき，界磁電流 $I_{\mathrm{f}} = I_{\mathrm{a}} = I$ であり，電機子電流と界磁電流は等しくなる。

③ 複巻発電機：**図 3–5** のように，電機子巻線に分巻界磁巻線と直巻界磁巻線

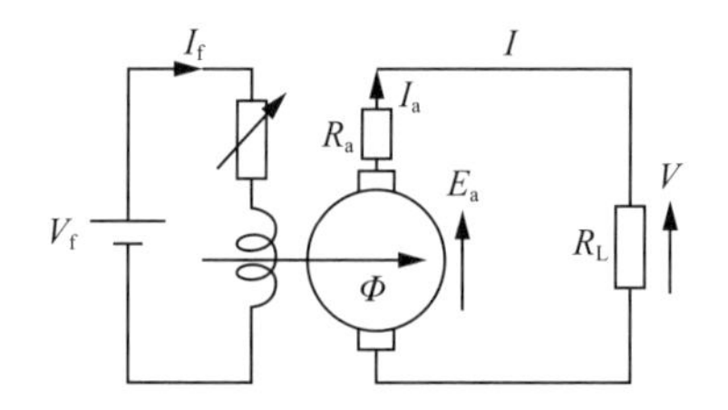


図 3–2　他励発電機

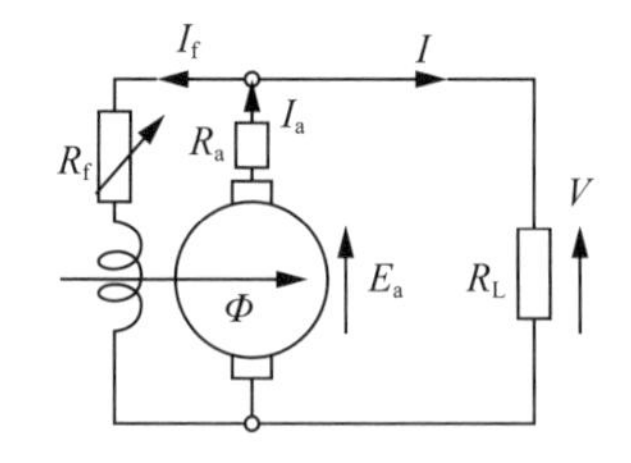


図 3–3　分巻発電機

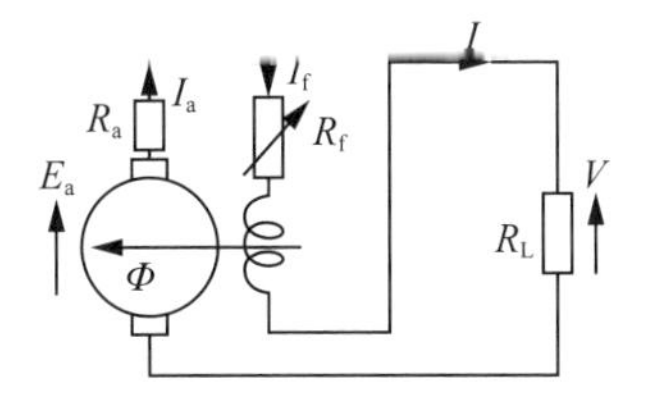


図 3–4　直巻発電機

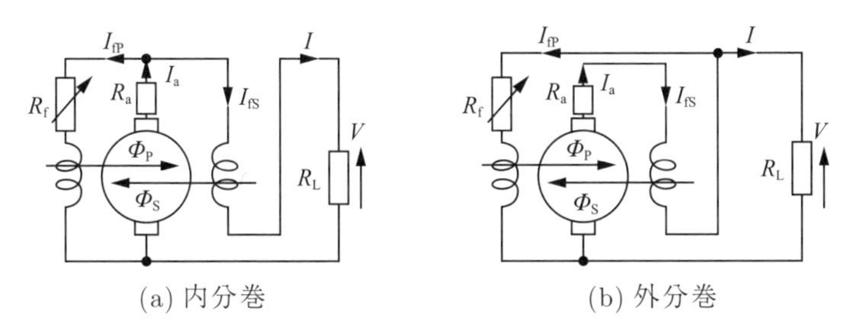


(a) 内分巻　(b) 外分巻

図 3–5　複巻発電機

の両方をもつものを**複巻式**（**compound excitation method**）という。2つの巻線の磁束が加わるように配置されたものを**和動複巻**（**cumulative compound**），相反するように配置されたものを**差動複巻**（**differential compound**）という。また，電機子巻線に対して分巻界磁巻線が並列に接続され，これに直巻界磁巻線が直列に接続されているものを**内分巻**（**short-shunt**），電機子巻線に対して直巻界磁巻線が直列に接続され，これに分巻界磁巻線が並列に接続されているものを**外分巻**（**long-shunt**）という。

## 3.2　直流発電機の特性

直流発電機の特性は様々あるが，回転数を定格としたときに無負荷で界磁電流と負荷端子電圧の関係を表した曲線を**無負荷特性曲線**（**no-load characteristic curve**），また，回転数を定格としたときに負荷に定格電圧で定格電流を供給するように界磁電流を調整したのち，負荷のみを変化させた場合の負荷電流と負荷端子電圧の関係を示した曲線を**外部特性曲線**（**external characteristic curve**）という。直流発電機ではこの2つの特性曲線を用いることが多い。

### 3.2.1 他励発電機の特性

図3–2から，界磁電圧 $V_{\mathrm{f}}$，負荷電流 $I$，負荷端子電圧 $V$ は次の通りとなる。

$$V_{\mathrm{f}} = R_{\mathrm{f}} \cdot I_{\mathrm{f}} \tag{3.1}$$

$$I = I_{\mathrm{a}} \tag{3.2}$$

$$V = E_{\mathrm{a}} - R_{\mathrm{a}} \cdot I_{\mathrm{a}} \tag{3.3}$$

無負荷時において，負荷電流と負荷端子電圧は

$$I = I_{\mathrm{a}} = 0,\ V = E_{\mathrm{a}} \tag{3.4}$$

であるから，界磁電流を増加させると磁束が増加し，回転数は一定のため誘導起電力も界磁電流に応じて増加する。よって，負荷端子電圧は界磁電流に比例することとなるが，界磁鉄心の磁気飽和，ヒステリシス現象を考慮すると無負荷飽和特性曲線は**図3–6**のようになる。また，負荷電流と負荷端子電圧の関係は，式（3.2）および式（3.3）より，傾きが電機子抵抗分で減少する直線となるが，電機子反作用を考慮すると**図3–7**のようにさらに負荷端子電圧が減少する。このとき，電圧変動率 $\varepsilon$ [%] は以下の式で表される。無負荷時の端子電圧と定格電流時の端子電圧の差が大きいほど，電圧変動率が大きくなる。

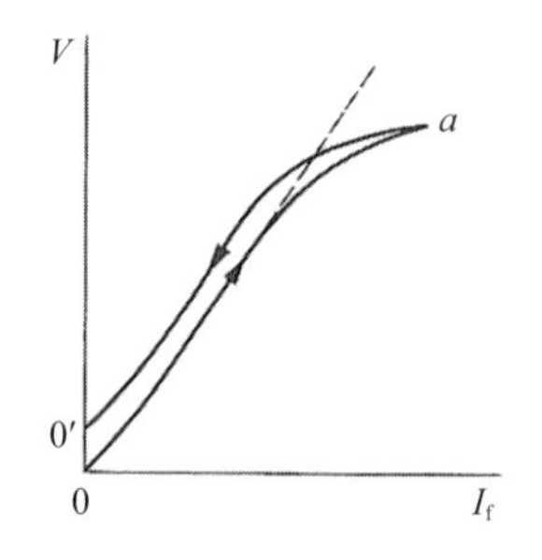


図3–6 他励発電機無負荷飽和特性曲線

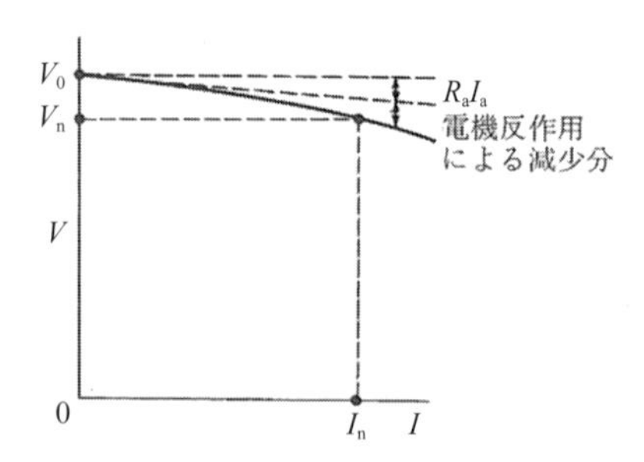


図3–7 他励発電機外部特性曲線

$$c = \frac{V_0 - V_n}{V_n} \times 100\% \qquad (3.5)$$

$V_0$：無負荷端子電圧　　$V_n$：定格端子電圧

### 3.2.2　分巻発電機の特性

図 3–3 から，界磁電圧 $V_f$，負荷電流 $I$，負荷端子電圧 $V_a$ は次の通りとなる。

$$V = R_f \cdot I_f \qquad (3.6)$$

$$I_a = I + I_f \qquad (3.7)$$

$$V = E_a - R_a \cdot I_a \qquad (3.8)$$

無負荷のとき，

$$I = 0,\ I_a = I_f \qquad (3.9)$$

このとき，無負荷飽和特性曲線は**図 3–8** のようになる．曲線 0′a は，他励発電機無負荷飽和特性曲線から，励磁電流分を引いたものであるが，通常，励磁電流は負荷電流の数%であるため，他励発電機無負荷飽和特性曲線とほぼ同一となる。直線 0b は，界磁電流と負荷端子電圧の関係を示したものであり，界磁抵抗線と呼ばれる。先にも述べたが，分巻発電機では界磁電流が誘導起電力

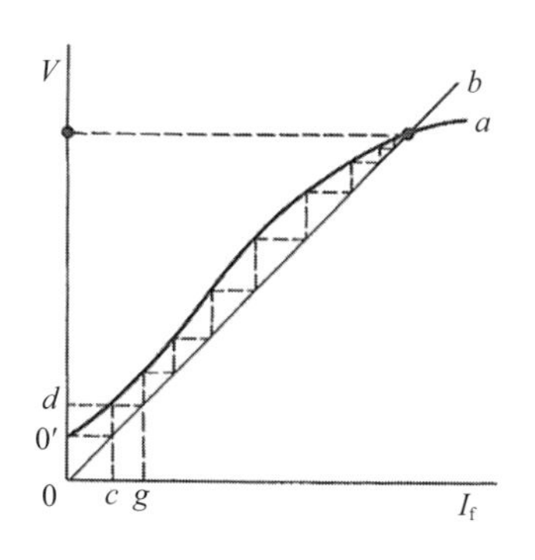


図 3–8　分巻発電機の電圧の確立

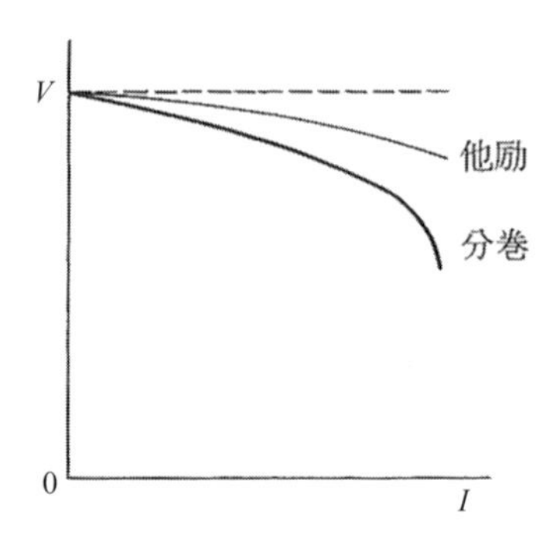


図 3–9 分巻発電機の外部特性曲線

による電機子電流の一部であるため，もし残留磁束が無ければ，回転機を回転させても誘導起電力は発生しない。しかし，界磁電流がなくても $\overline{00'}$ の残留磁束によって電圧を誘起し，界磁抵抗による電流 $\overline{0\mathrm{c}}$ を生じる。この電流によって $\overline{\mathrm{cd}}$ の電圧が生じ，さらに界磁電流が増加し，$\overline{0\mathrm{c}}$ となる。この繰り返しによって，界磁電流と電圧は，曲線 0′a と直線 0b の交点まで増加しあう。これを分巻発電機における**電圧の確立**（**build-up of voltage**）と呼ぶ。一般的に界磁巻線の巻数は非常に大きく自己インダクタンスが大きいため，電圧が一定の値に落ち着くまで数十秒程度かかる。

分巻発電機の外部特性曲線は，他励発電機の場合と同様に電機子抵抗による電圧降下と電機子反作用で，負荷電流の増加とともに負荷端子電圧は低下していくが，負荷端子電圧によって界磁電流も減少していくため，誘導起電力も減少し，**図 3–9** のように分巻発電機は，他励発電機よりも電圧降下が大きくなる。ただし，実用上は，他励発電機と比べても電圧変動率はわずかに大きい程度であり，定電圧発電機に分類される。

### 3.2.3 直巻発電機の特性

図 3–4 より

$$I = I_\mathrm{a} = I_\mathrm{f} \tag{3.10}$$

$$V = E_\mathrm{a} - R_\mathrm{a} \cdot I_\mathrm{a} - R_\mathrm{f} \cdot I_\mathrm{f} \tag{3.11}$$

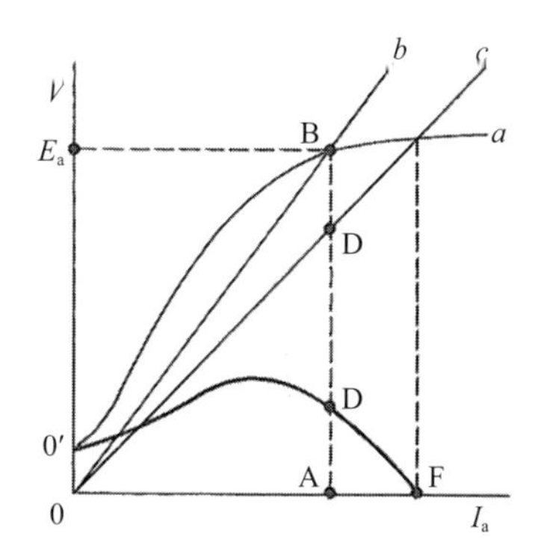


図 3–10　直巻発電機の外部特性曲線

無負荷特性曲線は，無負荷時において $I = I_{\mathrm{a}} = I_{\mathrm{f}} = 0$ となるため存在しない。**図 3–10** 中の曲線 0′a は界磁巻線を他励した場合，直線 0b は，負荷電流による負荷抵抗及び電機子抵抗と界磁巻線の電圧降下を示した直線，直線 0c は，負荷電流と電機子抵抗と界磁巻線の電圧降下を示した直線である。

負荷を接続した場合，分巻発電機の自己励磁の場合と同様に曲線 0′a と直線 0b の交点 B まで電圧が増加する。電機子反作用を無視した場合，負荷端子電圧は，式 $V = E_{\mathrm{a}} - R_{\mathrm{a}} \cdot I_{\mathrm{a}} - R_{\mathrm{f}} \cdot I_{\mathrm{f}}$ より，点 B から界磁抵抗と電機子抵抗の電圧降下を引いたものとなるので，$\overline{\mathrm{AB}} - \overline{\mathrm{AC}} = \overline{\mathrm{CB}} = \overline{\mathrm{AD}}$ となり，外部特性曲線は図のようになる。

### 3.2.4　複巻発電機の特性

複巻発電機の外部特性曲線は，内分巻の場合は分巻発電機と同じとなり，外分巻の場合も直巻界磁巻線による電流の影響は小さいため，分巻発電機とほぼ同じとなる。

また，複巻電動機において，直巻界磁巻線と分巻界磁巻線の磁束が加わるように接続した場合を**和動複巻**，互いに相反するように接続した場合を**差動複巻**という。和動複巻は定格電流時の負荷端子電圧と無負荷端子電圧の関係によって，それぞれ**平複巻**（**flat-compound**），**過複巻**（**over-compound**），不

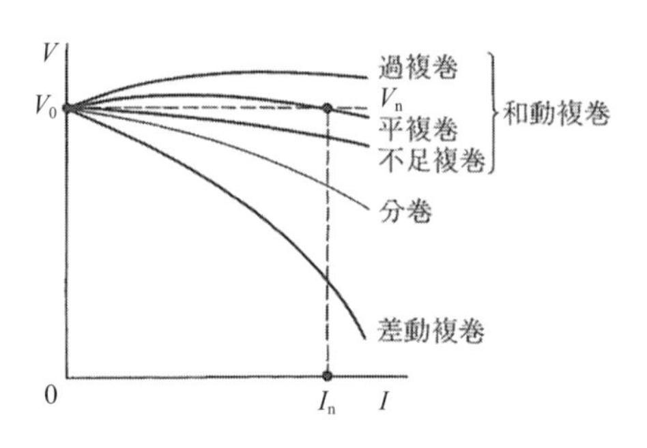


①平複巻：定格電流時の端子電圧＝無負荷電圧
②過複巻：定格電流時の端子電圧>無負荷電圧
③不足複巻：定格電流時の端子電圧<無負荷電圧

図 3–11　複巻発電機の外部特性曲線

**足複巻**（**under-compound**）という（**図 3–11**）。差動複巻は，界磁巻線からの磁束が著しく減少するため，端子電圧が著しく低下する。この特性を**垂下特性**（**drooping characteristic**）と呼ぶ。

## 3.3　直流発電機の損失と効率

### 3.3.1　損失

直流発電機は，入力の機械エネルギー（動力）を電気エネルギー（電力）へと変換して出力する。一方，直流電動機では，電気エネルギーを機械エネルギーへと変換して出力する。この変換過程で生じる熱エネルギーのことを**損失**（**loss**）と呼ぶ。直流機の損失は，無負荷でも発生する**無負荷損**（**no-load loss**），負荷によって変化する**負荷損**（**load loss**）に分けられ，各損失は以下のように分けられる（**図 3–12**）。

(1)　無負荷損

(a)　**機械損**（**mechanical loss**）

軸と軸受けの摩擦，ブラシと整流子の摩擦による**摩擦損**（**friction loss**）と回転部分の周囲の空気を動かすことで生じる**風損**（**windage loss**）に分けられる。

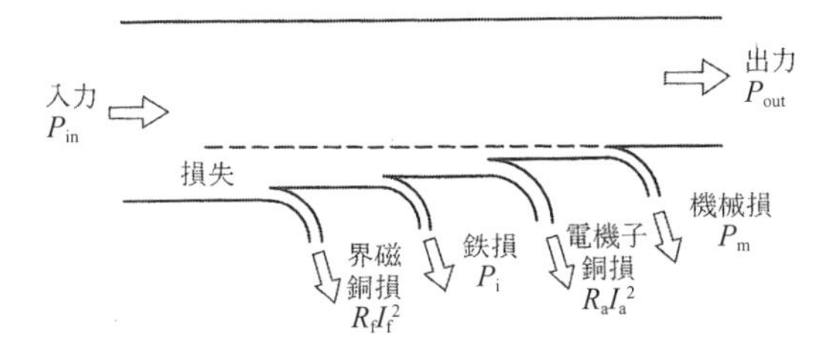


図 3–12　直流電動機のエネルギーの流れ

(b) **鉄損**（**iron loss**）

鉄心に生じる**ヒステリシス損**（**hysteresis loss**）と磁束の変化により起電力を生じ電流が流れることによる**渦電流損**（**eddy current loss**）とがある。

(2) 負荷損

(a) **銅損**（**copper loss**）

各巻線によって発生する損失であり，**界磁巻線銅損**（界磁抵抗 × 界磁電流^2）と**電気子巻線銅損**（電機子抵抗 × 電機子電流^2）と**ブラシ電気損**（電機子電流 × ブラシの電圧降下）からなる。

### 3.3.2　効率

直流機の**効率**（**efficiency**）は，**入力**（**input**）を $P_{in}$，**出力**（**output**）を $P_{out}$ とおくと

$$効率 = \frac{入力}{出力} = \frac{P_{out}}{P_{in}} \times 100\% \tag{3.12}$$

で求められ，入力と出力を直接測定して求めた効率を**実測効率**（**measured efficiency**）という。しかし回転機においては，入力もしくは出力が機械的動力であるため，正確な電力測定が困難となる。そこで，定められた方法によって求めた損失と出力または入力から求める効率を**規約効率**（**conventional efficiency**）という。発電機の場合，入力は出力と損失の和となるので

$$規約効率（発電機）= \frac{出力}{出力 + 損失} \times 100\% \tag{3.13}$$

となり，電動機の場合は，出力は入力から損失を引けばよいので

$$規約効率（電動機）= \frac{入力 - 損失}{入力} \times 100\% \tag{3.14}$$

となる。ここで負荷端子電圧 $V$，電機子電流 $I_a$，無負荷損 $P_o$，負荷損 $P_L = kI_a^2$（k は定数）とすると電動機の効率は

$$\eta = \frac{VI_a}{VI_a + (kI_a^2 + P_0)} \times 100\% \tag{3.15}$$

となり，端子電圧を一定とした場合の最大効率 $\eta_{max}$ を求める。

$$\eta = \frac{V}{V + (kI_a + P_0/I_a)} \times 100\,\% \tag{3.16}$$

から，最大効率は，$kI_a + P_0/I_a$ が最小であればよいので

$$\frac{d(kI_a + P_0/I_a)}{dI_a} = k - \frac{P_0}{I_a^2} = 0 \tag{3.17}$$

$$kI_a^2 = P_0 \tag{3.18}$$

となり，負荷損と無負荷損が等しいときに最大効率となる。負荷電流に対する効率および損失の関係は，**図 3–13** となる。一般的には全負荷時に最大効率となるように設計されている。

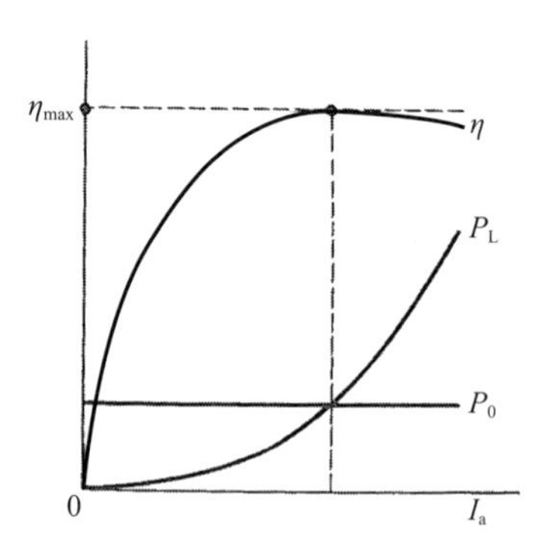


図 3–13　負荷電流に対する効率および損失の関係

## 演習問題

(1) 直流発電機の界磁巻線の励磁方式である他励式，直巻式，分巻式について，界磁電流と電機子電流，負荷電流の関係をまとめよ。

(2) 出力 20 kW，端子電圧 100 V で運転している直流他励発電機がある。誘導起電力が 110 V であったとき，この発電機の電機子回路抵抗はいくらか。

(3) 定格出力 50 kW，定格電圧 250 V の直流分巻発電機がある。この発電機の定格負荷時の効率は 96% である。このときの発電機の無負荷損 [kW] はいくらか。ただし，ブラシの電圧降下と漂遊負荷損は無視するものとする。また，電機子回路及び界磁回路の抵抗はそれぞれ 0.03 Ω 及び 125 Ω とする。

## 演習解答

(1) 他励発電機では，界磁側は独立した回路であるため，界磁電流が変化しても負荷電流は変化しない。直巻発電機では，界磁電流と電機子電流と負荷電流は等しい。分巻発電機では，界磁電流が電機子電流と負荷電流の差となる。

(2) 直流他励発電機の出力を $P$ [W]，端子電圧を $V$ [V] とすると，負荷電流 $I$ [A] は次式で求まる．

$$I = \frac{P}{V} = \frac{20 \times 10^3}{100} = 200\,\mathrm{A}$$

負荷電流は電機子電流 $I_\mathrm{a}$ と等しく，起電力 $E_\mathrm{a}$ [V] とすると，電機子抵抗を $R_\mathrm{a}$ [Ω] は次式で求まる．

$$R_\mathrm{a} = \frac{E_\mathrm{a} - V}{I_a} = \frac{110 - 100}{200} = 0.05\,\Omega$$

(3) 直流発電機の損失を $W$ [W]，無負荷損を $W_0$ [W]，負荷損のうち，電機子巻線による損失を $W_\mathrm{a}$ [W]，界磁巻線による損失を $W_\mathrm{f}$ [W] とすると，次式が成立する。$W = W_0 + W_\mathrm{a} + W_\mathrm{f} \cdots (1)$

界磁抵抗 $R_f$ [Ω] および定格電圧 $V_n$ [V] から $W_f$ [W] を求める。

$$W_f = \frac{V_n^2}{R_f} = 500\,\mathrm{W}$$

定格出力 $P_0$ [W] としたときの負荷電流 $I$ [A] を求める。

$$I = \frac{P_0}{V} = \frac{50 \times 10^3}{250} = 200\,\mathrm{A}$$

電機子電流 $I_a$ [A] を求める。

$$I_a = I + I_f = 200 + 2 = 202\,\mathrm{A}$$

$W_a$ [W] を求める．

$$W_a = R_a I_a^2 = 0.03 \times 202^2 \fallingdotseq 1{,}224\,\mathrm{W}$$

入力 $P_i$ [W] を求める（効率 $\eta$ とする）．

$$P_i = \frac{P_0}{\eta} = \frac{50 \times 10^3}{0.96} = 52{,}083\,\mathrm{W}$$

全損失 $W$ [W] を求める。

$$W = P_i - P_0 = 52{,}083 - 50{,}000 = 2{,}083\,\mathrm{W}$$

よって，

$$\begin{aligned} W_0 &= W - W_a - W_f \\ &= 2{,}083 - 1{,}224 - 500 = 359\,\mathrm{W} \end{aligned}$$

## 引用・参考文献

1) 野中作太郎：電気機器（I），森北出版，1973.
2) 白井康之，大橋俊介，森實俊光：電気機器学，オーム社，2017.

# 4章　直流電動機：結線と速度制御

電気エネルギーから機械エネルギーを発生させる機械を電動機という。電動機を動かすための電源として直流電源と交流電源があるが，この章では直流電源による電動機について，励磁方式による分類，負荷時の各種特性，始動と速度制御，制動と逆転，損失と効率について説明する。

## 4.1　直流電動機の種類と回路

直流電動機は発電機と同じように励磁方式によって，永久磁石式電動機，他励電動機，自励電動機に大別される。自励電動機には，分巻電動機，直巻電動機，複巻電動機がある。図 4–1 に各結線の回路図を示す。

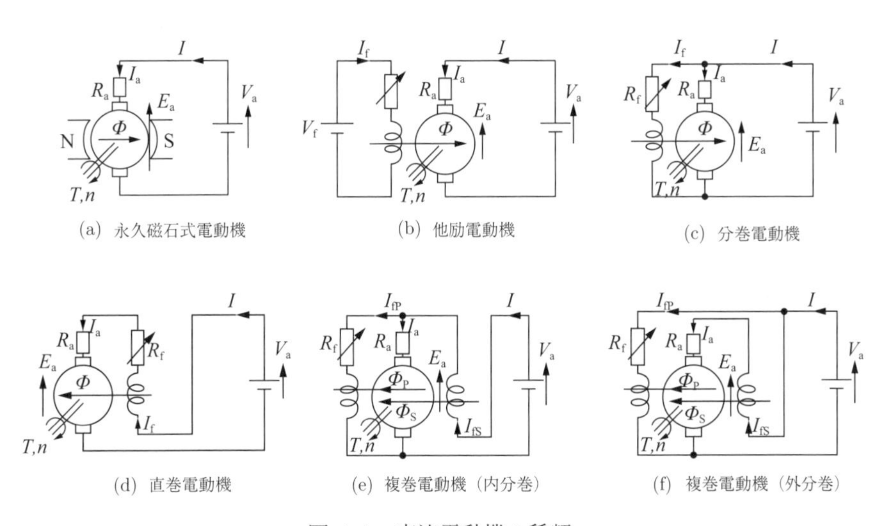


図 4–1　直流電動機の種類

### 4.1.1 永久磁石式電動機（permanent magnet：DC motor）

図 **4–1(a)** に示す**永久磁石式電動機**は，界磁極に永久磁石を用いる方式である。永久磁石を使用しているため，小形かつ安価であることが特徴である。負荷電流 $I =$ 電機子電流 $I_{\mathrm{a}}$ である。

### 4.1.2 他励電動機（separately excited motor）

図 **4–1(b)** に示す**他励電動機**は，励磁用と電機子用にそれぞれ異なる直流電源 $V_{\mathrm{f}}$，$V_{\mathrm{a}}$ をもった電動機である。界磁電流 $I_{\mathrm{f}}$ は励磁用電源 $V_{\mathrm{f}}$ と励磁回路抵抗 $R_{\mathrm{f}}$ で調整する。負荷電流 $I =$ 電機子電流 $I_{\mathrm{a}}$ である。

以下に説明する分巻電動機，直巻電動機，複巻電動機は電機子と励磁用にひとつの直流電源 $V_{\mathrm{a}}$ を持った電動機で，**自励電動機**（**self-excited motor**）に分類される。

### 4.1.3 分巻電動機（shunt motor）

図 **4–1(c)** に示す**分巻電動機**は，励磁回路（分巻界磁巻線）が電機子回路に対し並列に接続された構成である。界磁電流 $I_{\mathrm{f}}$ は界磁回路抵抗 $R_{\mathrm{f}}$ で調整する。負荷電流 $I =$ 電機子電流 $I_{\mathrm{a}} +$ 界磁電流 $I_{\mathrm{f}}$ である。

### 4.1.4 直巻電動機（series motor）

図 **4–1(d)** に示す**直巻電動機**は，励磁回路（直巻界磁巻線）が電機子回路に対し直列に接続された構成である。負荷電流 $I =$ 電機子電流 $I_{\mathrm{a}} =$ 界磁電流 $I_{\mathrm{f}}$ であるため，磁束 $\phi$ は負荷の大きさによって変化する。

### 4.1.5 複巻電動機（compound motor）

**複巻電動機**は，励磁回路として分巻界磁巻線と直巻界磁巻線の両方を有しており，分巻界磁巻線の配置によって，図 **4–1(e)** に示す内分巻と図 **4–1(f)** に示す外分巻の 2 種類があるが，外分巻が標準である。

分巻界磁巻線に流れる励磁電流 $I_{\mathrm{fp}}$ による磁束 $\phi_{\mathrm{p}}$ と直巻界磁巻線に流れる励磁電流 $I_{\mathrm{fs}}$ による磁束 $\phi_{\mathrm{s}}$ を合成した磁束 $\phi$ となる。内分巻の場合 $I = I_{\mathrm{fs}} = I_{\mathrm{a}} + I_{\mathrm{fp}}$，外分巻の場合 $I = I_{\mathrm{a}} + I_{\mathrm{fp}}$，$I_{\mathrm{a}} = I_{\mathrm{fs}}$ の関係がある。さらに，直巻界磁巻線の接続の向きによって $I_{\mathrm{fs}}$ を流す方向を変えて $\phi_{\mathrm{s}}$ の極性を変えることができるため，合成磁束 $\phi = \phi_{\mathrm{p}} + \phi_{\mathrm{p}}$ となる**和動複巻電動機**（**cumulative compound motor**）と，合成磁束 $\phi = \phi_{\mathrm{p}} - \phi_{\mathrm{p}}$ となる**差動複巻電動機**（**differential compound motor**）がある。

## 4.2　直流電動機の特性

### 4.2.1　直流電動機の各種特性

直流電動機は，負荷の増減によってトルクと回転速度が変化し，その変化の様子は電動機の種類で大きく異なる。直流電動機の特性を示すものに，**速度特性曲線**（**speed characteristic curve**），**トルク特性曲線**（**torque characteristic curve**），**速度トルク曲線**（**speed-torque characteristic curve**），**速度変動率**（**speed regulation**）がある。これらは，端子電圧 $V_{\mathrm{a}}$，界磁抵抗 $R_{\mathrm{a}}$ を一定としたとき，負荷電流 $I$ と回転数 $N$ の関係（速度特性曲線），負荷電流 $I$ とトルク $T$ の関係（トルク特性曲線），回転数 $N$ とトルク $T$ の関係（速度トルク曲線）を示したものである。

電源電圧 $V_{\mathrm{a}}\,[\mathrm{V}]$，界磁磁束 $\phi\,[\mathrm{Wb}]$，電機子抵抗 $R_{\mathrm{a}}\,[\Omega]$，電機子電流 $I_{\mathrm{a}}\,[\mathrm{A}]$，のとき，直流電動機の速度 $N\,[\mathrm{min}^{-1}$，もしくは rpm]，トルク $T\,[\mathrm{N{\cdot}m}]$，出力 $P_0\,[\mathrm{W}]$ はそれぞれ次式で示される。

$$N = \frac{V_{\mathrm{a}} - R_{\mathrm{a}} I_{\mathrm{a}}}{K_1 \phi} \tag{4.1}$$

$$T = K_2 \phi I_{\mathrm{a}} \tag{4.2}$$

$$P_0 = 2\pi \frac{N}{60} T \tag{4.3}$$

ここで，$K_1 = \frac{PZ}{60a}$，$K_2 = \frac{PZ}{2\pi a}$ とする。

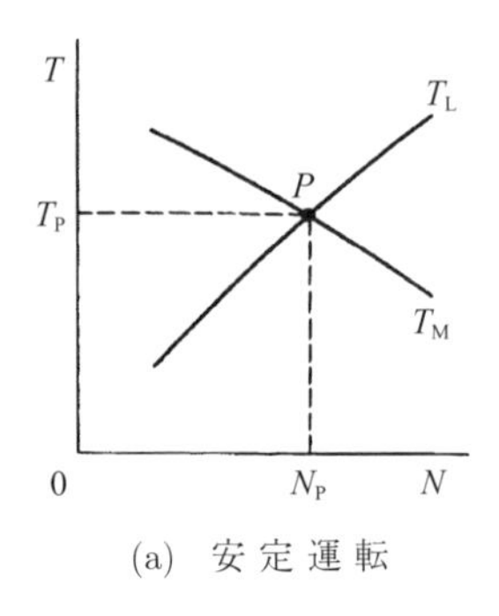


(a) 安 定 運 転

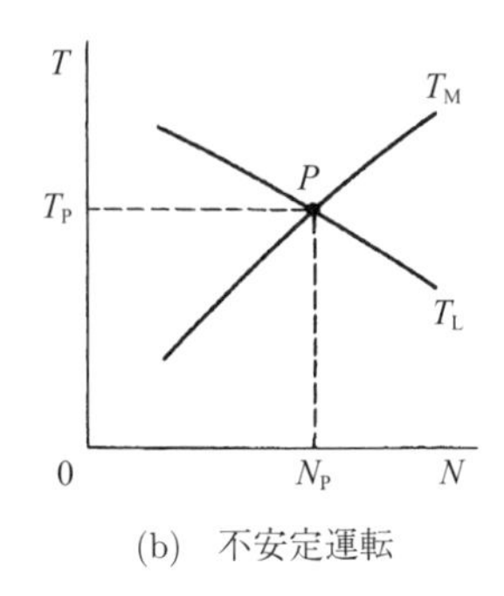


(b) 不安定運転

図 4–2 速度トルク特性曲線（安定性の判断）

図 4–2 に示す速度トルク特性曲線は電動機運転の安定性の判断をするときに使用される。**図 4–2（a）**では，点 P の状態から回転数 $N_P$ より回転数が上昇しようとすると，負荷が要求するトルク $T_L$ よりも電動機のトルク $T_M$ が小さくなるため，電動機は減速して点 P に戻る。一方，回転数 $N_P$ より回転数が減少しようとすると，負荷が要求するトルク $T_L$ よりも電動機のトルク $T_M$ が大きくなるため，電動機は加速して点 P に戻る。これより図 4–2（a）は電動機の運転は安定することがわかる。**図 4–2（b）**では，点 P の状態から回転数 $N_P$ より回転数が上昇しようとすると，負荷が要求するトルク $T_L$ よりも電動機のトルク $T_M$ が大きいため電動機はさらに加速する。一方，回転数 $N_P$ より回転数が減少しようとすると，負荷が要求するトルク $T_L$ よりも電動機のトルク $T_M$ が小さいため，電動機はさらに減速する。このように点 P に戻ることができず電動機の運転は不安定となる。

**速度変動率** $\nu\,[\%]$ は，定格時の回転数を $N_n\,[\mathrm{min}^{-1}]$，無負荷時の回転数を $N_0\,[\mathrm{min}^{-1}]$ の電動機に対して次式で定義される。

$$\nu = \frac{N_0 - N_n}{N_n} \times 100 \tag{4.4}$$

### 4.2.2 他励電動機の特性

他励電動機の速度特性とトルク特性を**図 4–3** に示す。電機子反作用が無視で

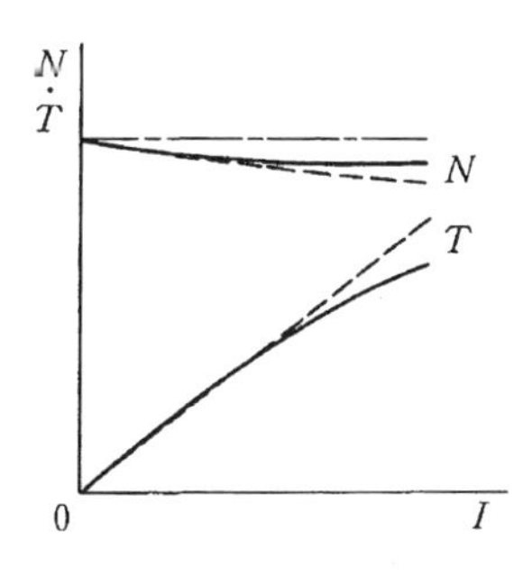


図 4–3　速度特性とトルク特性

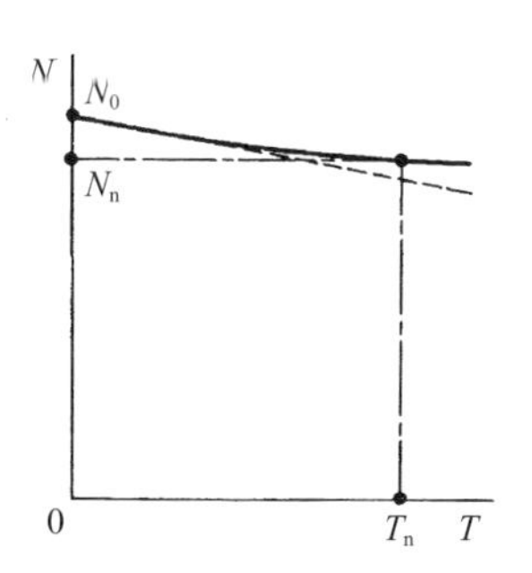


図 4–4　速度トルク曲線

（破線：電機子反作用を無視，　実線：電機子反作用を考慮）

きるようなときは磁束 $\phi$ は負荷によらず一定であるため，負荷が増加し電機子電流 $I_a$（$=$ 負荷電流 $I$）が増えると，$N$ は直線的に減少する。トルク $T$ は電機子電流 $I_a$（$=$ 負荷電流 $I$）に比例する。一方，電機子反作用が無視できない場合，負荷が増加し電機子電流 $I_a$ が増加すると有効な磁束 $\phi$ が減少するため，前者の場合よりも速度は高く，トルク $T$ は前者より低くなる。**図 4–4** に速度トルク曲線を示す。

他励電動機や後述する分巻電動機のように $V$ に比べ電圧降下 $R_aI_a$ が小さく，$N$ の減少がわずかでほぼ一定の回転数とみなせるような電動機を**定速度電動機**（**constant speed motor**）と呼ぶ。

### 4.2.3　分巻電動機の特性

**分巻電動機**（**shunt motor**）は，負荷電流 $I$ として電機子電流 $I_a$ に界磁電流 $I_f$ が加わった点が他励電動機と異なる。図 4–3 の横軸 $I$ が $I_f$ だけ右側にずれたものとなるが，基本的な特性は他励電動機と同様である。

### 4.2.4　直巻電動機の特性

直巻電動機は，負荷電流と電機子電流と界磁電流がすべて等しい（$I = I_a = I_f$）ため，磁束 $\phi$ の大きさは負荷電流の大きさに依存する。界磁鉄心の磁気飽和が

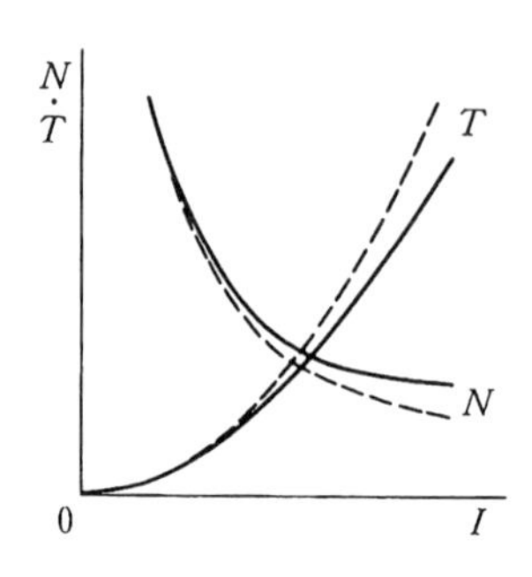


図 4–5 速度特性とトルク特性

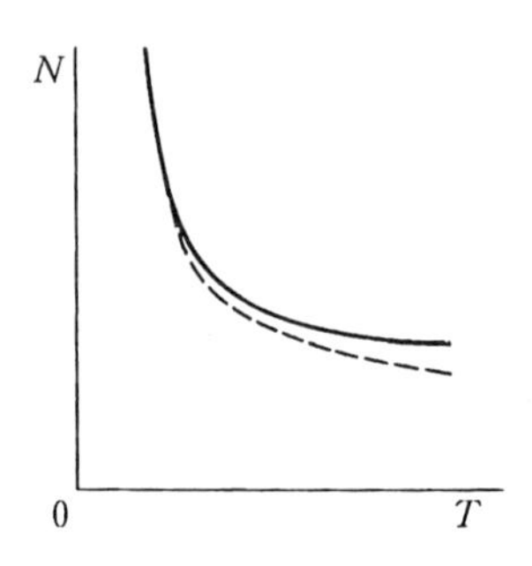


図 4–6 速度トルク曲線

（破線：磁気飽和を無視，実線：磁気飽和を考慮）

無視できる場合，$\phi = k'I$ となる。ただし $k'$ は比例定数である。これらを考慮して直巻電動機の速度 $N$ とトルク $T$ を求めてみる。

$$V_\mathrm{a} = E_\mathrm{a} + R_\mathrm{a}I_\mathrm{a} + R_\mathrm{f}I_\mathrm{f} = E_\mathrm{a} + (R_\mathrm{a} + R_\mathrm{f})I \tag{4.5}$$

$$N = \frac{V_\mathrm{a} - (R_\mathrm{a} + R_\mathrm{f})I}{K_1\phi} = \frac{V_\mathrm{a} - (R_\mathrm{a} + R_\mathrm{f})I}{K_1k'I}$$

$$= \frac{1}{K_1k'}\left\{\frac{V_\mathrm{a}}{I} - (R_\mathrm{a} + R_\mathrm{f})\right\} \tag{4.6}$$

$$T = K_2\phi I_\mathrm{a} = K_2k'II_\mathrm{a} = K_2k'I^2 \tag{4.7}$$

式（4.6）と式（4.7）より，回転速度 $N$ は負荷電流 $I$ に反比例し，トルク $T$ は負荷電流 $I$ の二乗に比例することがわかる．

負荷電流 $I$ が大きくなる，すなわち界磁電流 $I_\mathrm{f}$ が大きくなることで起こる界磁鉄心の磁気飽和を考慮すると，磁束はある値で一定（$\phi = \phi'$）となる。磁気飽和が起こる電流以上では，回転速度 $N$ は $I$ に比例して減少し，トルク $T$ は負荷電流 $I$ に比例する。直巻電動機の速度特性とトルク特性を**図 4–5**，速度トルク曲線を**図 4–6** に示す。直巻電動機は負荷電流によって回転速度が大きく変化することから**変速度電動機**（**varying speed motor**）と呼ばれる。

直巻電動機は，始動時に大きなトルクを得られるという特徴がある。一方，無負荷時や軽負荷時には回転速度が非常に大きくなるので危険である。

### 4.2.5　複巻電動機の特性

複巻電動機は，分巻界磁巻線と直巻界磁巻線の両方を回路にもった電動機である。分巻の配置によって内分巻と外分巻がある。分巻界磁巻線（抵抗値 $R_{\mathrm{fp}}$）による磁束 $\phi_{\mathrm{p}}$，直巻界磁巻線（抵抗値 $R_{\mathrm{fs}}$）による磁束 $\phi_{\mathrm{s}}$，これらの合成磁束を $\phi$ とすると，直巻界磁巻線に流す電流の方向により，$\phi=\phi_{\mathrm{p}}+(+\phi_{\mathrm{s}})$ と強める**和動複巻**と $\phi=\phi_{\mathrm{p}}+(-\phi_{\mathrm{s}})$ と弱める**差動複巻**がある。複巻電動機（外分巻）を例に回転速度 $N$ とトルク $T$ を求める。

$$I=I_{\mathrm{fp}}+I_{\mathrm{fs}} \tag{4.8}$$

$$I_{\mathrm{fs}}=I_{\mathrm{a}} \tag{4.9}$$

$$\phi_{\mathrm{p}}=K_{\mathrm{p}}I_{\mathrm{fp}} \qquad （ただし，k_{\mathrm{p}} は比例定数） \tag{4.10}$$

$$\phi_{\mathrm{s}}=K_{\mathrm{s}}I_{\mathrm{fs}} \qquad （ただし，k_{\mathrm{s}} は比例定数） \tag{4.11}$$

$$\phi=\phi_{\mathrm{p}}\pm\phi_{\mathrm{s}} \tag{4.12}$$

$$V_{\mathrm{a}}=E_{\mathrm{a}}+R_{\mathrm{a}}I_{\mathrm{a}}+R_{\mathrm{fs}}I_{\mathrm{fs}}=E_{\mathrm{a}}+(R_{\mathrm{a}}+R_{\mathrm{f}})I_{\mathrm{a}} \tag{4.13}$$

$$N=\frac{V_{\mathrm{a}}-(R_{\mathrm{a}}+R_{\mathrm{fs}})I_{\mathrm{a}}}{K_1\phi}=\frac{V_{\mathrm{a}}-(R_{\mathrm{a}}+R_{\mathrm{fs}})I_{\mathrm{a}}}{K_1(\phi_{\mathrm{p}}\pm\phi_{\mathrm{s}})} \tag{4.14}$$

$$T=K_2\phi I_{\mathrm{a}}=K_2(\phi_{\mathrm{p}}\pm\phi_{\mathrm{s}})I_{\mathrm{a}} \tag{4.15}$$

式（4.14）より回転速度 $N$ について検討する。和動複巻電動機の場合，負荷電流が増加すると，$\phi$ は $+\phi_{\mathrm{s}}$ だけ増加するため $N$ は低下する。差動複巻電動機の場合，負荷電流が増加すると，$\phi$ は $-\phi_{\mathrm{s}}$ だけ減少するため $N$ は増加する。これを分巻電動機（$\phi_{\mathrm{s}}=0$, $R_{\mathrm{fs}}=0$）を加えて比較すると，同じ負荷電流の場合，和動複巻，分巻，差動複巻の順で $N$ は大きくなる。

式（4.15）よりトルク $T$ について検討する。和動複巻電動機の場合，負荷電流が増加すると，$\phi$ は $+\phi_{\mathrm{s}}$ だけ増加するため $T$ は増加する。差動複巻電動機の場合，負荷電流が増加すると，$\phi$ は $-\phi_{\mathrm{s}}$ だけ減少するため $T$ は減少する。このとき $I$ が大きすぎるとトルクは負の値となることもあり，逆転するがほとんど用いられることはない。分巻電動機と比較すると，同じ電流の場合，和動複巻，

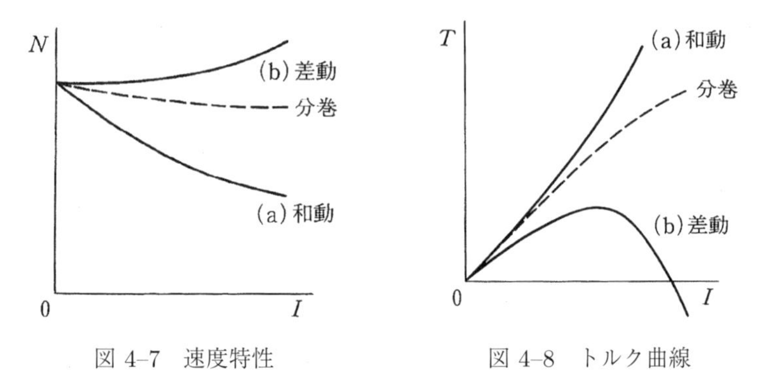


図 4–7　速度特性　　図 4–8　トルク曲線

分巻，差動複巻の順番で $T$ は大きくなる。複巻電動機の速度特性を**図 4–7**，トルク特性を**図 4–8** に示す。

## 4.3　直流電動機の始動と速度制御

### 4.3.1　始動電流（starting current）

電動機の電機子電流は $I_{\mathrm{a}} = (V_{\mathrm{a}} - E_{\mathrm{a}})/R_{\mathrm{a}} = (V_{\mathrm{a}} - K_1\phi N)/R_{\mathrm{a}}$ で表される。ここで停止状態の電動機を始動することを考える。停止状態，すなわち $N = 0$ では逆起電力 $E_{\mathrm{a}} = 0$ であり，定格電圧 $V_{\mathrm{a}}$ を印加すると，その瞬間，電機子電流 $I_{\mathrm{s}} = (V_{\mathrm{a}} - 0)/R_{\mathrm{a}}$ が流れることになる。電機子抵抗 $R_{\mathrm{a}}$ は小さいため，この電流は非常に大きなものとなる。電動機を始動するときに流れる電流を**始動電流**と呼ぶ。**図 4–9** に電機子電流 $I_{\mathrm{a}}$ と逆起電力 $E_{\mathrm{a}}$ の時間変化を示す。電動機の回転速度 $N$ が上がるに従い発生する逆起電力 $E_{\mathrm{a}} = K_1\phi N$ も大きくなり，電機子電流も次第に小さくなる。最終的に回転速度が落ち着いたところで電機子電流も一定値に落ち着く。しかし，始動時の電流の大きさと回転速度が落ち着くまでの時間によっては，電機子巻線，整流子，ブラシなどを損傷するおそれがある。そこで，始動の際には電機子回路に始動抵抗を直列に接続し，始動電流を抑える必要がある。

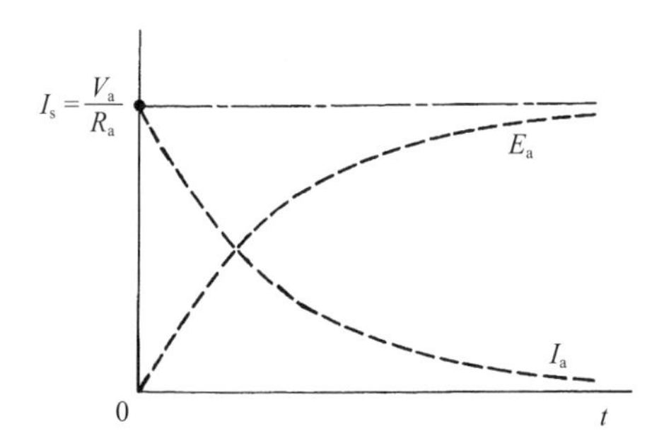


図 4–9 電機子電流 $i_{\mathrm{a}}$ と逆起電力 $e_{\mathrm{a}}$ の時間変化

### 4.3.2 始動抵抗器 (starting resistance)

分巻電動機に**始動抵抗器**を接続した回路を示す (**図 4–10**)。始動抵抗器の抵抗には適当な間隔でノッチが準備されており，ハンドル H を時計方向に回転すると，最初のノッチに接続し，電源+→ 始動抵抗 $R_{\mathrm{s}}$ → 電機子回路 → 電源 − という閉回路ができる。同時に分巻界磁巻線に界磁電流 $I_{\mathrm{f}}$ も流れる。このとき $I_{\mathrm{s}} = V_{\mathrm{a}}/(R_{\mathrm{a}} + R_{\mathrm{s}})$ の電機子電流が流れるが，始動抵抗がないときに比べて小さく抑えた始動ができる。電動機の回転速度が上昇するにつれて，ハンドル H をさらに時計方向に回転すれば，始動抵抗 $R_{\mathrm{s}}$ は順次小さくなり最終的に 0 とすることで始動が完了する。電動機運転中は，ハンドル H は電磁石 M によっ

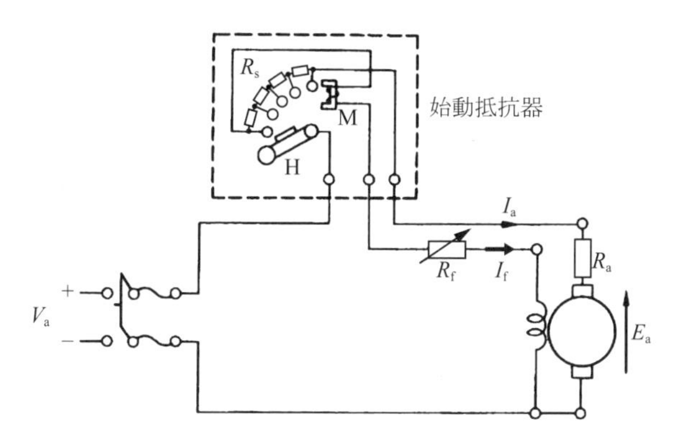


図 4–10 始動抵抗器

て吸引固定される。電動機の電源 $V_\mathrm{a}$ をオフにすると，電磁石 M の吸引力が失われ H はバネにより最初の位置に戻るように作られている。

### 4.3.3 速度制御（speed control）

電動機の速度を適当に調整することを**速度制御**と呼ぶ。電動機の速度 $N$ は次式で示される。

$$N = \frac{V_\mathrm{a} - R_\mathrm{a} I_\mathrm{a}}{K_1 \phi} \propto \frac{V_\mathrm{a} - R_\mathrm{a} I_\mathrm{a}}{\phi} \tag{4.16}$$

これより，$V_\mathrm{a}$，$R_\mathrm{a}$，$\phi$ のいずれかを変化すれば回転速度 $N$ の制御ができることが分かる。それぞれについて説明する。

#### (1) 界磁制御法（field control）

界磁調整用抵抗 $R_\mathrm{f}$ を加減し，界磁電流 $I_\mathrm{f}$ を変化することで磁束 $\phi$ を変化して回転速度 $N$ を調整する方法である。

#### (2) 電圧制御法（voltage control）

電圧 $V_\mathrm{a}$ を変化させて回転速度 $N$ を変化する方法である。一般的に電動機を他励式として磁束 $\phi$ を一定とし，電圧 $V_\mathrm{a}$ を変化させる。このとき，サイリスタを用いて三相交流電圧から可変の直流電圧を作り出す方式を静止レオナード方式という。

#### (3) 抵抗速度法（rheostatic control）

電機子回路に直列に入れた抵抗の値を変化して回転速度 $N$ を変化する方法である。この方式は抵抗での損失が大きく，速度制御の範囲が狭い。

電気鉄道用電動機では，偶数個の直巻電動機を直列に接続して始動と低速運転を行い，半数ずつ並列運転に切り替えて高速運転を行う。その際には抵抗制御法と併用する方式（直並列制御法と呼ばれる）を採用することで，広範囲の速度制御と損失低減が可能となる。

## 4.4 直流電動機の制動と逆転

### 4.4.1 制動（braking）

運転中の電動機は電源をオフにしても回転部の慣性のためにすぐには停止しない。運転している負荷によっては停止開始時に電動機がもつ慣性エネルギーを何らかの方法で消費させ速やかに停止をする必要がある。このように速やかに停止を行うことは**制動**と呼ばれ，機械的制動と電気的制動がある。機械的制動は，手動や圧縮空気などで制動機を動作させるものである。電気的制動には次に示す**発電制動**，**回生制動**，**逆転制動**があり，いずれも回転エネルギーを電気エネルギーに変換するものである。

#### (1) 発電制動（dynamic braking）

電動機を電源から切り離し，その代わりに抵抗器を接続する方式である。電源から切り離された電動機は他励発電機として動作する。これにより運動エネルギーが抵抗器でジュール熱として消費されることで制動となる。

#### (2) 回生制動（regenerative braking）

電車が坂道を下るときやエレベータが下降するときに，電動機は発電機として動作している。このときに発生している電力を電源に戻すことで電動機には制動がかかる方式である。

#### (3) 逆転制動（plugging）

運転中の電動機の界磁回路はそのままで，電機子回路を逆に接続すると，回転方向とは逆方向のトルクが発生する。これにより急速な制動をかける方式である。停止後は電源から切り離さなければ逆転するので注意が必要である。

### 4.4.2 逆転（reversing）

電動機の回転方向を変えることを**逆転**と呼ぶ。逆転するには，電機子回路か界磁回路のいずれか一方の回路を逆に接続し，その電流（電機子電流か界磁電流）を逆方向に流すようにすれば良い。一般的には電機子回路を逆にする方法が用いられる。

## 4.5 直流電動機の損失と効率

### 4.5.1 損失（loss）

直流電動機は電気エネルギーを機械エネルギーへと変換し出力するものである。このエネルギー変換過程で生じる熱エネルギーが損失であり，3.3 で詳細を述べたとおり，電動機も発電機と同様の損失（機械損，鉄損，銅損）が発生する。

### 4.5.2 効率（efficiency）

3.3 で詳細を述べたとおり，直流機の効率は，入力を $P_{\mathrm{in}}$，出力を $P_{\mathrm{out}}$ とおくと

$$\text{効率} = \frac{\text{入力}}{\text{出力}} = \frac{P_{\mathrm{out}}}{P_{\mathrm{in}}} \times 100\,\% \tag{4.17}$$

で求められる。実際に負荷をかけて，入力と出力を測定して式（4.17）より求めた効率を実測効率と呼ぶ。このとき電動機の出力は，プロニーブレーキや電気動力計などを用いて求める。

一方，定められた方法で損失の測定や損失の算出を行い，出力 = 入力 − 損失の関係を用いて算出された効率を規約効率と呼び，電動機の場合，以下となる。

$$\text{規約効率（電動機）} = \frac{\text{入力} - \text{損失}}{\text{入力}} \times 100\% \tag{4.18}$$

ここで，他励電動機を例に効率を求める。端子電圧 $V_{\mathrm{a}}$，負荷電流 $I$ = 電機子電流 $I_{\mathrm{a}}$ のとき，負荷損 $P_{\mathrm{L}} = R_{\mathrm{a}} I_{\mathrm{a}}^2 = R_{\mathrm{a}} I^2$（ただし，励磁回路でのジュール

損 $R_f I_f^2$ は無視できるものとした)，無負荷損 $P_0$ とすると，式 (4.18) は次のようになる。

$$\eta = \frac{V_a I - (R_a I^2 + P_0)}{V_a I} \times 100\%$$

$$\eta = \frac{V_a - \left(R_a I + \frac{P_0}{I}\right)}{V_a} \times 100\%$$

最大効率は $R_a I = P_0/I$ が最小であれば良いので，

$$\frac{d\left(R_a I + \frac{P_0}{I}\right)}{dI} = R_a - \frac{P_0}{I^2} = 0$$

が成立するときで，

$$R_a I^2 = P_0$$

となる。

すなわち，負荷損と無負荷損が等しいときが最大効率となる。これは発電機のときと同様である。

## 演習問題

(1) ある電動機（定格電流 26 A，定格回転速度 1,500 $\mathrm{min}^{-1}$）の速度特性（負荷電流 $I$ に対する回転速度 $N$ の関係）を**問題図 4–1** に示す。この電動機の速度変動率を求めよ。

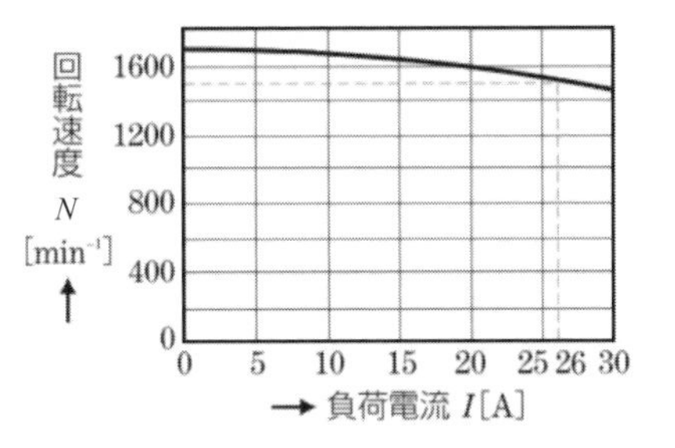


問題図 4–1

(2) 端子電圧 $V_a = 210\,\mathrm{V}$，電機子電流 $I_a = 30\,\mathrm{A}$，電機子巻線抵抗 $R_a = 0.1\,\Omega$，回転速度 1,800 $\mathrm{min}^{-1}$ で運転中の分巻電動機が発生する出力 $P_0$ とトルク $T$ を求めよ。

(3) ある負荷に対して負荷電流 $I_1 = 50\,\mathrm{A}$，回転速度 $N_1 = 1{,}000\,\mathrm{min}^{-1}$ で回

転している直巻電動機がある。この負荷が軽くなり負荷トルクが75%の大きさになったときの負荷電流 $I_2$ と回転速度 $N_2$ を求めよ。ただし，磁気飽和はなく，電機子回路と直巻回路抵抗はいずれも無視できるものとする。

(4) 電機子巻線抵抗 $R_a = 0.25\,\Omega$，分巻巻線抵抗 $R_f = 50\,\Omega$ の分巻電動機がある。これに定格電圧 $V_a = 100\,\mathrm{V}$ を加えて始動させたときの始動電流 $I_s$ を求めよ。

(5) 定格電圧 $V_a = 100\,\mathrm{V}$，定格電流が 50 A の分巻電動機（電機子巻線抵抗 $R_a = 0.25\,\Omega$，分巻巻線抵抗 $R_f = 50\,\Omega$）がある。この電動機の始動電流を定格電流の1.5倍に制限したい。始動抵抗器 $R_S$ の大きさを求めよ。

(6) 静止レオナード方式について調べよ。

(7) 直並列制御法について調べよ。

(8) 永久磁石電動機，他励電動機，分巻電動機，直巻電動機に接続されている電源電圧を逆に接続したとき，逆転するか検討しなさい。

(9) 機械損，鉄損，銅損について説明しなさい。

(10) プロニーブレーキ，電気動力計について調べなさい。

(11) 定格電圧 $V_a = 100\,\mathrm{V}$，定格出力 $P_{out} = 3.5\,\mathrm{kW}$，界磁電流 $I_f = 2\,\mathrm{A}$ の分巻電動機がある。定格負荷における入力 $P_{in}$ と電機子電流 $I_a$ を求めよ。この電動機は定格負荷時における効率が78%である。

## 演習解答

(1) 図より，$N_0 = 1{,}700\,\mathrm{min}^{-1}$ なので

$\nu = (1{,}700 - 1{,}500) \times 100/1{,}500 = 13.3\%$

(2) $E = V_a - R_a I_a = 210 - 0.1 \times 30 = 207\,\mathrm{V}$, $P_0 = EI_a = 207 \times 30 = 6{,}210\,\mathrm{W}$

$T = 60P_0/(2\pi N) = 60 \times 6{,}210/(2 \times 3.141 \times 1{,}800) = 32.95 = 33.0\,\mathrm{Nm}$

(3) $T_1 = K_2\phi_1 I_1 = K_2 k' I_1^2$，$T_2 = K_2\phi_2 I_2 = K_2 k' I_2^2$

題意より，$T_2 = 0.75\,T_1$ が成立するので，

$I_2^2 = 0.75 \times I_1^2 \rightarrow I_2 = \sqrt{0.75} I_1 = (\sqrt{0.75}) \times 50 = 43.3\,\mathrm{A}$

$E_1 = V_a - R_a I_a = V_a = K_1\phi_1 N_1$，$E_2 = V_a - R_a I_a = V_a = K_1\phi_2 N_2$

比をとると，$1 = K_1\phi_1 N_1 / K_1\phi_2 N_2$

$N_2 = (\phi_1/\phi_2)N_1 = (\mathrm{I}_1/\mathrm{I}_2)N_1 = (1/\sqrt{0.75})1{,}000 = 1{,}155\,\mathrm{min}^{-1}$

（4）$I_\mathrm{s} = I_\mathrm{a} + I_\mathrm{f} = 100/0.25 + 100/50 = \underline{402\,\mathrm{A}}$

（5）$I_\mathrm{s} = 1.5I = V_\mathrm{a}/(R_\mathrm{a} + R_\mathrm{s}) + V_\mathrm{a}/R_\mathrm{f}$

$R_\mathrm{s} = (1.5I/V_\mathrm{a} - 1/R_\mathrm{f})^{-1} - R_\mathrm{a} = \underline{1.12\,\Omega}$

（6）略

（7）略

（8）永久磁石電動機〜逆転する　　他励電動機〜逆転する

分巻電動機〜逆転しない　　直巻電動機〜逆転しない

（9）略（3.3　発電機の損失と効率を参照のこと）

（10）略

（11）効率 $= (P_\mathrm{out}/P_\mathrm{in}) \times 100 = 78$

$\rightarrow P_\mathrm{in} = P_\mathrm{out}/0.78 = 3{,}500/0.78 = \underline{4{,}487\,\mathrm{W}}$

$P_\mathrm{in} = V_\mathrm{a}I = V_\mathrm{a}(I_\mathrm{a} + I_\mathrm{f}) \rightarrow I_\mathrm{a} = (P_\mathrm{in}/V_\mathrm{a}) - I_\mathrm{f} = (4{,}487/100) - 2 =$ $\underline{42.87\,\mathrm{A}}$

# 5章　変圧器の原理と理想変圧器

交流電圧の大きさを変化させることができるエネルギー変換装置を変圧器（transformer）という。変圧器には交流電圧の大きさだけでなく，電圧位相を変化させることができる移相変圧器もあるが，本書における変圧器とは，交流電圧の大きさのみを変化させる機器を指す。本章では変圧器で電圧の大きさを変化させる原理と理想的な変圧器の理論について学ぶ。

## 5.1　変圧器の原理と誘導起電力

電気磁気学で学んだように，コイルと鎖交する磁束 $\varphi(t)$ [wb] が時間的に変化すると，その $N$ 回巻のコイルにはファラデーの法則により，

$$e(t) = N\frac{d\varphi(t)}{a't} \tag{5.1}$$

の起電力が誘導される。

いま，**図 5–1** のように鉄心に巻かれた $N_1$ 回巻，$N_2$ 回巻の二組のコイルを考える。これの一次側端子に単相交流電源 $v_1(t) = \sqrt{2}V_1\sin(\omega t)$[V] を加える。このとき，コイルの抵抗や漏れ磁束を無視すれば，電気磁気学で学んだように，一次コイル ($N_1$ 回巻) には

$$v_1(t) = \sqrt{2}V_1\sin(\omega t) = e_1(t) = \sqrt{2}E_1\sin(\omega t)\,[\mathrm{V}]$$

が誘導され，コイルに鎖交する磁束と誘導起電力には式（5.1）の関係があるため，

$$\varphi(t) = \frac{\sqrt{2}E_1}{N_1}\int\sin(\omega t)dt = \frac{\sqrt{2}E_1}{N_1\omega}\cos(\omega t) + \varphi_0\,[\mathrm{Wb}]$$

の磁束がコイルを鎖交する必要がある。初期値 $\varphi_0$ をゼロとして交番する磁束のみに着目して，

$$\varphi(t) = \frac{\sqrt{2}E_1}{N_1\omega}\cos(\omega t) = \Phi_{\rm m}\cos(\omega t)\,[\mathrm{Wb}]$$

とおけば，起電力の大きさと鎖交する磁束の最大値には，

$$E_1 = \frac{N_1\omega E_1}{\sqrt{2}}\Phi_{\rm m} = \frac{2\pi}{\sqrt{2}}N_1 f\Phi_{\rm m} = 4.44N_1 f\Phi_{\rm m}\,[\mathrm{V}]$$

の関係があることがわかる。

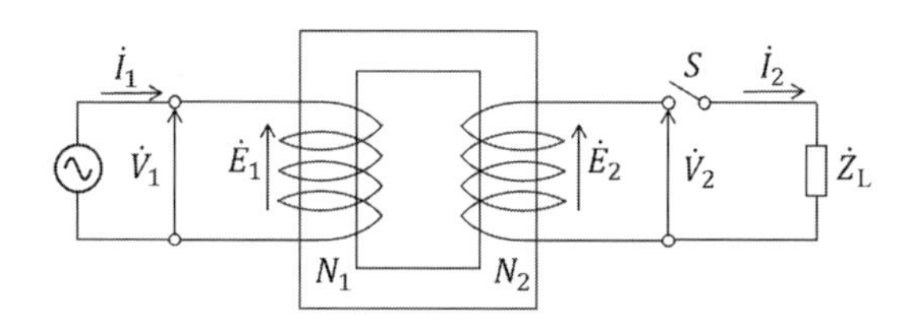


図 5–1　理想変圧器の電圧・電流

いま鉄心の透磁率を無限大と考えて，この磁束のすべてが二次コイル（$N_2$ 回巻）に鎖交するとすれば，二次コイルには，

$$e_2(t) = N_2\frac{d\varphi(t)}{dt} = \frac{N_2\sqrt{2}E_1}{N_1}\sin(\omega t)\,[\mathrm{V}]$$

の電圧が誘導される。これを

$$e_2(t) = N_2\frac{d\varphi(t)}{dt} = \sqrt{2}E_2\sin(\omega t)\,[\mathrm{V}]$$

とおけば，変圧器の電圧の関係式，

$$E_2 = \frac{N_2}{N_1}E_1$$

が得られる。電圧をフェーザ表示すれば，

$$\dot{E}_2 = \frac{N_2}{N_1}\dot{E}_1$$

となる。いま，スイッチ S を閉じて二次側端子に負荷抵抗 $R_{\mathrm{L}}$ [Ω] を接続すると，負荷の両端には

$$\dot{V}_2 = \dot{E}_2$$

の電圧がかかるため，二次側には，

$$\dot{I}_2 = \frac{\dot{E}_2}{\dot{Z}_{\mathrm{L}}}\ [\mathrm{A}]$$

なる電流が流れる。この電流は二次コイルにも流れるため，二次コイルに生じる起磁力 $N_2 I_2$ を打ち消すために，一次コイルに

$$N_1 \dot{I}_1 = N_2 \dot{I}_2$$
$$\dot{I}_1 = \frac{N_2}{N_1}\dot{I}_2$$

の電流が流れなければならない。

したがって，電源から供給される電力（一次側の皮相電力）は，

$$E_1 I_1 = \frac{N_1}{N_2}E_2 \cdot \frac{N_2}{N_1}I_2 = E_2 I_2$$

となり，負荷に伝達される電力（二次側の皮相電力）に等しくなる。

一般に，

$$\alpha = \frac{N_1}{N_2}$$

とおいて，これは**巻数比**（**turn ratio**），もしくは**変圧比**（**transformation ratio**）と呼ばれている。これらの関係を整理すると，

$$\alpha = \frac{N_1}{N_2} = \frac{E_1}{E_2} = \frac{I_2}{I_1} \tag{5.2}$$

となり，これは変圧器の最も重要な関係式である。このような関係となる変圧器を，**理想変圧器**（**ideal transformer**）という。変圧器の電源側の回路から電力を受け取る側を一次側（primary side），負荷側の回路に電力を送る側を二

次側（secondary side）と呼び（昔は高圧側を一次，低圧側を二次と呼んだこともあったが，現在はJISにより統一されている），$\dot{E}_1$ を一次誘導起電力，$\dot{E}_2$ を二次誘導起電力，$\dot{I}_1$ を一次電流，$\dot{I}_2$ を二次電流と呼ぶ。

### 例題 5.1

巻数比が2の理想変圧器の一次側に実効値が200Vの交流電圧を加え，二次側に5Ωの純抵抗負荷をつなげた。このときの一次電流の大きさと電源が供給する電力を求めなさい。

### 例題解答 5.1

巻数比が2であるから，二次電圧は，

$$E_2 = \frac{1}{\alpha}E_1 = \frac{1}{2} \times 200 = 100\,\mathrm{V}$$

となる。負荷抵抗が5Ωであるから，オームの法則より，

$$I_2 = \frac{E_2}{R_\mathrm{L}} = \frac{100}{5} = 20\,\mathrm{A}$$

したがって，一次電流は

$$I_1 = \frac{1}{\alpha}I_2 = \frac{1}{2} \times 20 = 10\,\mathrm{A}$$

となる。電源が供給する電力は，

$$P_1 = V_1 I_1 = E_1 I_1 = 200 \times 10 = 2{,}000\,\mathrm{W}$$

となる。◢

**例題 5.2**

**例題図–1** は単巻変圧器の等価回路である。単巻変圧器が理想変圧器であるとき，電流 $I_1$，および $I_2$ を求めなさい。ただし $V_1 = 100\,\mathrm{V}$，$R_\mathrm{L} = 8\,\Omega$，$N_1 = 100$ 回，$N_2 = 80$ 回である。

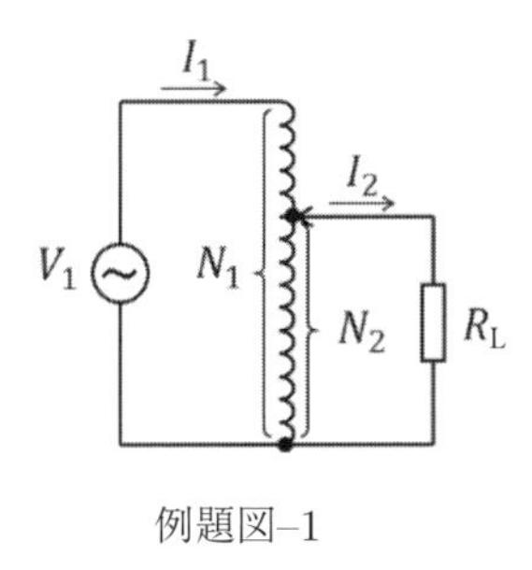


例題図–1

**例題解答 5.2**

$V_2 = \frac{N_2}{N_1}V_1 = \frac{80}{100} \times 100 = 80\,\mathrm{V}$ だから，$I_2 = \frac{V_2}{R_\mathrm{L}} = \frac{80}{8} = 10\,\mathrm{A}$
$(N_1 - N_2)I_1 + N_2(I_1 - I_2) = 0$ であるから，

$$I_1 = \frac{N_2}{N_1}I_2 = \frac{80}{100} \times 10 = 8\,\mathrm{A}$$

となる。

## 5.2　理想変圧器の等価回路による解析

変圧器は磁気回路により結合されているものの，理想変圧器を電気回路で表せば図 **5–2** のようになり，電気回路的には一次側および二次側の 2 つの閉ループから構成される。この場合，例題 5.1 に示したように，巻数比による電圧換算をして，一次側回路と二次側回路について回路解析をする必要がある。そこで，これまでの関係式を用いると，

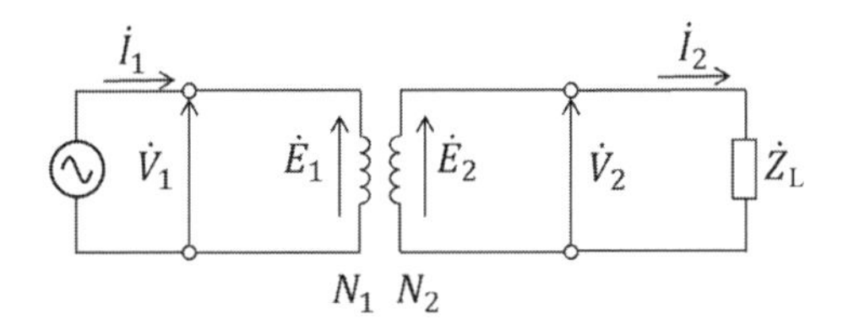


図 5–2　理想変圧器の電気回路

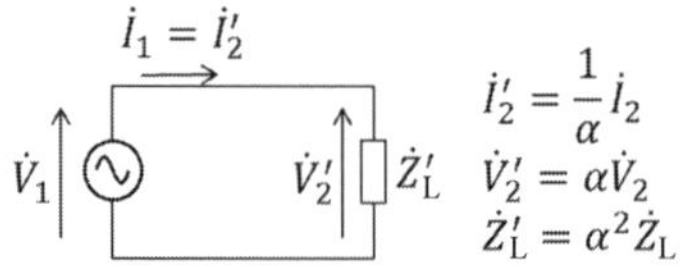
$\dot{I}_1 = \dot{I}'_2$
$\dot{V}_1$
$\dot{V}'_2$
$\dot{Z}'_L$
$\dot{I}'_2 = \frac{1}{\alpha}\dot{I}_2$
$\dot{V}'_2 = \alpha\dot{V}_2$
$\dot{Z}'_L = \alpha^2\dot{Z}_L$

図 5–3　二次側を一次側に換算した理想変圧器の等価回路

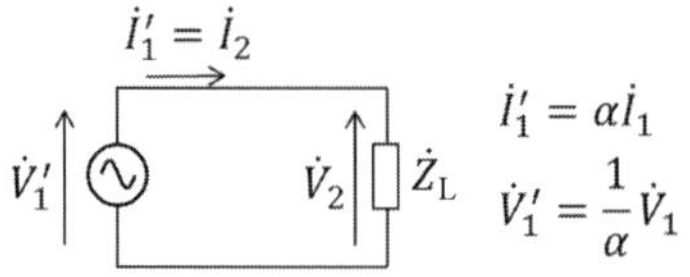
$\dot{I}'_1 = \dot{I}_2$
$\dot{V}'_1$
$\dot{V}_2$
$\dot{Z}_L$
$\dot{I}'_1 = \alpha\dot{I}_1$
$\dot{V}'_1 = \frac{1}{\alpha}\dot{V}_1$

図 5–4　一次側を二次側に換算した理想変圧器の等価回路

$$\dot{I}_1 = \frac{1}{\alpha}\dot{I}_2 = \frac{1}{\alpha}\frac{\dot{V}_2}{\dot{Z}_\mathrm{L}} = \frac{1}{\alpha\dot{Z}_\mathrm{L}}\frac{\dot{V}_1}{\alpha} = \frac{\dot{V}_1}{\alpha^2\dot{Z}_\mathrm{L}} = \frac{\dot{V}_1}{\dot{Z}'_\mathrm{L}}\ [\mathrm{A}]$$

となり，二次側にインピーダンス $\dot{Z}_\mathrm{L}$ が接続されている巻数比 $\alpha$ の変圧器は，あたかも，一次側に $\dot{Z}'_\mathrm{L} = \alpha^2\dot{Z}_\mathrm{L}$ のインピーダンスが接続されている単純な回路（**図 5–3**）に等しくなる。したがって，図 5–3 の回路を，理想変圧器の二次側を一次側に換算した等価回路という。$\dot{Z}'_\mathrm{L}$ を一次側に換算した負荷インピーダンスという。

なお，同様な手続きで変圧器の一次側を二次側に換算した等価回路も**図 5–4** のように容易に考えることができる。

## 例題 5.3

例題 5.1 の問題を，二次側を一次側に換算した等価回路を用いて解きなさい。

## 例題解答 5.3

一次側に換算した負荷抵抗は，

$$R'_\mathrm{L} = \alpha^2 R_\mathrm{L} = 2^2 \times 5 = 20\,\Omega$$

であるから，一次電流は，

$$I_1 = \frac{V_1}{R'_{\mathrm{L}}} = \frac{200}{20} = 10\,\mathrm{A}$$

となり，例題 5.1 と一致した。◢

## 例題 5.4

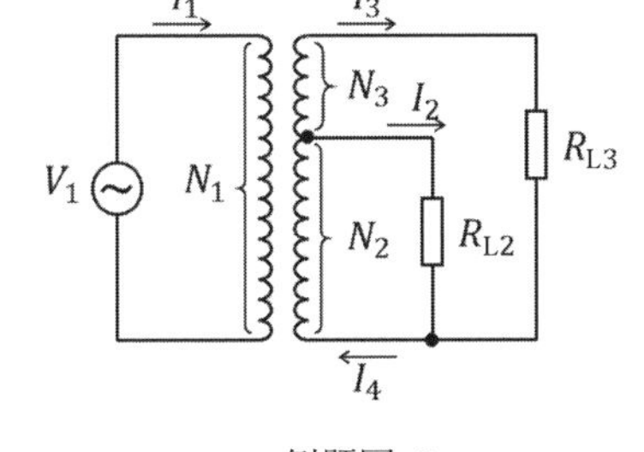

例題図–2

**例題図–2** の変圧器は理想変圧器である。電流 $I_1$，$I_1$，$I_1$ および $I_1$ を求めなさい。ただし $V_1 = 100\,\mathrm{V}$，$R_{\mathrm{L2}} = 2\,\Omega$，$R_{\mathrm{L3}} = 6\,\Omega$，$N_1 = 500$ 回，$N_2 = 200$ 回，$N_3 = 100$ 回である。

## 例題解答 5.4

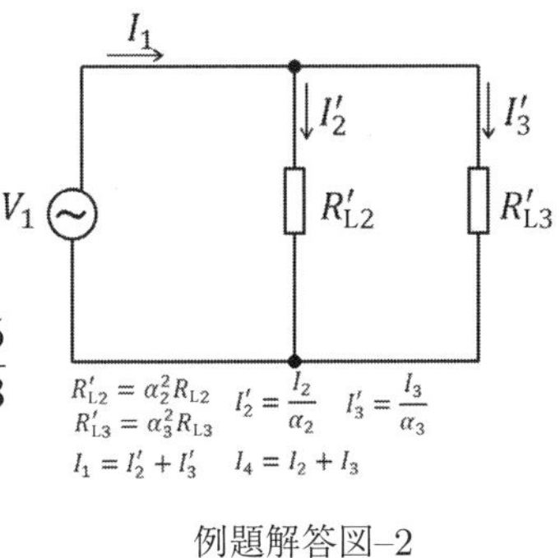


例題解答図–2

二次側を一次側に換算した等価回路で考えれば，**例題解答図–2** のようになり，

$$\alpha_2 = \frac{N_1}{N_2} = \frac{500}{200} = 2.5,$$

$$\alpha_3 = \frac{N_1}{N_2 + N_3} = \frac{500}{200 + 100} = \frac{5}{3}$$

$$I'_2 = \frac{V_1}{R'_{\mathrm{L2}}} = \frac{100}{2.5^2 \times 2} = 8\,\mathrm{A},$$

$$I_2 = \alpha_2 I'_2 = 2.5 \times 8 = 20\,\mathrm{A},$$

$$I'_3 = \frac{V_1}{R'_{\mathrm{L3}}} = \frac{100}{\left(\frac{5}{3}\right)^2 \times 6} = 6\,\mathrm{A},$$

$$I_3 = \alpha_3 I'_3 = \frac{5}{3} \times 6 = 10\,\mathrm{A},$$

$$I_1 = I'_2 + I'_3 = 8 + 6 = 14\,\mathrm{A},$$

$$I_4 = I_2 + I_3 = 20 + 10 = 30\,\mathrm{A},$$

となる。

なお，二次を一次に換算した等価回路を用いなくても，以下のように解くことができる。

$$V_2 = \frac{N_2}{N_1}V_1 = \frac{200}{500} \times 100 = 40\,\mathrm{V}\ \text{だから},\ I_2 = \frac{V_2}{R_{L2}} = \frac{40}{2} = 20\,\mathrm{A}$$

$$V_3 = \frac{N_2 + N_3}{N_1}V_1 = \frac{200+100}{500} \times 100 = 60\,\mathrm{V}\ \text{だから},$$

$$I_3 = \frac{V_3}{R_{L3}} = \frac{60}{6} = 10\,\mathrm{A}$$

キルヒホッフの電流則より，

$$I_4 = I_2 + I_3 = 20 + 10 = 30\,\mathrm{A}$$

変圧器の一次側と二次側の起磁力は等しいから，

$N_1 I_1 = N_2 I_4 + N_3 I_3$ が成り立つ。したがって，

$I_1 = \frac{N_2 I_4 + N_3 I_3}{N_1} = \frac{200\times30+100\times10}{500} = 14\,\mathrm{A}$ となる。

## 演習問題

(1) 巻数比が 10 の理想変圧器がある。これの一次側に 100 V の正弦波交流電圧を加えた。この二次側に 1 Ω の純抵抗負荷を接続したとき，一次電流と二次電流を求めなさい。

(2) 巻数比 10（一次側 10：二次側 1）の同じ変圧器 2 台を**問題図 5–1** のように 1,000 V 電源に接続し，二次側にそれぞれ 5 Ω および 10 Ω の抵抗を接続した。図中の一次側電流を求めなさい。

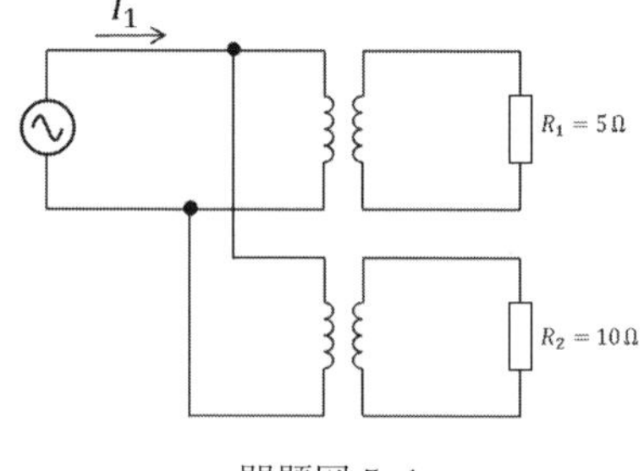


問題図 5–1

(3) **問題図 5–2** のように，一次，二次巻線に加えて三次巻線を有する変圧器を三巻線変圧器という。これは二次と三次が並列に接続されていると考えればよい。いま，右図において，二次側には，$R+jX_{\mathrm{L}}=4+j2\,\Omega$ の誘導性負荷，三次側には $X_{\mathrm{C}}\,[\Omega]$ の純容量性負荷が接続されている。一次電流の力率が 1.0 となるような容量性負荷の大きさを求めなさい。ただし，$N_1/N_2=2$，$N_1/N_3=20$ とする。

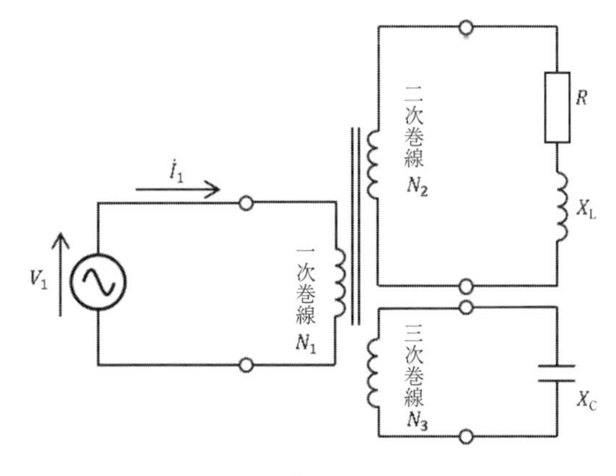


問題図 5–2

## 演習解答

(1) 二次側電圧は，

$$V_2=\frac{1}{\alpha}V_1=\frac{1}{10}\times 100=10\,\mathrm{V}$$

だから，二次電流は，

$$I_2=\frac{V_2}{R_{\mathrm{L}}}=\frac{10}{1}=10\,\mathrm{A}$$

したがって一次電流は，

$$\mathrm{I}_1=\frac{1}{\alpha}I_2=\frac{1}{10}\times 10=1\,\mathrm{A}$$

となる。

なお，以下のように等価回路を用いても計算できる。

二次を一次に換算した等価回路を考えると，

$$R'_{\mathrm{L}}=\alpha^2 R_{\mathrm{L}}=10^2\times 1=100\,\Omega$$

したがって，

$$I_1 = \frac{V_1}{R_L'} = \frac{100}{100} = 1\,\mathrm{A}$$

二次電流は，$I_2 = \alpha I_1 = 10 \times 1 = 10\,\mathrm{A}$

(2) 二次側電圧は，どちらも

$$E_2 = \frac{1}{\alpha}E_1 = \frac{1}{10} \times 1{,}000 = 100\,\mathrm{V}$$

であるから，二次電流はそれぞれ，

$$I_{2_1} = \frac{E_2}{R_1} = \frac{100}{5} = 20\,\mathrm{A}$$
$$I_{2_2} = \frac{E_2}{R_2} = \frac{100}{10} = 10\,\mathrm{A}$$

となり，一次電流はそれぞれ，

$$I_{1_1} = \frac{1}{\alpha}I_{2_1} = \frac{1}{10} \times 20 = 2\,\mathrm{A}$$
$$I_{1_2} = \frac{1}{\alpha}I_{2_2} = \frac{1}{10} \times 10 = 1\,\mathrm{A}$$

となる。キルヒホッフの電流則より，求めるべき一次電流は，

$$I_1 = I_{1_1} + I_{1_2} = 2 + 1 = 3\,\mathrm{A}$$

である。

(3) 二次および三次側を一次に換算すると，等価回路は**問題図 5–3** のようになる。ただし，

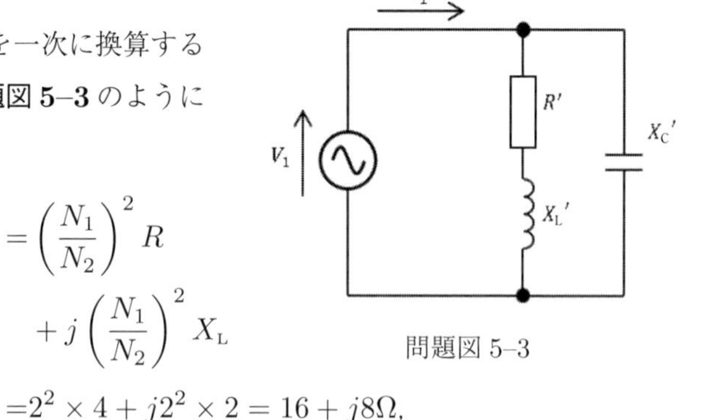

問題図 5–3

$$R' + jX_L' = \left(\frac{N_1}{N_2}\right)^2 R + j\left(\frac{N_1}{N_2}\right)^2 X_L$$
$$= 2^2 \times 4 + j2^2 \times 2 = 16 + j8\Omega,$$

$$X'_{\mathrm{C}} = \left(\frac{N_1}{N_3}\right)^2 X_{\mathrm{C}} = 20^2 X_{\mathrm{C}} = 400X_{\mathrm{C}},$$

である。

いま，一次電流を求めれば，

$$\begin{aligned}\dot{I}_1 &= \frac{\dot{V}_1}{R' + jX'_{\mathrm{L}}} + \frac{\dot{V}_1}{-jX'_{\mathrm{C}}} = \dot{V}_1 \left(\frac{R' - jX'_{\mathrm{L}}}{R'^2 + X'^2_{\mathrm{L}}} + j\frac{1}{X'_{\mathrm{C}}}\right) \\ &= \dot{V}_1 \left(\frac{R'}{R'^2 + X'^2_{\mathrm{L}}} + j\left(\frac{-X'_{\mathrm{L}}}{R'^2 + X'^2_{\mathrm{L}}} + \frac{1}{X'_{\mathrm{C}}}\right)\right),\end{aligned}$$

と表すことができる。一次電流の力率が 1.0 のとき，一次電圧と同相であるから，一次電流の虚数成分がゼロであればよい。したがって，

$\frac{-X'_L}{R'^2+X'^2_{\mathrm{L}}} + \frac{1}{X'_{\mathrm{C}}} = 0$，すなわち，$X'_{\mathrm{C}} = \frac{R'2+X'^2_{\mathrm{L}}}{X'_{\mathrm{L}}}$ となる。数値を代入すれば，

$400X_{\mathrm{C}} = \frac{16^2+8^2}{8}$，$X_{\mathrm{C}} = \frac{16^2+8^2}{400\times8} = 0.1\,\Omega$ となる。

# 6章　変圧器の基本特性

本章では変圧器の基本構造，ならびに励磁回路や電力損失などを含んだより実際に近い変圧器の基本特性について学ぶ。まず初めに変圧器の鉄心・巻線・冷却方式を概説し，次に理想変圧器と対比させてより実際に近い変圧器の等価回路を学ぶ。さらに簡易L型等価回路をもちいて，変圧器の電圧変動率，短絡電流，効率などの基本特性を学ぶ。

## 6.1　変圧器の構造と損失

### 6.1.1　鉄心

変圧器の基本構造は，図5–1に示したように，**鉄心**（**core**）に**一次巻線**（**primary winding**）および**二次巻線**（**secondary winding**）を施している。変圧器の鉄心にはコイルを鎖交する磁束が通るため，できるだけ透磁率が大きく，磁気飽和しにくい材料を用いる必要がある。現在使用されている変圧器の鉄心は，ヒステリシス損とうず電流損を抑えるために，ケイ素を数%含有させた電磁鋼板を積層した鉄心が用いられている。この構造は短冊鉄心と呼ばれ，短冊形に加工した電磁鋼板を積み重ねたものである。本書は変圧器の特性理解を主眼に置いているため，構造の詳細は電気機器設計学の良書に譲る。

鉄心に磁束が通ることにより生じる電力損失を**鉄損** $P_{\mathrm{i}}$（**iron loss**）という。鉄損はヒステリシス損 $P_{\mathrm{h}}$（hysteresis loss）とうず電流損 $P_{\mathrm{e}}$（eddy current loss）からなり，電気材料の教えるところにより，これらは次式で表すことができる。

$$P_{\mathrm{i}} = P_{\mathrm{h}} + P_{\mathrm{e}}\,[\mathrm{W}]$$

$$P_{\mathrm{h}} = k_{\mathrm{h}} f B_{\mathrm{m}}^2 \,[\mathrm{W}]$$

$$P_{\mathrm{e}} = k_{\mathrm{e}} (f B_{\mathrm{m}})^2 \,[\mathrm{W}]$$

ここで，$k_{\mathrm{h}}$ と $k_{\mathrm{e}}$ は材料と形状によって決まる定数，$B_{\mathrm{m}}$ は磁束密度の最大値 [T]，$f$ は電源周波数 [Hz] である。

### 6.1.2　巻線と巻き方

変圧器巻線には，通常，軟銅線を樹脂コーティングして絶縁した丸線もしくは平角線が用いられる。大容量のものには断面積の大きな巻線が用いられるが，どのような巻線にも電気抵抗がある。巻線に電流が流れることによる損失を**銅損**（**copper less**）と呼び，次式で表される。

一次巻線による銅損：$P_{\mathrm{c1}} = r_1 I_1^2$ [W]

二次巻線による銅損：$P_{\mathrm{c2}} = r_2 I_2^2$ [W]

ここで，$r_1$ と $r_2$ はそれぞれ一次巻線，二次巻線の抵抗であり，$I_1$ と $I_2$ はそれぞれ一次巻線および二次巻線に流れる電流である。

一次巻線と二次巻線を鉄心に巻くとき，構造的に内鉄形と外鉄形に分類できる。内鉄形は主として高電圧・大容量の用途に用いられ，外鉄形は低電圧の用途に用いられているが，近年の技術の進歩により用途による区別は明確ではなくなってきている。

### 6.1.3　冷却方式

6.2.2 で示すように変圧器内部では鉄損および銅損による発熱を生じる。変圧器内部の絶縁材料の耐熱クラス以下に温度の上昇を抑えるために，**表 6–1** に示す絶縁方式が採用されている。なお，変圧器に使用される絶縁材料の耐熱クラスは，通常，105° (A) もしくは 180° (H) が用いられる。

なお，油入変圧器では，負荷の変動に伴って絶縁油の温度が変動する。油の温度が変動すると容積は膨張と収縮を繰り返すため，外部の空気が変圧器内部に出入りする。これを変圧器の呼吸作用といい，絶縁油の絶縁耐力低下の一因

表 6–1　変圧器の冷却方式

| 分類 | | 冷却方式 |
|---|---|---|
| 乾式 | 自冷式 | 空気の自然対流と放射<br>（小形の変圧器） |
| | 風冷式 | 送風機で通風する |
| 油入式 | 自冷式（自然循環） | 鉄心とコイルを絶縁油に浸しておき，油の対流作用で放熱する |
| | 風冷式（自然循環） | 油入自冷式を送風機で通風する |
| | 水冷式（自然循環） | 外箱に冷却水を循環させる |
| | 送油風冷（強制循環） | 絶縁油を循環ポンプで強制循環させ，送風機で通風する（大容量の変圧器） |
| | 送油水冷（強制循環） | 絶縁油を循環ポンプで強制循環させ，冷却水で冷却する（大容量の変圧器） |

となる。このような絶縁油の劣化防止のためにコンサベータやブリーザと呼ばれる補助装置が用いられる。

## 6.2　変圧器の等価回路

### 6.2.1　実用の変圧器

理想変圧器では，実用の変圧器に対して，以下の仮定を置いていた。

(1) 巻線抵抗を無視できる
(2) 鉄心の透磁率が無限大であり，すなわち一次・二次巻線の磁気結合が完全で漏れ磁束はない
(3) 逆起電力を誘導するために必要な磁束のための励磁電流は必要ない
(4) 鉄心中を磁束が通ってもヒステリシスやうず電流は生じない

しかしながら，実用の変圧器には，上記の仮定を実現することは不可能であるから，等価回路を考える際には，上記の（1）～（4）について以下のように考える。

(1)′ 一次巻線抵抗 $r_1$ [Ω]，二次巻線抵抗 $r_2$ [Ω] をそれぞれのコイルに直列に配置する

(2)′ 一次漏れリアクタンス $x_1$ [Ω]，二次漏れリアクタンス $x_2$ [Ω] をそれぞれのコイルに直列に配置する

(3)′ 鉄心に磁束を作るための磁化電流（magnetizing current）$I_{01}$ [A] が流れる

(4)′ 鉄損を供給するための鉄損電流（iron loss current）$I_{0\mathrm{w}}$ [A] が流れる

なお，鉄損電流は負荷電流によらず電力損失を生じるため，一次コイルに並列に励磁コンダクタンス $g_0$ [S] を配置し，磁化電流は電源から 90° 位相がずれている磁束を生じさせるため一次コイルに並列に励磁サセプタンス $b_0$ [S] を配置すれば，実際の変圧器をよく模擬できる等価回路とすることができる。ここで，$\dot{Y}_0 = g_0 - jb_0$ [S] を**励磁回路（exciting circuit）**の励磁アドミタンスと呼び，$\dot{I}_0 = \dot{I}_{01} + \dot{I}_{0\mathrm{w}}$ [A] を**励磁電流（exciting current）**と呼ぶ。実際の鉄心には磁気飽和現象やヒステリシスがあるために，電源電圧が正弦波交流であっても，励磁電流は特に第3調波を多く含む非正弦波（ひずみ波）交流となる。非正弦波交流電流のままでは非常に回路解析に手間がかかるため，通常，周波数と実効値が等しい等価正弦波として扱っても差し支えない（極めて高い精度が要求される厳密な計算が必要な場合には，非正弦波交流として扱うべきである）。

これらを考慮した実際の変圧器の等価回路は，**図6–1**のようになる。$\dot{z}_1 = r_1 + jx_1$ [Ω] を一次インピーダンス，$\dot{z}_2 = r_2 + jx_2$ [Ω] を二次インピーダンスといい，$\dot{I}_1'$ [A] を一次負荷電流とすれば，変圧器の入力電流 $\dot{I}_1$ は，これに励磁

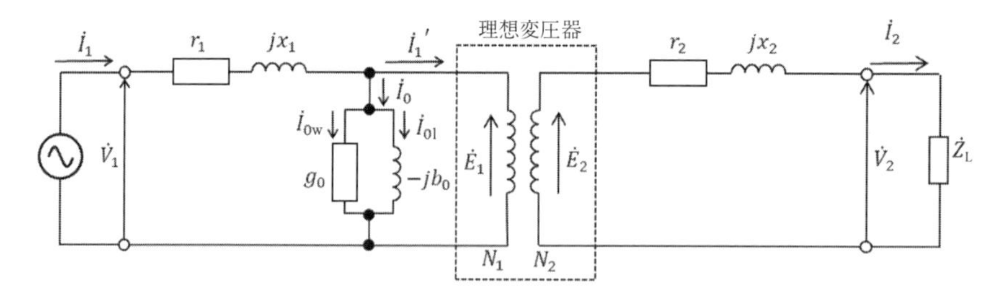


図6–1　実際の変圧器の等価回路

電流を（ベクトル的に）加えた $\dot{I}_1 = \dot{I}'_1 + \dot{I}_0$ [A] となる。

ここで，各所の電圧・電流，インピーダンスの名称を再確認しよう。

・$\dot{V}_1$ [V]：入力電圧，一次電圧　・$\dot{E}_1$ [V]：一次誘導起電力

・$\dot{I}_1$ [A]：入力電流，一次電流　・$\dot{I}'_1$ [A]：一次負荷電流

・$\dot{I}_0$ [A]：励磁電流　・$\dot{I}_{0l}$ [A]：磁化電流・$\dot{I}_{0w}$ [A]：鉄損電流

・$\dot{Y}_0 = g_0 - jb_0$ [S]：励磁アドミタンス

・$g_0$ [S]：励磁コンダクタンス　・$b_0$ [S]：励磁サセプタンス

・$\dot{z}_1 = r_1 + jx_1$ [Ω]：一次インピーダンス

・$r_1$ [Ω]：一次巻線抵抗　・$x_1$ [Ω]：一次漏れリアクタンス

・$\dot{V}_2$ [V]：出力電圧，二次電圧　・$\dot{E}_2$ [V]：二次誘導起電力

・$\dot{I}_2$ [A]：出力電流，二次電流

・$\dot{z}_2 = r_2 + jx_2$[Ω]：二次インピーダンス

・$r_2$ [Ω]：二次巻線抵抗　・$x_2$ [Ω]：二次漏れリアクタンス

### 6.2.2　簡易等価回路

変圧器の回路解析を図 6–1 の回路に基づいて行う場合には，回路が複雑でありやや手間がかかる。そこで，極めて高い精度の回路解析を必要としない場合には，次のような簡易等価回路を用いることが一般的である。

#### (1)　励磁回路の位置

図 6–1 における励磁電流は一次電流に比べ非常に小さいため，励磁電流による一次インピーダンスでの電圧降下は非常に小さい。そこで回路解析の計算を簡単にするために，**図 6–2** のように励磁回路を一次インピーダンスの電源側に移動する。

#### (2)　理想変圧器の消去

5.2 で述べたように，二次側を一次側に換算，もしくは一次側を二次側に換算

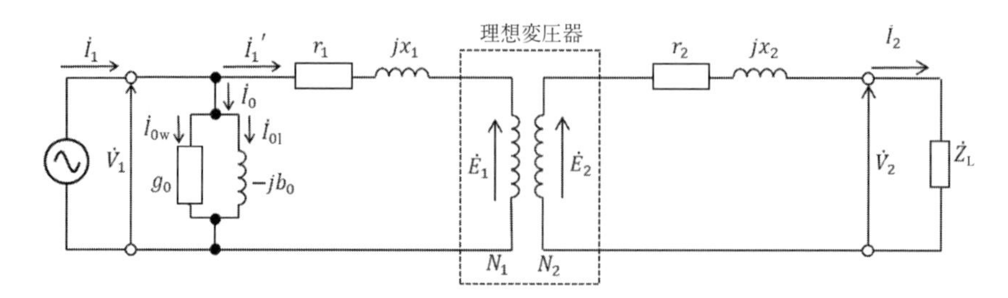


図 6–2 励磁回路を移動した回路

した等価回路を用いれば，さらに回路解析が容易となる。例えば，二次側を一次側に換算すると，**図 6–3** の等価回路が得られる。通常の変圧器の回路解析には，この簡易等価回路を用いることが多い。なお，この等価回路の形状から，L型簡易等価回路と呼ばれることもある。

ここで，二次側を一次側に換算した値には，慣例により $\dot{I}_2'$ のように変数の右上に' をつけて表す。すなわち，巻数比を $\alpha = \frac{N_1}{N_2}$ とすれば，

$$r_2' = \alpha^2 r_2,\ x_2' = \alpha^2 x_2, \dot{Z}_\mathrm{L}' = \alpha^2 \dot{Z}_\mathrm{L}, \dot{V}_2' = \alpha \dot{V}_2, \dot{I}_2' = \frac{1}{\alpha}\dot{I}_2,$$

となる。二次電圧の一次換算ベクトル $\dot{V}_2'$ と $L_1$ をベクトルの基準遅れ力率の負荷が接続されているときの電圧・電流ベクトル図（フェーザ図）は**図 6–4** のようになる。一方，進み負荷の場合には**図 6–5** のベクトル図となり，二次側電圧の一次換算値 $\dot{V}_2'$ の大きさが，一次側電圧 $\dot{V}_1$ の大きさよりも大きくなることがある。変圧器は電圧の変更が小さい方が望ましく，これを示す指標として電圧

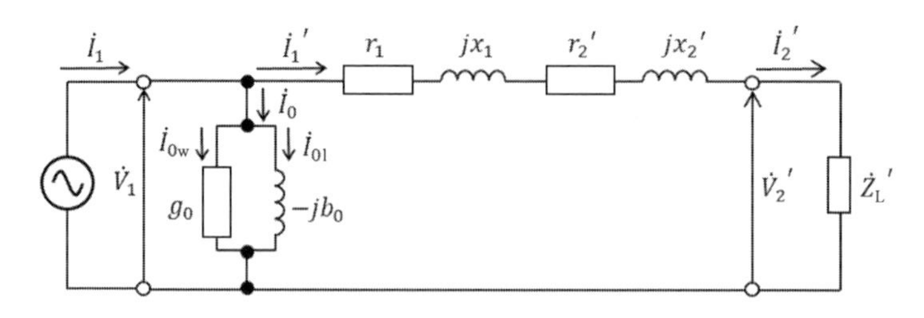


図 6–3 二次側を一次側に換算した L 型簡易等価回路

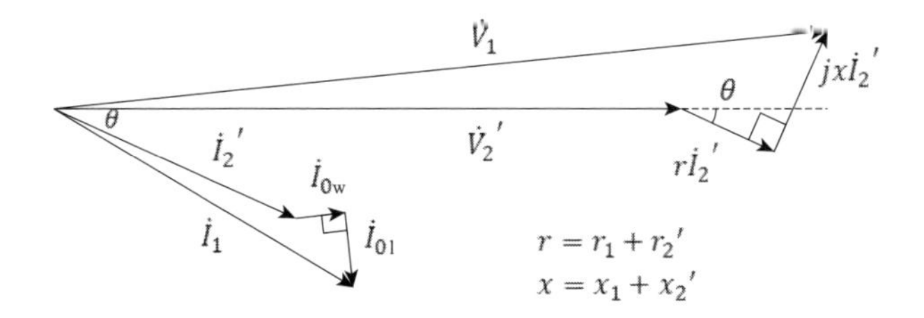


図 6–4　遅れ力率負荷が接続されたときのベクトル図

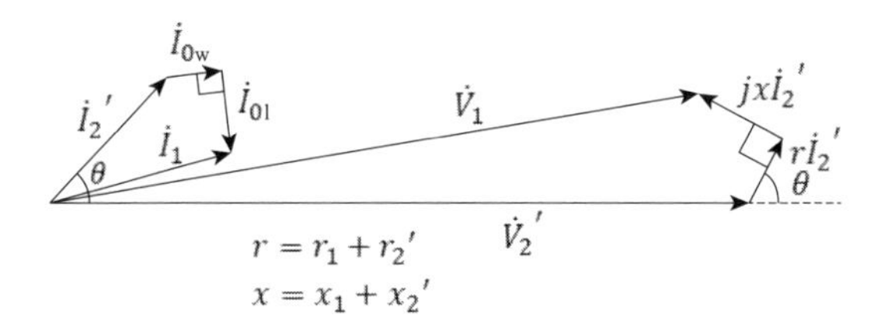


図 6–5　進み力率負荷が接続されたときのベクトル図

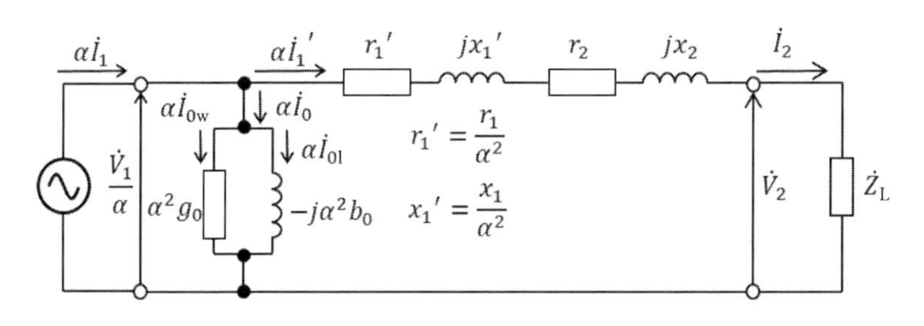


図 6–6　一次側を二次側に換算した簡易等価回路

変動率が定義されているが，これについては後述する。

5.2 と同様に，一次側の諸量を二次側に換算したときの簡易等価回路は**図 6–6** のようになり，図 6–3 と図 6–6 は本質的に同じである。

### 6.2.3　等価回路定数の算出

変圧器の特性を解析するためには，これまで述べてきたように簡易等価回路を作成し，その電気回路について回路解析をすればよい。しかしながら，等価回路を構成するために必要なインピーダンスやアドミタンスの値は個々の変圧器によって異なるため，あらかじめ以下の試験を行って等価回路定数を算出しておく必要がある。

### (1) 無負荷試験

変圧器の一方の端子を開放し，もう一方の端子に定格電圧を加える。通常，定格電圧の高い方の端子を開放する。このように負荷をかけないで行う試験であるため，無負荷試験と呼ばれるが，一方の端子を開放するため開放試験とも呼ばれる。いま，**図 6–7** のように二次側端子を開放して，一次側端子に一次定格電圧 $V_{1\mathrm{n}}$ [V] を加え，そのときの電流 $I_0$ [A] と入力電力 $P_{\mathrm{i}}$ [W] を測定する。

無負荷試験時の等価回路は**図 6–8** のように，二次側を開放しているため測定される電流は励磁電流そのものであり，入力電力は無負荷損である。無負荷損の大部分は鉄損であるから，励磁回路の回路定数は以下の式により算出できる。

$$g_0 = \frac{P_i}{V_{1\mathrm{n}}^2}\ [\mathrm{S}]$$

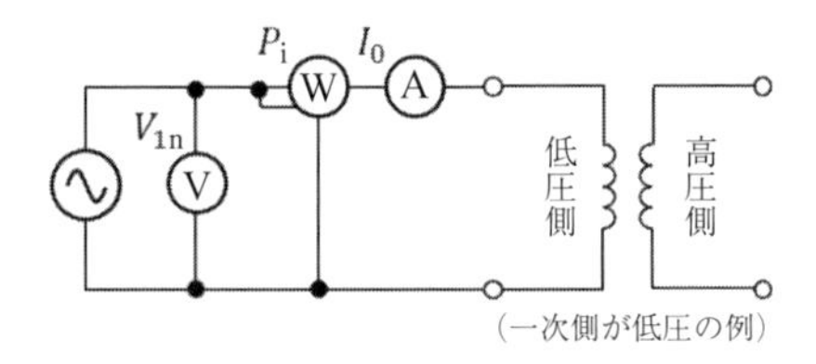


図 6–7 無負荷試験の回路図

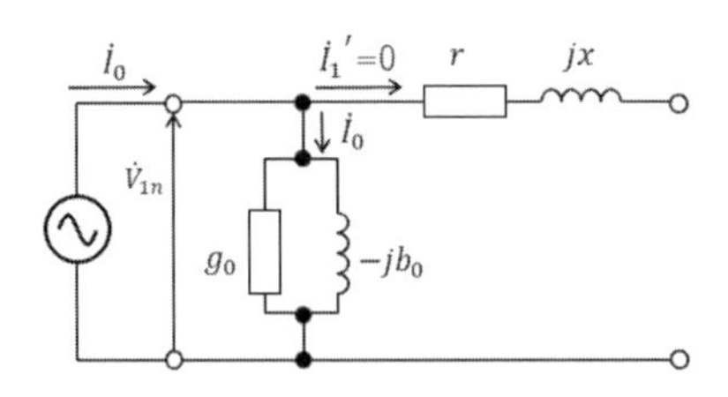


図 6–8 無負荷試験の等価回路（二次側を一次側に換算）

$$Y_0 - \frac{I_0}{V_{1\mathrm{n}}} \ [\mathrm{S}]$$

$$b_0 = \sqrt{Y_0^2 - g_0^2} \ [\mathrm{S}]$$

### (2) 短絡試験

変圧器の一方の端子を短絡し，定格電流が流れるように，もう一方の端子に低い電圧を加える。いま，無負荷試験と同様に二次側端子を短絡し，一次側電圧に電圧を加えると，**図 6–9** のようになる。図 6–9 は，一次側に定格電流 $I_{1\mathrm{n}}$ [A] が流れるような低い電圧 $V_{1\mathrm{s}}$ [V] を一次側端子に加え，そのときの入力電力 $P_{\mathrm{c}}$ [W] を測定する。

短絡試験の入力電圧は定格電圧に比べて極めて低く，負荷電流に比べて励磁電流が無視できるほど小さいため，短絡試験の等価回路は励磁回路を無視した**図 6–10** のように考えてもよい。入力電力は負荷損であり，負荷損の大部分は銅損であるから，回路定数は以下の式により算出できる。

$$r = \frac{P_{\mathrm{c}}}{I_{1n}^2} \ [\Omega]$$

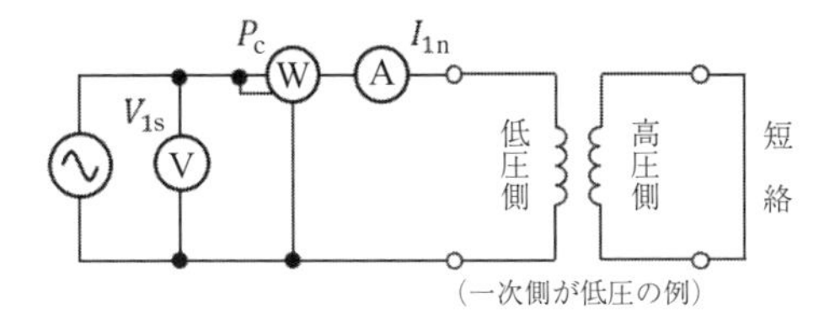


図 6–9 無負荷試験の回路図

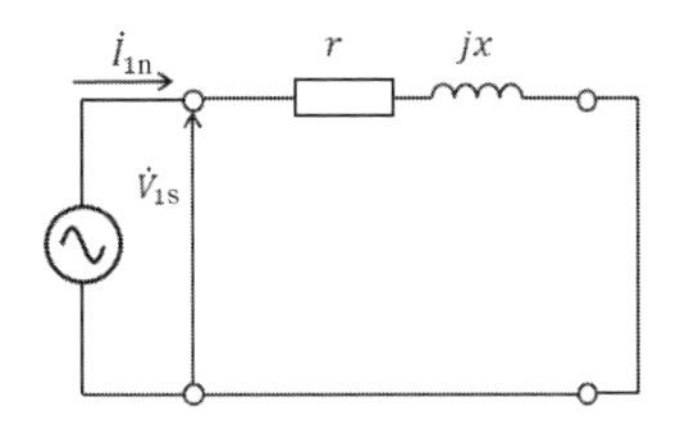


図 6–10 無負荷試験の等価回路（二次側を一次側に換算）

$$Z = \frac{V_{1\mathrm{s}}}{I_{1\mathrm{n}}}\ [\Omega]$$

$$x = \sqrt{Z^2 - r^2}\ [\Omega]$$

## 例題 6.1

定格容量 2 kVA，定格一次電圧 200 V，定格二次電圧 100 V の単相変圧器に対して，無負荷試験と短絡試験を行ったところ，次の結果が得られた。この変圧器の簡易 L 型等価回路の回路定数を求めなさい。

無負荷試験：一次電圧 200 V，一次電流 0.5 A，入力 20 W

短絡試験：入力電圧 7.5 V，一次電流 10 A，入力 60 W

## 例題解答 6.1

無負荷試験より，

$$g_0 = \frac{P_{\mathrm{i}}}{V_{1\mathrm{n}}^2} = \frac{20}{200^2} = 5.0 \times 10^{-4}\mathrm{S}$$

$$Y_0 = \frac{I_0}{V_{1\mathrm{n}}} = \frac{0.5}{200} = 2.5 \times 10^{-3}\mathrm{S}$$

$$b_0 = \sqrt{Y_0^2 - g_0^2} = \sqrt{\left(2.5 \times 10^{-3}\right)^2 - \left(5.0 \times 10^{-4}\right)^2}$$

$$= 2.45 \times 10^{-3}\,\mathrm{S}$$

短絡試験より，

$$r = \frac{P_c}{I_{1n}^2} = \frac{60}{10^2} = 0.6\,\Omega$$

$$Z = \frac{V_{1s}}{I_{1n}} = \frac{7.5}{10} = 0.75\,\Omega$$

$$x = \sqrt{Z^2 - r^2} = \sqrt{0.75^2 - 0.6^2} = 0.45\,\Omega$$

◢

## 例 題 6.2

**例題図–1** に示す巻数比 $a = 2$，一次巻線抵抗 $r_1 = 1.0\,\Omega$，一次漏れリアクタンス $x_1 = 2.0\,\Omega$，二次巻線抵抗 $r_2 = 0.3\,\Omega$，二次漏れリアクタンス $x_2 = 0.6\,\Omega$，励磁アドミタンス $\dot{Y}_0 = g_0 - jb_0 = 0.5 - j2.0\,\mathrm{mS}$ の変圧器がある。二次側に抵抗 $\dot{Z}_\mathrm{L} = 10 + j0\,\Omega$ が接続され，二次端子電圧が $\dot{V}_2 = 100\angle 0°\,\mathrm{V}$ であるとき，二次電流 $\dot{I}_2$ [A]，二次誘導起電力 $\dot{E}_2$ [V]，一次誘導起電力 $\dot{E}_1$ [V]，一次負荷電流 $\dot{I}_1'$ [V]，励磁電流 $\dot{I}_0$ [A]，一次電流 $\dot{I}_1$ [A]，電源電圧 $\dot{V}_1$ [V] を求めなさい。なお，電流・電圧についてはフェーザ表示（角度は度 °）で答えること。

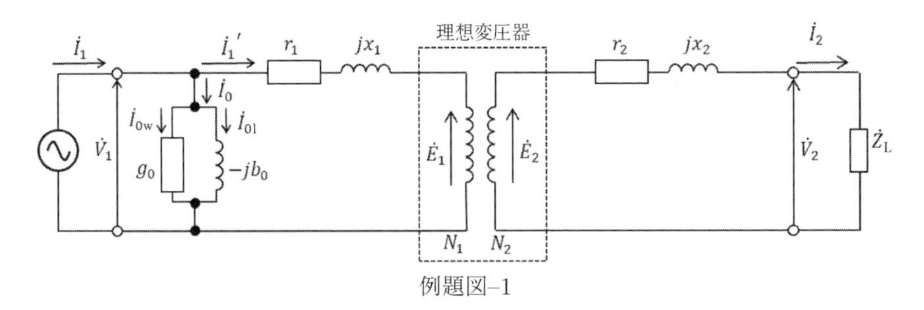

例題図–1

## 例 題 解 答 6.2

$\dot{I}_2 = \frac{\dot{V}_2}{\dot{Z}_\mathrm{L}} = \frac{100\angle 0°}{10+j0} = 10\angle 0°\ \mathrm{A}$

$\dot{E}_2 = \dot{I}_2(r_2 + jx_2) + \dot{V}_2 = 10 \times (0.3 + j0.6) + 100 = 103 + j = 103.2\angle 3.334°\ \mathrm{V}$

$\dot{E}_1 = a\dot{E}_2 = 2 \times (103.2\angle 3.334°) = 206.4\angle 3.334°\ \mathrm{V}$

$\dot{I}_1' = \frac{1}{a}\dot{I}_2 = \frac{10\angle 0°}{2} = 5\angle 0°\ \mathrm{A}$

$\dot{I}_0 = \dot{E}_1\dot{Y}_0 = (206.4\angle 3.334°) \times (0.5 - j2.0) = 0.426\angle -72.63°\ \ \mathrm{A}$

$\dot{I}_1 = \dot{I}_0 + \dot{I}_1' = 5\angle 0° + 0.426\angle -72.63° = 5.14\angle -4.534°\ \ \mathrm{A}$

$\dot{V}_1 = \dot{I}_1\,(r_1 + jx_1) + \dot{E}_1$

$\quad = (5.14\angle -4.534°) \times (1.0 + j2.0) + 206.4\angle 3.334° = 212.7\angle 5.888°\ \mathrm{V}$

◢

## 例題 6.3

一次巻線・二次巻線の巻数が $N_1 = 200$，$N_2 = 6{,}000$，一次巻線抵抗 $r_1$ が $0.2\,\Omega$，一次漏れリアクタンス $x_1$ が $0.3\,\Omega$，二次巻線抵抗 $r_2$ が $20\,\Omega$，二次漏れリアクタンス $x_2$ が $30\,\Omega$ の単相変圧器の一次側に $100\,\mathrm{V}$ が加わっている。次の問いに答えよ。ただし，励磁電流は無視できる。

(1) 負荷に $1{,}000\,\Omega$ の抵抗をつないだとき，二次電流の大きさを求めよ。

(2) 負荷を短絡したとき，二次電流の大きさを求めよ。

## 例題解答 6.3

まず，二次側の回路素子を一次側に変換する。巻数比は $a = \frac{N_1}{N_2} = \frac{200}{6{,}000} = \frac{1}{30}$ であるから，

・一次側に換算した二次巻線抵抗は $r_2' = a^2 r_2 = \left(\frac{1}{30}\right)^2 \times 20 = \frac{1}{45}\,\Omega$

・一次側に換算した二次漏れリアクタンスは $x_2' = a^2 x_2 = \left(\frac{1}{30}\right)^2 \times 30 = \frac{1}{30}\,\Omega$

・一次側に換算した負荷は $R' = a^2 R = \left(\frac{1}{30}\right)^2 \times 1000 = \frac{10}{9}\,\Omega$

となるので，一次電流は

$$
\begin{aligned}
\dot{I}_1 &= \frac{\dot{V}_1}{r_1 + jx_1 + r_2' + jx_2' + R'} = \frac{100}{0.2 + j0.3 + \frac{1}{45} + j\frac{1}{30} + \frac{10}{9}} \\
&= 72.76\angle -14.04^\circ\,\mathrm{A}
\end{aligned}
$$

であるから，そのときの二次電流は $I_2 = aI_1 = \frac{1}{30} \times 72.76 = 2.43\,\mathrm{A}$

一方，二次側を短絡した場合，一次電流は
$I_1' = \frac{V_1}{r_1 + jx_1 + r_2' + jx_2'} = \frac{100}{0.2 + j0.3 + \frac{1}{45} + j\frac{1}{30}} = 250\angle -56.3^\circ\,\mathrm{A}$，二次電流は
$I_2' = aI_1' = \frac{1}{30} \times 250 = 8.32\,\mathrm{A}$ となる。◢

## 6.3 変圧器の特性

### 6.3.1 外部負荷特性

#### (1) 電圧変動率

5章で述べたように理想変圧器では変圧器二次側電圧は，二次側に接続した負荷の大きさに無関係であった。しかしながら，実際の変圧器では負荷インピーダンスによって負荷電流が変化し，それにより二次電圧も変化する。すなわち，図6–3の等価回路において，二次側が定格状態になるように一次電圧および負荷インピーダンスを調整したとき，一次に換算した二次定格電圧 $\dot{V}'_{2\mathrm{n}}$ は，

$$\dot{V}_1 = \dot{V}'_{2\mathrm{n}} + (r_{12} + jx_{12})\,\dot{I}'_{2\mathrm{n}}\,[\mathrm{V}] \tag{6.1}$$

であらわされ，これを三平方の定理を用いて大きさの関係に直すと，

$$(V_1)^2 = (V'_{2\mathrm{n}} + r_{12}I'_{2\mathrm{n}}\cos\theta + x_{12}I'_{2\mathrm{n}}\sin\theta)^2 + (x_{12}I'_{2\mathrm{n}}\cos\theta - r_{12}I'_{2\mathrm{n}}\sin\theta)^2\ ,$$

となり，一般的に，直角三角形の性質により，$V'_2 \gg (x_{12}I'_{2\mathrm{n}}\cos\theta - r_{12}I'_{2\mathrm{n}}\sin\theta)$ であれば，$V_1 \cong (V'_{2\mathrm{n}} + r_{12}I'_{2\mathrm{n}}\cos\theta + x_{12}I'_{2\mathrm{n}}\sin\theta)$ とみなせるから，簡易的な解析の場合，

$$V_1 = V'_{2\mathrm{n}} + r_{12}I'_{2\mathrm{n}}\cos\theta + x_{12}I'_{2\mathrm{n}}\sin\theta \tag{6.2}$$

とおけば，変圧器による電圧降下（voltage drop）$\Delta V$ は，

$$\Delta V_\mathrm{n} = V_1 - V'_{2\mathrm{n}} = r_{12}I'_{2\mathrm{n}}\cos\theta + x_{12}I'_{2\mathrm{n}}\sin\theta \tag{6.3}$$

となる。ただし，$r_{12} = r_1 + r'_2$，$x_{12} = x_1 + x'_2$ で，それぞれ二次側を一次側に換算したときの巻線抵抗の合計と漏れインダクタンスの合計である。

いま，この一次電圧を変化させず，定力率負荷の大きさを変化させた場合の二次電圧の特性を変圧器の外部負荷特性という。負荷力率が1.0の場合，定格電流時には，$\Delta V_{\mathrm{n}(\cos\theta=1.0)} = r_{12}I'_{2\mathrm{n}}$ の電圧降下がある。一方，前節で述べた

ように，進み力率の負荷が接続されている場合には，一次電圧に比べて二次電圧の一次換算値は大きくなる。これらの特性を整理すると**図 6–11** のようになる。なお，図 6–11 は上記のような簡易計算を行っているため直線の特性となっている。

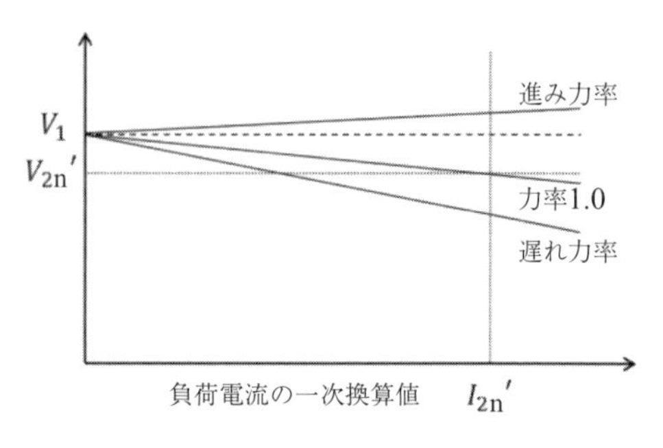


図 6–11　変圧器の外部負荷特性

ここで，定格二次電圧の一次換算値に対する電圧降下の比を電圧変動率（voltage regulation）と定義し，変圧器の特性を示す重要な指標である。すなわち，

$$\varepsilon = \frac{\text{一次電圧} - \text{定格二次電圧の一次換算値}}{\text{定格二次電圧の一次換算値}} \times 100\,[\%] \tag{6.4}$$

であり，式（6.3）を代入すれば，

$$\begin{aligned}\varepsilon &= \frac{\Delta V_{\text{n}}}{V'_{2\text{n}}} \times 100 = \frac{V_1 - V'_{2\text{n}}}{V'_{2\text{n}}} \times 100 \\ &= \frac{r_{12} I'_{2\text{n}}}{V'_{2\text{n}}} \cos\theta \times 100 + \frac{x_{12} I'_{2\text{n}}}{V'_{2\text{n}}} \sin\theta \times 100\,[\%]\end{aligned} \tag{6.5}$$

と表すことができる。このように変圧器の電圧変動率は，負荷力率によって異なる値となる。

また，一次側を二次側に換算した等価回路で考えれば，電圧変動率は，

$$\varepsilon = \frac{\text{無負荷時の二次電圧} - \text{定格二次電圧}}{\text{定格二次電圧}} \times 100\,[\%] \tag{6.6}$$

と書くこともできる。

### (2)　百分率（%）インピーダンス

式（6.5）を次のように表したとき，

$$\varepsilon = \frac{r_{12}I'_{2\mathrm{n}}}{V'_{2\mathrm{n}}}\cos\theta \times 100 + \frac{x_{12}I'_{2\mathrm{n}}}{V'_{2\mathrm{n}}}\sin\theta \times 100 = \%p\cos\theta + \%q\sin\theta\ [\%] \tag{6.7}$$

この$\%p$ [%]，$\%q$ [%] は定格電流が流れたときに，定格電圧に対してどれほどの電圧降下があるのかを示す指標であり，それぞれ，百分率（%）抵抗，百分率（%）リアクタンスと呼ばれている。なお，これらは電圧降下を表しているため，それぞれ百分率抵抗降下，百分率リアクタンス降下と呼ぶこともある。

$$\%p = \frac{r_{12}I'_{2\mathrm{n}}}{V'_{2\mathrm{n}}} \times 100\ [\%], \qquad \%q = \frac{x_{12}I'_{2\mathrm{n}}}{V'_{2\mathrm{n}}} \times 100\ [\%] \tag{6.8}$$

一次側の定格値で表現すれば，

$$\%p = \frac{r_{12}I_{1\mathrm{n}}}{V_{1\mathrm{n}}} \times 100\ [\%], \qquad \%q = \frac{x_{12}I_{1\mathrm{n}}}{V_{1\mathrm{n}}} \times 100\ [\%] \tag{6.8$'$}$$

と表すこともできる。なお，次のように変形すれば，二次側を一次側に換算した等価回路定数 $r_{21}$，$x_{21}$ 用いても表現できる。

$$\%p = \frac{r_{12}I'_{2\mathrm{n}}}{V'_{2\mathrm{n}}} \times 100 = \frac{r_{12}\frac{I_{2\mathrm{n}}}{\alpha}}{\alpha V_{2\mathrm{n}}} \times 100 = \frac{\frac{r_{12}}{\alpha^2}I_{2\mathrm{n}}}{V_{2\mathrm{n}}} \times 100 = \frac{r_{21}I_{2\mathrm{n}}}{V_{2\mathrm{n}}} \times 100\ [\%],$$

$$\%q = \frac{x_{12}I'_{2\mathrm{n}}}{V'_{2\mathrm{n}}} \times 100 = \frac{x_{12}\frac{I_{2\mathrm{n}}}{\alpha}}{\alpha V_{2\mathrm{n}}} \times 100 = \frac{\frac{x_{12}}{\alpha^2}I_{2\mathrm{n}}}{V_{2\mathrm{n}}} \times 100 = \frac{x_{21}I_{2\mathrm{n}}}{V_{2\mathrm{n}}} \times 100\ [\%]$$

いま，6.2.3 の短絡試験で述べたように，変圧器の二次側を短絡し，一次側に定格電流 $I_{1\mathrm{n}}$ が流れるように加えた電圧を $V_{1\mathrm{s}}$ とすれば，

$$Z_{12} = \frac{V_{1\mathrm{s}}}{I_{1\mathrm{n}}}\ [\Omega]$$

で計算できるインピーダンスを短絡インピーダンスという。一次側に定格電圧を加え，定格電流が流れるように負荷を調整したときの変圧器の電圧降下は，$V_{1\mathrm{S}} = Z_{12}I_{1\mathrm{n}}$ であり，これと定格電圧の比を百分率（%）インピーダンスまたは百分率（%）インピーダンス降下という。

$$\%z = \frac{Z_{12}I_{1\mathrm{n}}}{V_{1\mathrm{n}}} \times 100\ [\%] \tag{6.9}$$

ここで，

$$Z_{12} = \sqrt{(r_{12})^2 + (x_{12})^2},$$

の関係があるから，これを式（6.9）に代入すると，

$$\begin{aligned}\%z &= \frac{Z_{12}I_{1\mathrm{n}}}{V_{1\mathrm{n}}} \times 100 = \frac{\sqrt{(r_{12})^2 + (x_{12})^2}\,I_{1n}}{V_{1\mathrm{n}}} \times 100 \\ &= \sqrt{\left(\frac{r_{12}I_{1\mathrm{n}}}{V_{1\mathrm{n}}} \times 100\right)^2 + \left(\frac{x_{12}I_{1\mathrm{n}}}{V_{1\mathrm{n}}} \times 100\right)^2} \\ &= \sqrt{p^2 + q^2}\,[\%]\end{aligned}$$

%インピーダンス，%抵抗，および%リアクタンスの関係を導くことができる。

### (3)　短絡電流

%インピーダンスは，定格電圧を加えたときの電圧降下を示すものであり，できるだけ小さくすることで理想変圧器に近づけることができる一方，次のように変形すると，短絡電流 $I_\mathrm{S}$ と反比例の関係にあることがわかるため，事故時の短絡電流の抑制のためにはある程度の大きさを持つことがふさわしい。

$$I_\mathrm{s} = \frac{V_{1\mathrm{n}}}{Z_{12}} = \frac{V_{1\mathrm{n}}}{\%\mathrm{z}\frac{V_{1\mathrm{n}}}{I_{1\mathrm{n}} \times 100}} = \frac{I_{1\mathrm{n}}}{\%\mathrm{z}} \times 100\,[\mathrm{A}]$$

通常の変圧器は，定格電流ではなく，定格電圧および定格容量が銘板に記されている。そこで，定格容量は $S_\mathrm{n} = V_{1\mathrm{n}}I_{1\mathrm{n}}[\mathrm{VA}]$ であるから，短絡電流はこれを用いて，

$$I_\mathrm{s} = \frac{I_{1\mathrm{n}}}{\%\mathrm{z}} \times 100 = \frac{S_\mathrm{n}}{\%zV_{1\mathrm{n}}} \times 100\,[\mathrm{A}]$$

と表すことが多い。

## 6.3.2　効率

### (1)　損失の種類

変圧器内部の電力損失は図 **6–12** のように分類できる。損失の大部分を占め

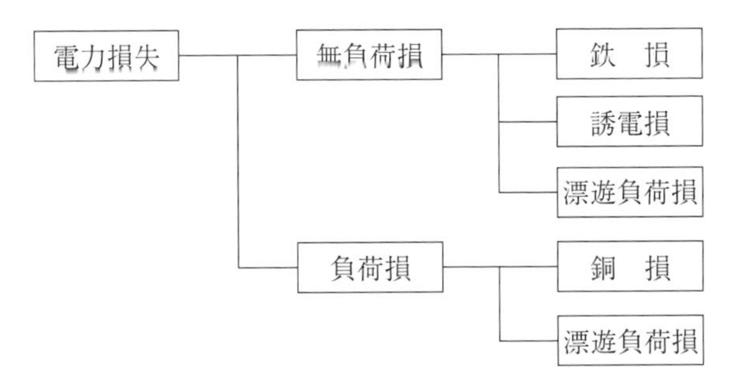


図 6–12　電力損失の分類

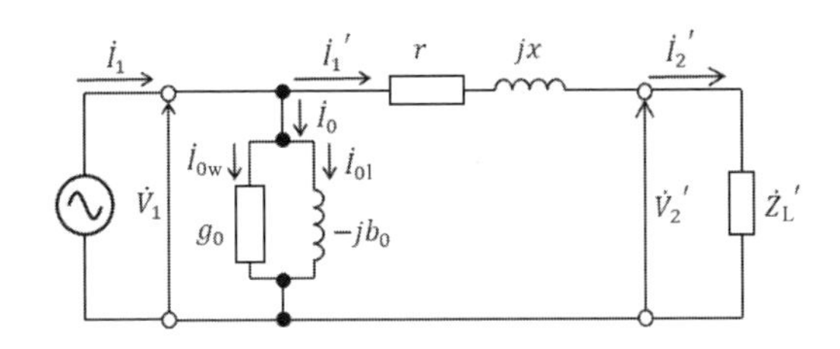


図 6–13　変圧器の簡易等価回路（二次側を一次側に換算）

るのが鉄損と銅損である。

**鉄損** $P_i$ [W] は，鉄心が持つヒステリシス特性に基づくヒステリシス損 $P_h$ [W] と鉄心に磁束が鎖交することによって生じる渦電流による渦電流損 $P_e$ [W] からなる。これらは，鉄心を鎖交する磁束の磁束密度の最大値 $B_m$ [T] と鎖交する交番磁束の周波数 $f$ [Hz] とすれば，次のように表すことができる。

$$P_h = k_h f B_m^2 \text{ [W]}$$

$$P_e = k_e (f B_m)^2 \text{ [W]}$$

ただし，$k_h$，$k_e$ は，鉄心の材質や構造，鎖交する磁束波形の形状によって決まる定数である。

また，**図 6–13** に示す等価回路で考えると，鉄損は

$$P_i = P_h + P_e = g_0 V_1^2 \text{ [W]}$$

と書くこともできる。

**銅損** $P_c$ [W] は，抵抗損とも呼ばれ，一次巻線・二次巻線に電流が流れることによるジュール熱であり，図 6–12 の等価回路で考えれば，

$$P_c = rI_1'^2 \text{ [W]}$$

である。

これらのことから，無負荷損（大部分は鉄損）は変圧器に接続されている負荷の大きさ（負荷電流の大きさ）によらず，一定の電源に接続されている場合には常に一定の大きさとなり，負荷損（大部分は銅損）は負荷電流の二乗に比例することがわかる。

なお，6.2.3 で述べた無負荷試験における測定された入力電力は鉄損，短絡試験における入力電力は，定格負荷時の銅損を表している。

### (2) 効率

一般に，入力に対する出力の比を**効率** $\eta$ と呼ぶ。変圧器の出力を $P_2$，鉄損 $P_i$ および銅損 $P_c$ 以外の損失が無視できるほど小さいものとすれば，変圧器の効率は以下のように表すことができる。

$$\eta = \frac{\text{出力}}{\text{入力}}\times 100 = \frac{\text{出力}}{\text{出力} + \text{鉄損} + \text{銅損}}\times 100 = \frac{P_2}{P_2 + P_i + P_c}\times 100 \text{ [\%]}$$

いま，出力 $P_2$，鉄損 $P_i$ および銅損 $P_c$ を

$$P_2 = V_2 I_2 \cos\theta$$

$$P_i = g_0 V_1^2$$

$$P_c = rI_2^2$$

とすれば，効率は，

$$\eta = \frac{P_2}{P_2 + P_i + P_c} \times 100 = \frac{V_2 I_2 \cos\theta}{V_2 I_2 \cos\theta + g_0 V_1^2 + rI_2^2} \times 100 \text{ [\%]}$$

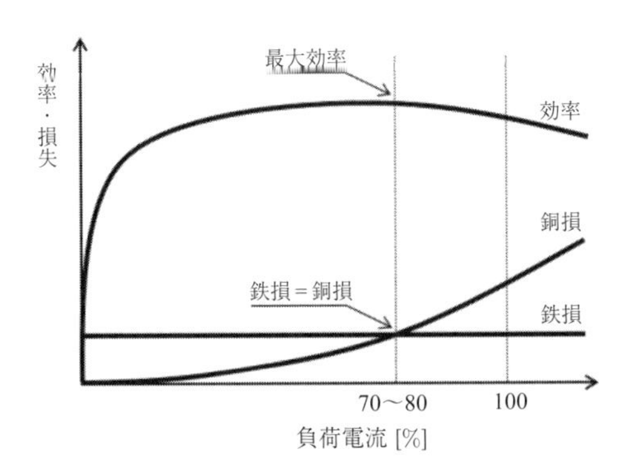


図 6–14 負荷電流と損失・効率の関係

となる。いま，二次電圧を一定として負荷電流 $I_2$ のみを変化させたとき，定インピーダンス負荷の場合，効率は負荷電流のみの関数となる。なお，鉄損は負荷電流には無関係で一定，銅損は負荷電流の二乗に比例する。出力電圧を一定としたときの負荷電流（定格電流を 100%とする）に対する損失と効率の関係を**図 6–14** に示す。変圧器の最大効率は「鉄損 = 銅損」のときに生じる。一般的に変圧器は常に定格負荷で運転するとは限らないため，通常，定格電圧の 70～80%に最大効率となるように設計される。

## 例題 6.4

一次定格電圧 200 V，二次定格電圧 100 V，一次定格電流 10 A，二次定格電流 20 A の単相変圧器がある。二次側に力率 0.8（遅れ）の定格負荷を接続したときの電圧変動率を次の手順で求めなさい。ただし，この変圧器の等価回路定数を求めるために行った試験結果は以下の通りである。

・無負荷試験：一次電圧 200 V，一次電流 0.4 A，入力電力 28 W

・短絡試験：一次電圧 7.0 V，一次電流 10 A，入力電力 65 W

手順 1：等価回路定数を求める。

手順 2：百分率抵抗降下，百分率リアクタンス降下を求める。

手順 3：電圧変動率を求める。

## 例題解答 6.4

手順 1

$g_0 = \frac{P_0}{V_{1n}^2} = \frac{28}{200^2} = 0.7 \times 10^{-3}\mathrm{S}$

$b_0 = \sqrt{\left(\frac{I_0}{V_{1n}}\right)^2 - g_0^2} = \sqrt{\left(\frac{0.4}{200}\right)^2 - (0.7 \times 10^{-3})^2} = 1.87 \times 10^{-3}\mathrm{S}$

$R = \frac{P_s}{I_{1n}^2} = \frac{65}{10^2} = 0.65\,\Omega$

$X = \sqrt{\left(\frac{V_{1S}}{I_{1n}}\right)^2 - R^2} = \sqrt{\left(\frac{7.0}{10}\right)^2 - (0.65)^2} = 0.26\,\Omega$

手順 2

$\%p = \frac{RI_{n1}}{V_{n1}} \times 100 = \frac{0.65 \times 10}{200} \times 100 = 3.25\%$

$\%q = \frac{XI_{n1}}{V_{n1}} \times 100 = \frac{0.26 \times 10}{200} \times 100 = 1.3\%$

手順 3

$\varepsilon = \%p\cos\theta + \%q\sin\theta = 3.25 \times 0.8 + 1.3 \times 0.6 = 3.38\%$ ◢

## 例題 6.5

巻数比 2，一次巻線抵抗 0.5 Ω，一次漏れリアクタンス 1.0 Ω，二次巻線抵抗 0.2 Ω，二次漏れリアクタンス 0.4 Ω，励磁アドミタンス $0.4 - j1.5\,\mathrm{mS}$ の変圧器がある。二次側にインピーダンス $4 + j3\,\Omega$ が接続され，二次端子電圧が $100\angle 0°\mathrm{V}$ である。このときの変圧器の鉄損・銅損，および効率を求めなさい。

## 例題解答 6.5

簡易等価回路で考えると，

$\dot{I}_1' = \frac{a\dot{V}_2}{a^2\dot{Z}_L} = \frac{2 \times 100\angle 0°}{4 \times (4 + j3)} = 8 - j6 = 10\angle -36.87°\ \mathrm{A}$

$\dot{V}_1 = a\dot{V}_2 + (r_1 + r_2' + jx_1 + jx_2')\dot{I}_1$

$\quad = 200\angle 0° + (0.5 + 2^2 \times 0.2 + j1.0 + j2^2 \times 0.4) \times 10\angle -36.87°$

$\quad = 226.0 + j13.0 = 226.4\angle 3.29°\ \mathrm{V}$

$\dot{I}_0 = \dot{Y}\dot{V}_1 = (0.4 - j1.5) \times 10^{-3} \times 226.4\angle 3.29^\circ = 0.3515\angle -71.78^\circ$ A

$\dot{I}_1 = \dot{I}_1' + \dot{I}_0 = 10\angle -36.87^\circ + 0.3515\angle -71.78^\circ = 10.29\angle -38.0^\circ$ A

したがって，

$I_1' = 10$ A

$I_1 = 10.29$ A

$V_1 = 226.4$ V

$P_{\mathrm{i}} = g_0 V_1^2 = 0.4 \times 10^{-3} \times 219.5^2 = 20.5$ W

$P_{\mathrm{c}} = (r_1 + r_2')I_1'^2 = (0.5 + 0.8) \times 10^2 = 130$ W

$P_{\mathrm{out}} = V_2 I_2 \cos\theta = 100 \times \left(\frac{100}{\sqrt{4^2+3^2}}\right) \times \frac{4}{\sqrt{4^2+3^2}} = 1{,}600$ W

$\eta = \frac{P_{\mathrm{out}}}{P_{\mathrm{out}}+P_{\mathrm{i}}+P_{\mathrm{c}}} \times 100 = \frac{1{,}600}{1{,}600+20.5+130} \times 100 = 91.4\%$ ◢

## 例題 6.6

変圧器の最大効率が「鉄損 = 銅損」のときに生じることを示しなさい。

## 例題解答 6.6

いろいろな解き方があるが，ここでは微分を用いる。6.3.2 で述べたように変圧器の効率は以下のように示される。

$$\eta = \frac{P_2}{P_2 + P_{\mathrm{i}} + P_{\mathrm{c}}} \times 100 = \frac{V_2 I_2 \cos\theta}{V_2 I_2 \cos\theta + g_0 V_1^2 + r I_2^2} \times 100$$

これの分母と分子を $I_2$ で割ると，

$$\eta = \frac{V_2 I_2 \cos\theta}{V_2 I_2 \cos\theta + g_0 V_1^2 + r I_2^2} \times 100 = \frac{V_2 \cos\theta}{V_2 \cos\theta + \frac{g_0 V_1^2}{I_2} + r I_2} \times 100$$

となる。いま，負荷電流 $I_2$ のみが変数である場合，効率が最大となるときには分母が最小となる。そこで分母を負荷電流 $I_2$ の関数 $f(I_2) = V_2 \cos\theta + \frac{g_0 V_1^2}{I_2} + r I_2$ とおけば，これを微分したものがゼロになるとき，$f(I_2)$ は最少となる（厳密には 2 階微分をしてその正負を確かめなければ

ならないが，ここでは省略する)。すなわち，

$$\frac{df}{dI_2} = \frac{d}{dI_2}\left(V_2\cos\theta + \frac{g_0 V_1^2}{I_2} + rI_2\right) = -\frac{g_0 V_1^2}{I_2^2} + r = 0$$

となるから，分母が最小となる，すなわち効率が最大となるとき，

$$g_0 V_1^2 (\text{鉄損}) = rI_2^2 (\text{銅損})$$

となることがわかる。 ◢

### (3)　全日効率

ある負荷電流が流れているときの変圧器の効率は（b）で述べたが，例えば柱上変圧器を思い浮かべてみよう，一般に，変圧器の一次側には常に電源に接続されているが，負荷は時間とともに大きく変化する。そのような場合，ある特定の負荷電流が流れているときの効率ではなく，一日を通しての入力電力量と出力電力量の比を**全日効率**（**all day efficiency**）$\eta_D$ と呼び，変圧器の効率を示す指標とすることが多い。すなわち，

$$\eta_D = \frac{\text{一日の出力電力量 [kWh]}}{\text{一日の入力電力量 [kWh]}} \times 100$$
$$= \frac{\text{一日の出力電力量 [kWh]}}{\text{一日の出力電力量 [kWh]} + \text{一日の損失電力量 [kWh]}} \times 100$$

となる。いま，一日のうち，全負荷 $P$[kW] で $t_1$ [時間]，半負荷 $\frac{1}{2}P$[kW] で $t_2$ [時間]，残りの時間を無負荷で運転している変圧器の全日効率は，変圧器の鉄損を $P_i$ [kW]，全負荷時の銅損を $P_C$ [kW] とすれば，以下のように示される。

$$\eta_D = \frac{\text{一日の出力電力量 [kWh]}}{\text{一日の出力電力量 [kWh]} + \text{一日の損失電力量 [kWh]}} \times 100$$
$$= \frac{Pt_1 + \frac{1}{2}Pt_2}{Pt_1 + \frac{1}{2}Pt_2 + 24P_i + P_C t_1 + \left(\frac{1}{2}\right)^2 P_C t_2} \times 100$$

ここで，

・一日の出力電力量：$Pt_1 + \frac{1}{2}Pt_2$ [kWh]

・一日の鉄損による損失電力量：$24P_\mathrm{i}$ [kWh]

・一日の銅損による損失電力量：$P_\mathrm{C}t_1 + \left(\frac{1}{2}\right)^2 P_\mathrm{C}t_2$ [kWh]

である。銅損は変圧器の巻線抵抗に負荷電流が流れることによって生じる損失であるから，負荷が $(1/n)$ 倍になったときには負荷電流も $(1/n)$ 倍となるから，銅損が $(1/n)^2$ 倍となることは容易にわかる。

## 例題 6.7

鉄損は 1,000 W，全負荷時の銅損は 1.1 kW である定格出力 100 kVA の単相変圧器がある。この変圧器を一日のうち，無負荷で 8 時間，力率 100%の半負荷で 6 時間，力率 85%の全負荷で 10 時間使用したときの全日効率を求めなさい。

## 例題解答 6.7

・一日の出力電力量は，

$W_\mathrm{out} = \frac{1}{2} \times 100 \times 6 + 100 \times 0.85 \times 10 = 1{,}150\,\mathrm{kWh}$

・一日の鉄損による損失電力量

$W_\mathrm{i} = 24 \times 1 = 24\,\mathrm{kWh}$

・一日の銅損による損失電力量

$W_\mathrm{C} = \left(\frac{1}{2}\right)^2 \times 1.1 \times 6 + 1.1 \times 10 = 12.65\,\mathrm{kWh}$

であるから，全日効率は，

$$\eta_\mathrm{D} = \frac{W_\mathrm{out}}{W_\mathrm{out} + W_\mathrm{i} + W_\mathrm{C}} \times 100 = \frac{1{,}150}{1{,}150 + 24 + 12.65} \times 100 = 96.9\%$$

となる。◢

## 演習問題

（1）10 kVA，2,000/100 V の単相変圧器の開放試験（二次側開放）と短絡試験（二次側短絡）を行ったところ，次の結果を得た。

[開放試験 (無負荷試験)]

一次定格電圧 2,000 V，一次電流 0.26 A，一次入力 200 W

[短絡試験]

一次入力電圧 100 V，一次定格電流 5 A，一次入力 300 W

（a）二次を一次に換算した簡易等価回路の回路定数を求めなさい。

（b）%抵抗，%リアクタンスおよび%インピーダンスを求めなさい。

（c）定格負荷，遅れ力率 0.8 のときの電圧変動率を求めなさい。

（d）この変圧器の二次電圧を一定とし，可変純抵抗負荷を接続したときの最大効率を求めなさい。

（2）一日の負荷（力率はすべて 1.0）が**問題図 6–1** のような定格 500 kVA の柱上変圧器がある。変圧器の鉄損は 5.2 kW，全負荷時の銅損が 6.8 kW であるとき，柱上変圧器の全日効率を求めなさい。

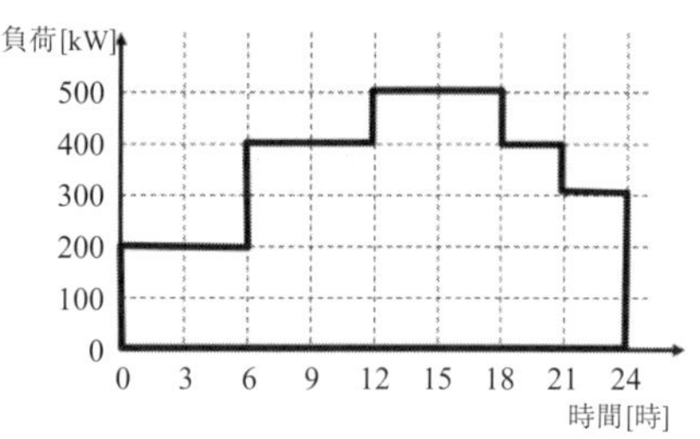


問題図 6–1

（3）ある単相変圧器の%抵抗は 3.2%であり，遅れ力率 0.8，周波数 50 Hz のとき，電圧変動率が 4.0%であるという。同じ条件で周波数を 60 Hz の交流で使用したときの電圧変動率を求めなさい。

## 演習解答

（1）（a）等価回路定数は，

$$g_0 = \frac{P_0}{V_{1n}^2} = \frac{200}{2{,}000^2} = 5.0\times10^{-5}\mathrm{S}$$

$$b_0 = \sqrt{\left(\frac{I_0}{V_{1\text{n}}}\right)^2 - g_0^2} = \sqrt{\left(\frac{0.26}{2{,}000}\right)^2 - (5.0\times 10^{-5})^2}$$
$$= 1.2\times 10^{-4}\text{S}$$
$$R = \frac{P_s}{I_{1\text{n}}^2} = \frac{300}{5^2} = 12\,\Omega$$
$$X = \sqrt{\left(\frac{V_{1S}}{I_{1\text{n}}}\right)^2 - R^2} = \sqrt{\left(\frac{100}{5}\right)^2 - (12)^2} = 16\,\Omega$$

となる。

(b) %抵抗および%リアクタンス，%インピーダンスは，

$$\%p = \frac{RI_{\text{n1}}}{V_{\text{n1}}}\times 100 = \frac{12\times 5}{2{,}000}\times 100 = 3.0\%$$
$$\%q = \frac{XI_{\text{n1}}}{V_{\text{n1}}}\times 100 = \frac{16\times 5}{2{,}000}\times 100 = 4.0\%$$
$$\%z = \sqrt{(\%p)^2 + (\%q)^2} = \sqrt{3.0^2 + 4.0^2} = 5.0\%$$

である。

(c) 力率 0.8 のときの電圧変動率は，

$$\varepsilon = \%p\cos\theta + \%q\sin\theta = 3.0\times 0.8 + 4.0\times\sqrt{1-0.8^2} = 4.8\%$$

となる。

(d) 無負荷試験の一次入力電力は鉄損 $P_\text{i}$ にほかならず，短絡試験の一次入力電力は定格時の銅損 $P_\text{C}$ を意味する。最大効率を得るのは鉄損＝銅損のときであるから，そのときの出力を $P_2 = kP_\text{n}$ とすれば，最大効率時には以下の関係が成り立つ。

$P_\text{i} = k^2 P_\text{C}$，すなわち，$k = \sqrt{\frac{P_\text{i}}{P_\text{C}}} = \sqrt{\frac{200}{300}} = 0.8165$

したがって，最大効率は，

$$\eta = \frac{P_2}{P_2 + P_\text{i} + P_\text{c}}\times 100 = \frac{kP_\text{n}}{kP_\text{n} + P_\text{i} + k^2 P_\text{c}}\times 100$$
$$= \frac{0.8165\times 10\times 10^3\times 1.0}{0.8165\times 10\times 10^3\times 1.0 + 200 + 0.8165^2\times 300}\times 100$$

$$= 95.3\%$$

となる。

(2) 変圧器の出力電力量は,

$$W_{\mathrm{out}} = 200 \times 6 + 400 \times 9 + 500 \times 6 + 300 \times 3 = 8{,}700\,\mathrm{kWh}$$

鉄損電力量は,

$$W_{\mathrm{i}} = 5.2 \times 24 = 124.8\,\mathrm{kWh}$$

銅損電力量は,

$$W_{\mathrm{c}} = 6.8 \times 6 \times \left(\frac{200}{500}\right)^2 + 6.8 \times 9 \times \left(\frac{400}{500}\right)^2 + 6.8 \times 6 + 6.8 \times 3 \times \left(\frac{300}{500}\right)^2 = 93.84\,\mathrm{kWh}$$

したがって，全日効率は,

$$\eta_{\mathrm{D}} = \frac{W_{\mathrm{out}}}{W_{\mathrm{out}} + W_{\mathrm{i}} + W_{\mathrm{c}}} \times 100 = \frac{8{,}700}{8{,}700 + 124.8 + 93.84} \times 100 = 97.5\%$$

となる。

(3) $\varepsilon = \%p\cos\theta + \%q\sin\theta$ の関係より，50 Hz の%リアクタンスは,

$$\%q_{50} = \frac{\varepsilon - \%p_{50}\cos\theta}{\sin\theta} = \frac{4.0 - 3.2 \times 0.8}{0.6} = 2.4\%$$

である。%リアクタンスは漏れリアクタンスによるものであるから，周波数に比例して変化する。すなわち，60 Hz での%リアクタンス降下は

$$\%q_{60} = \frac{60}{50}\%q_{50} = \frac{50 \times 2.4}{060} = 3.6\%$$

である。したがって，60 Hz で同条件で使用したとき，電圧変動率は,

$$\varepsilon_{60} = \%p\cos\theta + \%q_{60}\sin\theta = 1.5 \times 0.8 + 3.6 \times 0.6 = 3.36\%$$

となる。

$400X_{\mathrm{C}} = \frac{16^2+8^2}{8}$, $X_{\mathrm{C}} = \frac{16^2+8^2}{400\times 8} = 0.1\,\Omega$ となる。

# 7章　変圧器の結線と特殊変圧器

本章では変圧器の結線と特殊変圧器について学ぶ。変圧器の結線では，例題を交えて，変圧器の極性，並行運転，三相結線，V 結線の基本特性について学ぶ。特殊変圧器では，単巻変圧器と計器用変成器のみを概説する。三相変圧器，誘導電圧調整器，スコット結線変圧器なども重要な特殊変圧器であるが，紙幅の都合上，割愛した。

## 7.1　変圧器の結線

### 7.1.1　変圧器の極性

電気磁気学で学んだように，コイルに電流が流れると右ねじの方向に磁界が発生する。したがって変圧器コイルの巻き方によって，コイルに誘起される電圧の方向が異なることになる。単相変圧器を単独で使用する際には極性は大きな問題を引き起こすことはないが，複数の単相変圧器を並列運転したり，三相結線をしたりする際には，極性を合わせる必要がある。

いま，**図 7–1（a）**のように，変圧器の一次側に単相交流電圧を加えたとき，外箱の同じ側にある二次端子に生じる電圧の極性が，加えた電圧と同じものを減極性の変圧器，**図 7–1（b）**のように異なる極性になるものを加極性の変圧

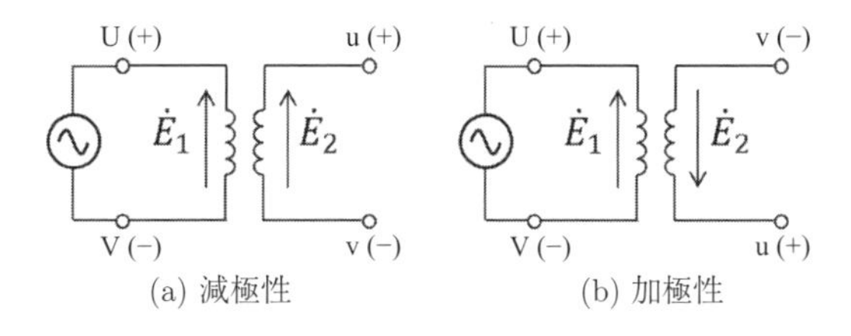


図 7–1　変圧器の極性

器という。わが国では，JIS4304：2013「配電用6kV油入変圧器」において，単相変圧器の端子記号および極性は，次のように定められている。

a）一次端子をUおよびV，二次端子をuおよびvとし，二次中性点端子はoまたはnとする。
b）一次端子は，一次端子側から見て右から左へU，Vの順序に配列する。二次端子は，二次端子側から見て左から右へu，o，vの順序に配列する。
注記：U，V，u，vの代わりに＋，－を用いてもよい。
c）極性は，減極性とする。

### 7.1.2　変圧器の並行運転

変圧器に接続している負荷が増加し，変圧器の容量が不足する場合，新しい大容量の変圧器に置き換えるよりも，既設の変圧器に必要容量の変圧器を並列に接続して使用することがしばしば行われる。これを変圧器の並行運転もしくは並列運転という。ただし，変圧器を並列運転する際には以下の条件が必要である。

① 各変圧器の極性が一致していること
極性が一致していないと，二次側が短絡した状態になる可能性があり非常に危険である。
② 各変圧器の巻数比が等しいこと
巻数比が異なっていると，各変圧器の二次側に現れる電圧が異なってしまうため，大きな循環電流が流れてしまう。
③ 各変圧器の巻線抵抗と漏れリアクタンスの比が等しいこと
巻線抵抗と漏れリアクタンスの比が異なっていると，各変圧器での電圧降下および二次側に現れる電圧の位相が異なってしまう。
④ 各変圧器の短絡インピーダンスが等しいこと
各変圧器の定格容量の比に応じた出力を分担させるためには，短絡インピーダンスが等しい必要がある。なお，あえて異なる出力比にする場合には一

致させなくてもよいが，すべての変圧器の定格容量以下となるように事前に負荷の分担を計算しておくことが必要である。

## 例題 7.1

単相変圧器が加極性であるか減極性であるかを調べる方法を述べなさい。

## 例題解答 7.1

交流電圧計3台を用いて，変圧器を**例題解答図–1**のように結線し，

$$V_3 = V_1 - V_2\,[\mathrm{V}]$$

になる場合には減極性である。逆に，

$$V_3 = V_1 + V_2\,[\mathrm{V}]$$

となった場合には加極性である。

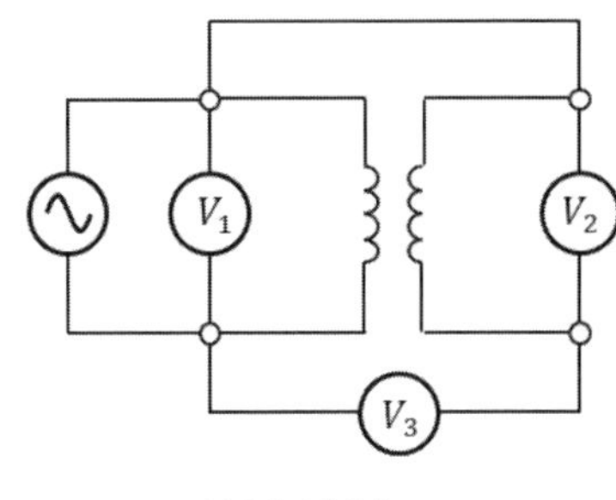

例題解答図–1

## 例題 7.2

単相変圧器2台を並列運転する際，各変圧器の短絡インピーダンスが等しい場合に定格容量に比例した出力分担となることを示しなさい。

## 例題解答 7.2

いま，容量 $S_{\mathrm{An}}$ [VA] の変圧器Aと容量 $S_{\mathrm{Bn}}$ [VA] の変圧器Bが並列運転し，二次側の端子電圧が定格電圧 $V_{2\mathrm{n}}$ [V] で，容量 $S$ [VA] の負荷に電力を供給している状況を考える。一次側を二次側に換算した等価回路は**例題解答図–2（a）**となるが，これは**例題解答図–2（b）**のように考えることができる。

各変圧器の短絡インピーダンスは，それぞれ，

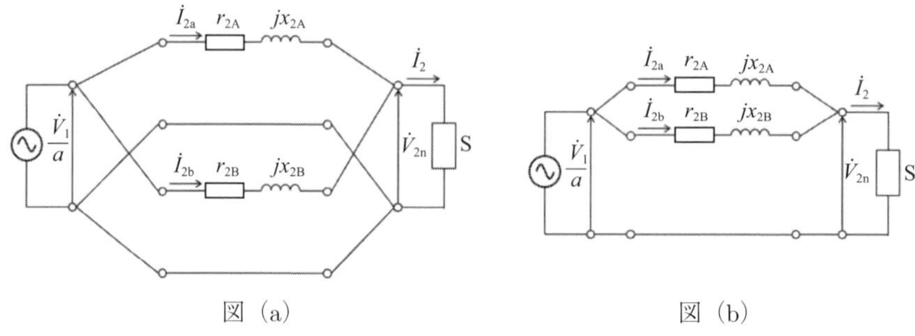


図 (a)　　　　　　　　　　図 (b)

例題解答図–2

$$\%Z_{\mathrm{A}} = \frac{S_{\mathrm{An}}\sqrt{{r_{2\mathrm{A}}}^2 + {x_{2\mathrm{A}}}^2}}{{V_{2\mathrm{n}}}^2} = \frac{SP_{\mathrm{An}}Z_{2\mathrm{A}}}{{V_{2\mathrm{n}}}^2},$$

$$\%Z_{\mathrm{B}} = \frac{S_{\mathrm{Bn}}\sqrt{{r_{2\mathrm{B}}}^2 + {x_{2\mathrm{B}}}^2}}{{V_{2\mathrm{n}}}^2} = \frac{S_{\mathrm{Bn}}Z_{2\mathrm{B}}}{{V_{2\mathrm{n}}}^2},$$

と表すことができる。

いま，それぞれの変圧器に流れている電流を $I_{\mathrm{a}}$，$I_{\mathrm{b}}$ とすれば，変圧器による電圧降下の大きさは等しい。すなわち，$I_{\mathrm{a}}Z_{2\mathrm{A}} = I_{\mathrm{b}}Z_{2\mathrm{B}}$ なる関係がある。

したがって，各変圧器の電流の比を取れば，

$$\frac{I_{\mathrm{a}}}{I_{\mathrm{b}}} = \frac{Z_{2\mathrm{B}}}{Z_{2\mathrm{A}}} = \frac{\frac{\%Z_{\mathrm{B}}V_{2\mathrm{n}}^2}{S_{\mathrm{Bn}}}}{\frac{\%Z_{\mathrm{A}}V_{2\mathrm{n}}^2}{S_{\mathrm{An}}}} = \frac{\frac{\%Z_{\mathrm{B}}}{S_{\mathrm{Bn}}}}{\frac{\%Z_{\mathrm{A}}}{S_{\mathrm{An}}}} = \frac{\%Z_{\mathrm{B}}}{\%Z_{\mathrm{A}}} \cdot \frac{S_{\mathrm{An}}}{S_{\mathrm{Bn}}},$$

となり，$\%Z_{\mathrm{A}} = \%Z_{\mathrm{B}}$ のとき，$\frac{I_{\mathrm{a}}}{I_{\mathrm{b}}} = \frac{S_{\mathrm{An}}}{S_{\mathrm{Bn}}}$，すなわち，各変圧器が負担する電流は，各変圧器の定格容量の比と等しくなる。

なお，各変圧器の%インピーダンスが異なる場合，各変圧器の出力分担は次のように計算できる。ただし，巻線抵抗と漏れリアクタンスの比は等しいものとする。各変圧器の出力を $S_{\mathrm{a}} = V_{2\mathrm{n}}I_{\mathrm{a}}$, $S_{\mathrm{b}} = V_{2\mathrm{n}}I_{\mathrm{b}}$ とすれば，巻線抵抗と漏れリアクタンスの比が等しいので，各変圧器に流れるそれぞれの電流はどちらも負荷電流と同相であるから，$\mathrm{S} = V_{2\mathrm{n}}I_2 = V_{2\mathrm{n}}I_{2\mathrm{a}} + V_{2\mathrm{n}}I_{2\mathrm{b}} = S_{\mathrm{a}} + S_{\mathrm{b}}$ となる。各変圧器の電流の比は，以下のように出力の比にもなるから，

$$\frac{I_\mathrm{a}}{I_\mathrm{b}} = \frac{V_{2\mathrm{n}} I_\mathrm{a}}{V_{2\mathrm{n}} I_\mathrm{b}} = \frac{S_\mathrm{a}}{S_\mathrm{b}} = \frac{\%Z_\mathrm{B}}{\%Z_\mathrm{A}} \cdot \frac{S_\mathrm{An}}{S_\mathrm{Bn}},$$

これらの式より，変圧器 A が分担する負荷を求めれば，

$$S_\mathrm{a} = S - S_\mathrm{b} = S - \frac{\%Z_\mathrm{A}}{\%Z_\mathrm{B}} \cdot \frac{S_\mathrm{Bn}}{S_\mathrm{An}} S_\mathrm{a},$$

$$\left(1 + \frac{\%Z_\mathrm{A}}{\%Z_\mathrm{B}} \cdot \frac{S_\mathrm{Bn}}{S_\mathrm{An}}\right) S_\mathrm{a} = S,$$

$S_\mathrm{a} = \frac{S}{1+\frac{\%Z_\mathrm{A}}{\%Z_\mathrm{B}} \cdot \frac{S_\mathrm{Bn}}{S_\mathrm{An}}} = \frac{S\frac{S_\mathrm{An}}{\%Z_\mathrm{A}}}{\frac{S_\mathrm{An}}{\%Z_\mathrm{A}} + \frac{S_\mathrm{Bn}}{\%Z_\mathrm{B}}}$ となり，同様に変圧器 B が分担する容量を求めると，

$S_\mathrm{a} = \frac{S\frac{S_\mathrm{Bn}}{\%Z_\mathrm{B}}}{\frac{S_\mathrm{An}}{\%Z_\mathrm{A}} + \frac{S_\mathrm{Bn}}{\%Z_\mathrm{B}}}$ となる。 ◢

### 7.1.3　三相結線

一般に家庭で使用する電力は単相電圧であるが，発電所で発電され送配電に使用される電気方式は三相交流である。三相交流を変圧するには，三相変圧器を使用してもよいが，単相変圧器 3 台を用いることも可能である。すでに電気回路で学んだように，三相交流の結線法には △ 結線と Y 結線とがあり，変圧器の一次，二次それぞれ △，Y 結線を取ることができるため，単相変圧器 3 台を用いて三相交流を変圧する際には，4 種類の結線法がある。

#### (1)　△–Y 結線

**図 7–2** に一次側を △ 結線，二次側を Y 結線にした △–Y 結線の接続図を示す。三相交流を扱う電力系統では，故障時等を除いて一般に三相平衡状態として考えてよく，簡単のため単相変圧器は巻数比 $\alpha$ の理想変圧器とする。

これらの電圧の関係式は，すでに電気回路で学んだように，一次側については △ 結線であるから，電源の線間電圧 $V_1$ と各変圧器の巻線に現れる電圧（これを相電圧ともいう）$E_1$ は等しい。すなわち，

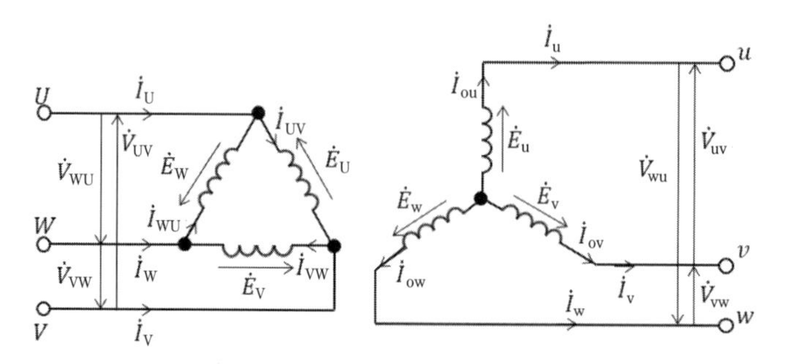


図 7–2 △–Y 結線の接続図

$$\begin{cases} \dot{V}_{UV} = \dot{E}_U = V_1\angle 0° = E_1\angle 0° \\ \dot{V}_{VW} = \dot{E}_V = V_1\angle -120° = E_1\angle -120° \\ \dot{V}_{WU} = \dot{E}_W = V_1\angle 120° = E_1\angle 120° \end{cases}$$

と書くことができる。一方，二次側については，Y 結線であるから，

$$\begin{cases} \dot{E}_u = E_2\angle 0° \\ \dot{E}_v = E_2\angle -120° \\ \dot{E}_w = E_2\angle 120° \end{cases}$$

としたとき，

$$\begin{cases} \dot{V}_{uv} = \dot{E}_u - \dot{E}_v = V_2\angle 30° \\ \dot{V}_{vw} = \dot{E}_v - \dot{E}_w = V_2\angle -90° \\ \dot{V}_{wu} = \dot{E}_w - \dot{E}_u = V_2\angle 150° \end{cases}$$

となる。したがって，二次側線間電圧の大きさと相電圧の大きさの関係は，$V_2 = \sqrt{3}E_2$ となる。単相理想変圧器の巻数比は $\alpha$ であるから，一次巻線電圧（相電圧）と二次巻線電圧（相電圧）との関係は，$E_2 = \frac{1}{\alpha}E_1$ の関係がある。線間電圧の関係に直せば，$V_2 = \frac{\sqrt{3}}{\alpha}V_1$ となり，電力系統では昇圧変圧器としてよく用いられている。

三相平衡回路においては，一相分のみを取り出して考えればよく，電流については大きさのみで考えると，一次側（△結線）の線電流 $I_U = I_V = I_W = I_{1l}$ と各変圧器の巻線に流れる電流（これを相電流ともいう）$I_{UV} = I_{VW} = I_{WU} = I_{1p}$ の関係は，$I_{1l} = \sqrt{3}I_{1p}$ となり，二次側（Y 結線）については，線電流 $I_u = I_v = I_w = I_{2l}$

と相電流 $I_{ou} = I_{ov} = I_{ow} = I_{2p}$ は等しい（$I_{2l} = I_{2p}$）。一次側と二次側の相電流の関係は，$I_{2p} = \alpha I_{1p}$ であるから，線電流に直すと，$I_{2l} = \sqrt{3}\alpha I_{1l}$ となる。

電気回路で学んだように，負荷力率が $\cos\theta$ の三相負荷に供給している電力は，線間電圧と線電流を用いて，$P_{3\phi} = \sqrt{3}V_2 I_{2l}\cos\theta$ と書くことができるが，これを変形すると，$P_{3\phi} = \sqrt{3}V_2 I_{2l}\cos\theta = \sqrt{3}\cdot\sqrt{3}E_2 I_{2p}\cos\theta = 3E_2 I_{2p}\cos\theta$，となり，$E_2 I_{2p}\cos\theta$ はまさしく変圧器 1 台と分担している負荷となる。これを $P_{1\phi}$ とおけば，$P_{3\phi} = 3P_{1\phi}$ と書くこともできる。これを一次側で考えても，

$$
\begin{aligned}
P_{3\phi} &= \sqrt{3}V_1 I_{1l}\cos\theta \\
&= \sqrt{3}E_1\cdot\sqrt{3}I_{1p}\cos\theta \\
&= 3E_1 I_{1p}\cos\theta = 3P_{1\phi}
\end{aligned}
$$

となる。したがって，電気回路で学んだように，△ 結線，Y 結線のどちらであっても，三相電力は

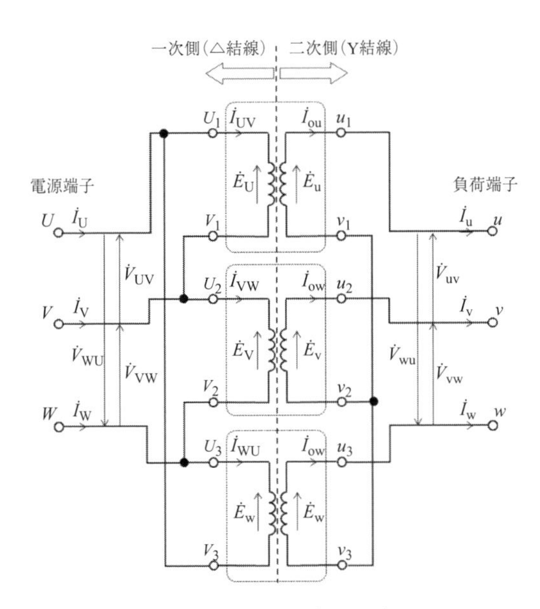


図 7–3　△–Y 結線の結線図

$$P_{3\phi} = \sqrt{3} VI \cos\theta = 3P_{1\phi}$$

となる。

実際に3台の単相変圧器を用いて一次側△–二次側Y結線をする場合には，**図7–3**に示すように結線すればよい。

### (2)　△–△結線

接続図および結線図は図7–2および図7–3の二次側を△結線に変更したものである。電圧電流の関係は，一次側・二次側とも△結線であるから，

$$V_1 = E_1,\ V_2 = E_2$$
$$I_{1l} = \sqrt{3} I_{1\mathrm{p}},\ I_{2l} = \sqrt{3} I_{2\mathrm{p}}$$

の関係がある。

△–△結線では中性点を取り出して接地することができないため，電力系統では通常，60 kV級以下の電圧階級において配電用変電所などで使用されている。また，3台の変圧器のうち1台が故障した際には，残りの2台で後述するV–V結線として運転を継続できるため，大規模需要家における受電用変圧器としても利用されている。

### (3)　Y–△結線

接続図および結線図は図7–2および図7–3の一次側をY，二次側を△結線に変更したものである。電圧電流の関係は，

$$V_1 = \sqrt{3} E_1,\ V_2 = E_2$$
$$I_{1l} = I_{1\mathrm{p}},\ I_{2l} = \sqrt{3} I_{2\mathrm{p}}$$

となる。

単相変圧器の巻数比を $\alpha$ として，Y–△結線の一次側と二次側線間電圧の関係をみると，$V_2 = \frac{1}{\sqrt{3}\alpha} V_1$ となり，単相変圧器に比べて $\frac{1}{\sqrt{3}}$ 倍の二次電圧とな

るため，Y–△結線はもっぱら電力系統では降圧用の変圧器として用いられる。

### (4)　Y–Y 結線

一次・二次巻線の結線方法の組み合わせとして，一次側および二次側の双方をY結線にしたY–Y結線もあるが，ひずみ電流である励磁電流に起因して電圧波形も第3調波を含むひずみ波形となってしまうため，特別な用途以外ではほとんど使用されていない。

### (5)　V–V 結線

電気回路で学んだように，変圧器2台を用いてV結線とすることでも三相交流を変圧することができる。

**図 7–4** はV–V結線の接続図であり，電気回路で学んだように，V結線の一次側に三相対称電圧

$$\begin{cases} \dot{V}_{\mathrm{UV}} = V_1 \angle 0^\circ \\ \dot{V}_{\mathrm{VW}} = V_1 \angle -120^\circ \\ \dot{V}_{\mathrm{WU}} = V_1 \angle 120^\circ \end{cases}$$

を加えた場合でも，2つの変圧器の一次巻線には，

$$\begin{cases} \dot{E}_{\mathrm{V}} = \dot{V}_{\mathrm{VW}} = V_1 \angle -120^\circ \\ \dot{E}_{\mathrm{W}} = \dot{V}_{\mathrm{WU}} = V_1 \angle 120^\circ \end{cases}$$

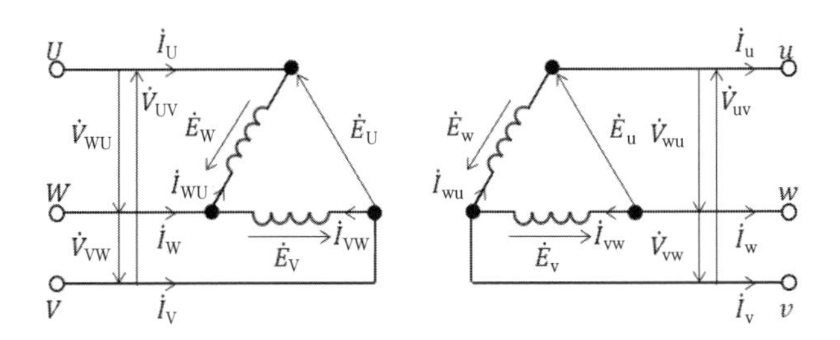


図 7–4　V–V 結線の接続図

の電圧がかかることになり，U-V 端子電圧は，

$$\dot{V}_{\mathrm{UV}} = -\left(\dot{E}_{\mathrm{V}} + \dot{E}_{\mathrm{W}}\right) = V_1\angle 0^\circ$$

であることがわかる。

電流についても，

$$\dot{I}_{\mathrm{V}} = \dot{I}_{\mathrm{VW}}, \dot{I}_{\mathrm{U}} = \dot{I}_{\mathrm{WU}}, \dot{I}_{\mathrm{V}} = -\left(\dot{I}_{\mathrm{VW}} + \dot{I}_{\mathrm{WU}}\right),$$

の関係が成り立ち，三相対称となる（電気回路で学んだようにベクトル図を描くと理解しやすいだろう）。二次側も同様であるが，△ 結線との相違点は，V 結線の場合，線電流と相電流の大きさが同じとなり，相電圧と相電流との間には 30° の位相差が生じる。

いま，V–V 結線を構成する単相変圧器の容量を $P = V_{\mathrm{n}}I_{\mathrm{n}}$ [VA] とし，定格状態であるとすれば，変圧器を流れる電流の大きさは線電流に等しいから，二次側接続できる負荷は $P_{\mathrm{V}} = \sqrt{3}V_{\mathrm{n}}I_{\mathrm{n}}$ [VA] になる。すなわち，単相変圧器 2 台で $2P = 2V_{\mathrm{n}}I_{\mathrm{n}}$ [VA] の容量があるにも関わらず，$P_{\mathrm{V}} = \sqrt{3}V_{\mathrm{n}}I_{\mathrm{n}}$ [VA] の三相負荷しか接続することができないため，一般にこの比

$$\frac{P_{\mathrm{V}}}{2P} = \frac{\sqrt{3}V_{\mathrm{n}}I_{\mathrm{n}}}{2V_{\mathrm{n}}I_{\mathrm{n}}} = \frac{\sqrt{3}}{2} = 0.866$$

を V–V 結線の利用率と呼んでいる。

一般に V–V 結線は，△–△ 結線で運転している 3 台の変圧器のうち，1 台が故障した際に運転を継続させるために使用されたり，逆に今後負荷の増加が見込まれる際に，当初は V–V 結線として初期投資を抑え，負荷が増加したのちに 1 台を追加して △–△ 結線として運転を行うなどの使われ方がなされる。△–△ 結線の場合は，容量 $P = V_{\mathrm{n}}I_{\mathrm{n}}$ [VA] の変圧器が 3 台あるので，合計 $3P = 3V_{\mathrm{n}}I_{\mathrm{n}}$ [VA] の容量があり，接続できる最大負荷 $P_{\triangle}$ も，線電流 $I_{\mathrm{ln}}$ は相電流 $I_{\mathrm{n}}$ の $\sqrt{3}$ 倍であるから，$P_{\triangle} = \sqrt{3}V_{\mathrm{n}}I_{\mathrm{ln}} = \sqrt{3}V_{\mathrm{n}} \cdot \sqrt{3}I_{\mathrm{n}} = 3V_{\mathrm{n}}I_{\mathrm{n}}$ [VA] となる。つまり，V–V 結線の出力 $P_{\mathrm{V}} = \sqrt{3}V_{\mathrm{n}}I_{\mathrm{n}}$ は，△–△ 結線の出力 $P_{\triangle} = 3V_{\mathrm{n}}I_{\mathrm{n}}$ に比べ，

$$\frac{P_{\mathrm{V}}}{P_{\triangle}} = \frac{\sqrt{3}V_{\mathrm{n}}I_{\mathrm{n}}}{3V_{\mathrm{n}}I_{\mathrm{n}}} = \frac{1}{\sqrt{3}} = 0.577$$

となり，これを △ 結線に対する出力比という。

## 例題 7.3

巻数比 10 の単相理想変圧器 3 台を用いて一次側 Y–二次側 Δ 結線としている。二次線間電圧 200V で三相平衡負荷 120 kW に電力を供給しているとき，二次線電流，二次巻線電流（相電流），一次線電流，一次相電圧，一次線間電圧の大きさを求めなさい。

## 例題解答 7.3

二次側線電流の大きさは，

$$I_2 = \frac{S_{3\phi}}{\sqrt{3}V_2} = \frac{120 \times 10^3}{\sqrt{3} \times 200} = 346.4\,\mathrm{A}$$

二次側の巻線に流れる電流の大きさは，

$$I_{2\mathrm{w}} = \frac{I_{2l}}{\sqrt{3}} = \frac{346.4}{\sqrt{3}} = 200\,\mathrm{A}$$

一次巻線に流れる電流（相電流）は，

$$I_{1\mathrm{l}} = I_{1\mathrm{w}} = \frac{I_{2\mathrm{w}}}{a} = \frac{200}{10} = 20\,\mathrm{A}$$

一次側巻線の相電圧は，

$$V_{1\mathrm{w}} = aV_{\mathrm{sw}} = 10 \times 200 = 2{,}000\,\mathrm{V}$$

したがって，一次線間電圧は，

$$V_{1\mathrm{l}} = \sqrt{3}V_{1\mathrm{w}} = \sqrt{3} \times 2{,}000 = 3{,}464\,\mathrm{V}$$

◢

**例題 7.4**

定格容量 $S_{1\phi} = 2\,\mathrm{kVA}$，二次定格電圧 $V_{2\mathrm{n}} = 110\,\mathrm{V}$ の単相理想変圧器が 3 台ある。次の問いに答えよ。ただし，変圧器の巻数比 $a$ は 15 である。

(1) $\Delta$–$\Delta$ 結線のときの三相定格容量 $S_{3\phi}$ [kVA] を求めなさい。

(2) 変圧器を 2 台用いて V–V 結線としたときの三相定格容量 $S_{\mathrm{V-V}}$ [kVA] を求めなさい。

(3) $\Delta$–$\Delta$ 結線とし，定格負荷を接続したときの一次線電流 $\dot{I}_{\mathrm{U}}$ の大きさを求めなさい。

**例題解答 7.4**

(1) 三相出力 $S_{3\phi} = 3S_{1\phi} = 3 \times 2 = 6\,\mathrm{kVA}$

(2) V–V 結線時の出力 $S_{\mathrm{V-V}} = \sqrt{3}S_{1\phi} = 2\sqrt{3} = 3.46\,\mathrm{kVA}$

(3) 二次側巻線に流れる電流（相電流）$I_{\mathrm{uv}}$ は，

$I_{\mathrm{uv}} = \frac{S_{1\phi}}{V_{\mathrm{uv}}} = \frac{2\times10^3}{110} = 18.2\,\mathrm{A}$

続いて，一次側巻線に流れる電流（相電流）$I_{\mathrm{UV}}$ は，

$I_{\mathrm{UV}} = \frac{I_{\mathrm{uv}}}{a} = \frac{18.2}{15} = 1.21\,\mathrm{A}$

最後に，一次電流（負荷電流，線電流）$I_{\mathrm{U}}$

$I_{\mathrm{U}} = \sqrt{3}I_{\mathrm{UV}} = 1.21\sqrt{3} = 2.10\,\mathrm{A}$ ◢

## 7.2 特殊変圧器

### 7.2.1 単巻変圧器

図 **7–5** のように巻線をひとつしか持たない変圧器を**単巻変圧器**（**auto-transformer**）という。引き出し点が摺動（しゅうどう）するものはスライダックやボルトスライダーといった商品名で知られており，実験などの電圧調整用装置としてよく使用されている。一次および二次が絶縁されていないという欠点を持つが，巻線をひとつしか持たないため，安価でサイズも小さくできる。

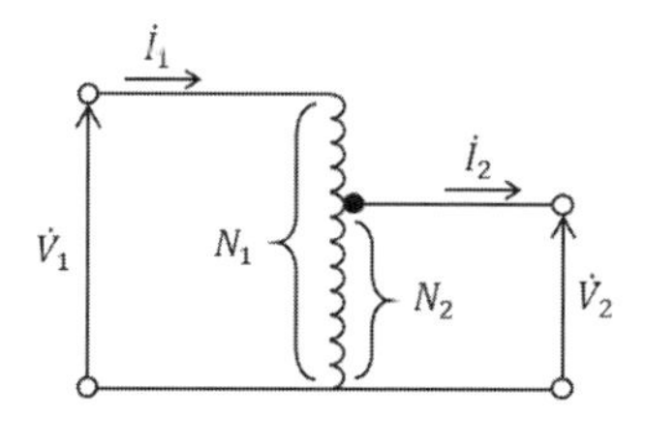


図 7–5　単巻変圧器の図

いま，簡単のため理想的な単巻変圧器を考えると，二巻線の変圧器と同様に，一次・二次電圧は，$\frac{N_1}{N_2} = \frac{V_1}{V_2} = \alpha$ であり，この $\alpha$ を巻線の巻数比という。一方，電流については，一次側と二次側の起磁力が一定であるから，$(N_1 - N_2)\,I_1 = N_2\,(I_2 - I_1)$ の関係があり，これを整理すると，$\frac{N_1}{N_2} = \frac{I_1}{I_2} = \frac{1}{\alpha}$，二巻線の変圧器と同様の関係が得られる。

### 7.2.2　計器用変成器

変圧器の原理を用いれば，高電圧や大電流を安全かつ簡単に計測できる。大電流を計測するものを**変流器**（**current transformer：CT**）と呼び，近年ではクランプ式のディジタル電流計がよく用いられる。一方，高電圧を計測するものは**計器用変圧器**（**voltage transformer：VT**）と呼ばれている。

## 演習問題

(1) 巻数比が 2 の単相理想変圧器 3 台を用いて Y–Y 結線とした。これの一次側に線間電圧 200 V の三相交流を加え，二次側に 4+j3 Ω を Y 接続した負荷を接続した。このとき，負荷で消費される有効電力を求めなさい。

(2) 巻数比 15 の理想単相変圧器 3 台を用いて Y–△ 結線とし，二次側線間電圧 200 V で，三相平衡負荷（100 kW，遅れ力率 0.8）に電力を供給している。変圧器の一次巻線に流れる電流の大きさ，二次巻線に流れる電流の大きさ，二次線電流の大きさ，および一次側線間電圧の大きさを求めなさい。ただし，回路は三相平衡状態であるものとしてよい。

(3) 次の文章は変圧器の結線に関する記述である。空欄に適切なものを語群から選び，解答欄に記入しなさい。

複数台の単相変圧器を利用することで三相交流を変圧できる。変圧器を 3 台用いる結線方法には，巻線の △ 結線と Y 結線の組み合わせにより，4 種類の結線方法がある。一般に昇圧変圧器では【 ① 】結線，降圧変圧器には【 ② 】結線が使用され，Y–Y 結線は第 3 調波により電圧波形がひずむため，一般には利用されていない。

語群 △–Y 結線，Y–△ 結線，△–△ 結線，V–V 結線

(4) 定格容量 1,000 kVA，定格一次電圧 6,600 V，定格二次電圧 210 V，定格周波数 50 Hz の三相変圧器があり，Y 形一相に換算した回路定数は次の通りである。

一次巻線抵抗 0.29 Ω

一次巻線漏れリアクタンス 1.15 Ω

二次巻線抵抗 0.25 mΩ

二次巻線漏れリアクタンス 1.2 mΩ

励磁コンダクタンス 0.043 mS

この変圧器の二次側を定格電圧に保ち，容量 1,000 kVA，遅れ力率 0.8 の負荷を接続して運転する場合について，次の値を求めなさい。

(a) Y 形一相一次換算した二次巻線抵抗と漏れリアクタンス

(b) 一次線間電圧の大きさ

(c) 電圧変動率

(d) 効率

(5) 定格容量 200 kVA の単相理想変圧器 3 台を △–△ 結線 1 バンクとして使用している。いま，同一仕様の単相理想変圧器 1 台を追加し，V–V 結線 2 バンクとして使用したい。全体として増加させることができる三相容量 [kVA] を求めなさい。

# 演習解答

(1) 二次線間電圧は,

$$E_2 = \frac{1}{\alpha} \cdot \frac{V_1}{\sqrt{3}} = \frac{1}{2} \times \frac{200}{\sqrt{3}} = 57.735\,\text{V}$$

であるから，二次電流の大きさは,

$$I_2 = \frac{E_2}{Z} = \frac{57.735}{\sqrt{4^2+3^2}} = 11.547\,\text{A},$$

負荷力率は

$\cos\theta = \frac{R}{\sqrt{R^2+X^2}} = \frac{4}{\sqrt{4^2+3^2}} = 0.8$ であるので，負荷で消費される有効電力（三相分）は,

$$P = 3E_2 I_2 \cos\theta = 3 \times 57.735 \times 11.547 \times 0.8 = 1{,}600\,\text{W}$$

となる。

もちろん,

$$P = \frac{V_1^2}{\alpha^2 Z}\cos\theta = \frac{200^2}{2^2 \times \sqrt{4^2+3^2}} \times \frac{4}{\sqrt{4^2+3^2}} = 1{,}600\,\text{W}$$

と計算してもよい。

(2) $E_1 = \alpha E_2 = \alpha V_2 = 15 \times 200 = 3{,}000\,\text{V}$ だから,

一次線間電圧は,

$$V_1 = \sqrt{3}E_1 = \sqrt{3} \times 3{,}000 = 5{,}200\,\text{V}$$

二次線電流は，$I_{2l} = \frac{P_{3\phi}}{\sqrt{3}V_2\cos\theta} = \frac{100\times10^3}{\sqrt{3}\times200\times0.8} = 360.8\,\text{A}$,

二次側は △ 結線であるから二次相電流は，$I_{2\text{p}} = \frac{I_{2l}}{\sqrt{3}} = \frac{360.8}{\sqrt{3}} = 208.3\,\text{A}$

これを一次側に換算すれば,

$I_{1l} = I_{1\text{p}} = \frac{I_{2\text{p}}}{\alpha} = \frac{208.3}{15} = 13.89\,\text{A}$

(3) ①：△–Y 結線，②：Y–△ 結線

(4) 巻数比は $\alpha = \frac{6{,}600}{210} = 31.43$ であるから,

(a) $r_2' = \alpha^2 r_2 = 31.43^2 \times 0.25 \times 10^{-3} = 0.2470\,\Omega$

$x_2' = \alpha^2 x_2 = 31.43^2 \times 1.20 \times 10^{-3} = 1.185\,\Omega$

(b) 等価回路は三相平衡状態であるから一相分のみを抜き出して考える。

二次相電圧の一次換算値は，

$$E'_{2\mathrm{n}} = \frac{\alpha V_{2n}}{\sqrt{3}} = \frac{31.43 \times 210}{\sqrt{3}} = 3{,}810.7\,\mathrm{V}$$

負荷電流の一次換算値は，

$$I_2' = \frac{I_2}{\alpha} = \frac{1}{\alpha} \cdot \frac{S}{\sqrt{3}V_{2\mathrm{n}}} = \frac{1{,}000 \times 10^3}{31.43 \times \sqrt{3} \times 210} = 87.47\,\mathrm{A}$$

であるので，一次相電圧は，

$$\begin{aligned}\dot{E}_1 &= \dot{E}'_{2\mathrm{n}} + (r + jx)\,\dot{I}_2' \\ &= 3{,}810.7 + (0.29 + 0.247 + j1.15 + j1.185) \times 87.47 \\ &\times \left(0.8 - j\sqrt{1 - 0.8^2}\right) \\ &= 3{,}967\angle 1.886^\circ\,\mathrm{V},\end{aligned}$$

線間電圧に直せば，

$$V_1 = \sqrt{3}E_1 = \sqrt{3} \times 3{,}967 = 6{,}871\,\mathrm{V},$$

(c) $\varepsilon = \frac{E_1 - E'_{2\mathrm{n}}}{E'_{2\mathrm{n}}} \times 100 = \frac{3{,}967 - 3{,}810.7}{3810.7} \times 100 = 4.121\%,$

(d) $\eta = \frac{P_{\mathrm{out}}}{P_{\mathrm{out}} + P_{\mathrm{i}} + P_{\mathrm{c}}} \times 100$

$= \frac{1{,}000 \times 10^3 \times 0.8}{1{,}000 \times 10^3 \times 0.8 + 0.043 \times 10^{-3} \times 6871^2 + 3 \times (0.29 + 0.247) \times 87.47^2} \times 100$

$= 98.26\%,$

(5) △–△ 結線のときの負荷容量は，$200 \times 3 = 600\,\mathrm{kVA}$ である。

一方，V–V 結線では，1 バンクあたり $\sqrt{3}P = \sqrt{3} \times 200 = 346.4\,\mathrm{kVA}$ となるから，2 バンクでは，$2 \times 346.4 = 692.7\,\mathrm{kVA}$ となり，$92.7\,\mathrm{kVA}$ だ

け負荷容量を増やすことができる。

$400X_{\mathrm{C}} = \frac{16^2+8^2}{8}$，$X_{\mathrm{C}} = \frac{16^2+8^2}{400\times 8} = 0.1\,\Omega$ となる。

# 8章　誘導機の構造と基本動作

誘導機（induction machine）は，一方の巻線から他方の巻線に電磁誘導作用によってエネルギーを伝達して回転し，非同期速度で定常運転を行う交流機である。誘導機の代表的なものは誘導電動機であり，単に電動機といえば誘導電動機を指すことが多い。直流電動機に比べて構造が簡単で堅固であり，保守が容易かつ安価であることが特徴である。この章では，誘導機の基本原理を電磁気学や電気回路に基づいて理解し，誘導機の構造について学ぶ。

## 8.1　誘導機の基本原理

### 8.1.1　アラゴの円盤

まず，フランソワ・アラゴが行った実験を基に誘導機電動機の原理を説明しよう。アラゴは，1824年に垂直に立てた軸の上に磁針（方位磁針）を水平に置き，その下に自由に回転できる円板を水平に置き，磁針の運動を観測した。金属円盤が絶縁物のときは磁針の振動はなかなか減衰しないが，導体のときには振動は早く減衰した。さらに1825年に，箱に入れた磁針の下で銅板を回転させると，円盤の動きにつれて磁針が回転することを確認した。これは，磁針と円盤の相対運動による電磁誘導作用であり，導体円盤の渦電流による磁界が，磁針の磁界の変化を妨げるように生じたことによる制動効果である。これらの現象は他の学者により追実験が行われ，金属円盤を馬蹄形磁石の上に置き，磁石を回転させると円盤は同じ向きに回転することが確認された（**図8–1**）。

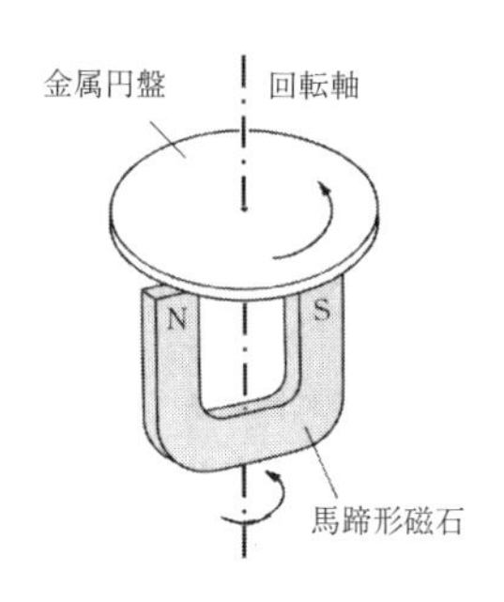

図8–1　アラゴの円盤[1)]

### 8.1.2　誘導電動機の原理

次に誘導電動機を単純化したモデルで物理的に考えよう。**図 8–2** のように，永久磁石と矩形コイルがあり，コイルにはスリップリングとブラシを介して抵抗が接続されている。磁石を固定し，コイルを外力で回転させると，コイルには誘導起電力が発生し，電流が流れ，電磁力が働く。これにより，コイルの回転の向きと逆向きのトルクが発生する。

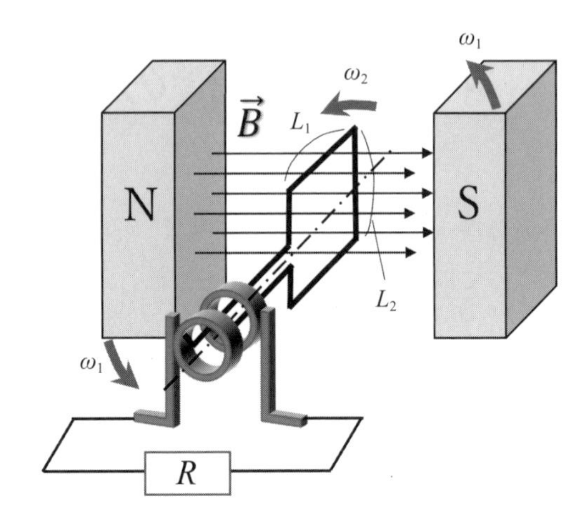


図 8–2　磁石とコイルの物理モデル

他方，コイルを固定し磁石を外力で回転させると，コイルに発生する誘導起電力により電流が流れ，電磁力が生じる。コイルの自己インダクタンスが小さく無視できるとすると，誘導起電力の向きに電流が流れる。ここである時刻 $t$ にコイルと磁石の位置関係が**図 8–3** のようになったと仮定する。また，磁石の角速度を $\omega_1$，コイルの角速度を $\omega_2$ とし，コイルの角速度は磁界の角速度よりも小さいとする ($\omega_2 < \omega_1$)。このとき，コイルを貫く磁束は減少しているので，電磁誘導の法則（レンツの法則）より，コイル辺 $a$，$a'$ に流れる誘導電流の向きは図 8–3 に示す向きとなる。このとき，コイルに働く電磁力は，コイルを磁界の回転と同じ向きに回転させるように作用する．これが誘導電動機が回転する原理である（電動機動作）*)。

コイルの角速度が回転磁界の角速度よりも大きいときは（$\omega_1 < \omega_2$），トルクの向きはコイルの回転の向きと逆向きとなる。このとき，コイルの回転を保つには，外部からトルクをコイルの回転の向きに加える必要がある（回生制動，発電機動作）。コイルの回転の向きが磁界の回転と逆方向のとき（$\omega_2 < 0$）は，ト

ルクの向きは回転磁界の向きとなる。このとき，コイルの回転を保つには，コイルの回転方向に外部からトルクを加える必要がある（逆相動作）。

回転磁界の回転速度は同期速度と呼ばれており，その角速度を $\omega_1$ と記す。また，回転するコイル（回転子）の角速度を $\omega_2$ と記す。同期速度からのずれの程度を表す量

$$s = \frac{\omega_1 - \omega_2}{\omega_1} \qquad (8.1)$$

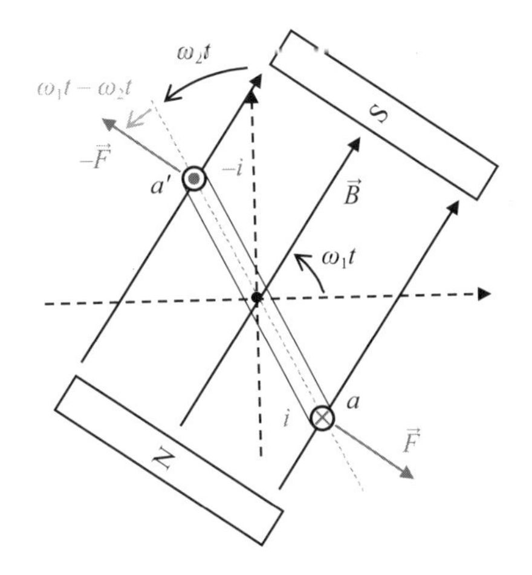


図 8–3 磁石とコイルの相対図

をすべりといい，この値はコイルの角速度 $\omega_2$ が電動機動作（$\omega_2 = 0 \sim \omega_1$）のときは $s = 1 \sim 0$，発電機動作（$\omega_2 > \omega_1$）のときは $s < 0$，逆相動作（$\omega_2 < 0$）のときは $s > 1$ となる。

磁石を回転させてトルクを得たのでは原動機として無意味なので，実際の誘導機では，電流の磁気作用により磁界を発生させ，電流の流れるタイミングを制御して回転磁界を発生させる。1888 年に，ニコラ・テスラは，三相交流によって回転磁界を作る交流電動機を考案し，今日の誘導電動機の基礎を築いた。実際の誘導機ではコイルの自己インダクタンスは無視できないので，電流と誘導起電力には位相差が生じる。これにより，コイルに働く電磁力のタイミングが変わってくる。また，コイルの回転速度が変わると，誘導起電力の大きさと周波数が変わり，コイルのリアクタンスも変わる。このような現象を含めた解析は，誘導機の等価変圧器回路を用いて行われる。

*) フレミングの右手の法則から考えると，起電力（速度起電力）の向きは図に示した電流の向きと逆になるが，磁石が運動するときは磁界の変動により誘導電界が発生する。これによる起電力（変圧器起電力）は速度起電力と逆向きに発生し，かつ後者の起電力の方が大きいので，正味の誘導起電力は図 8–3 に示す向きとなる。

## 例題 8.1

図 8–2 の永久磁石と矩形コイルにおいて，次の ① ~③ を計算せよ。ただし，同図のようにコイル面と磁界が直交するときを $t=0$ とし，電流の正の向きはこのときの磁束と右ねじの関係を満たすようにとる。コイルの自己インダクタンスは無視する。

① コイルに生じる誘導起電力 $e$

② 抵抗を流れる電流 $i$

③ コイルに生じるトルク $T$

## 例題解答 8.1

① コイル面の面積を $S(=L_1L_2)$ とする。磁束密度 $\vec{B}$ とコイル面の法線のなす角は $\theta=\omega_1 t-\omega_2 t$ であり，コイルを貫く磁束は $\Phi=BS\cos\theta$ であるので，コイルに生じる誘導起電力は，電磁誘導の法則より

$$e=-\frac{d\Phi}{dt}=BS\left(\omega_1-\omega_2\right)\sin\left(\omega_1 t-\omega_2 t\right)$$

② 誘導起電力はすべて抵抗に加わるので，オームの法則より

$$i=\frac{e}{R}=\frac{BS(\omega_1-\omega_2)}{R}\sin\left(\omega_1 t-\omega_2 t\right)$$

③ 長さ $L_1$ のコイル辺に生じる電磁力は

$$F=BL_1 i=\frac{B^2L_1S\left(\omega_1-\omega_2\right)}{R}\sin\left(\omega_1 t-\omega_2 t\right)$$

力 $\vec{F}$ の向きはコイル面に対して角度 $\theta=\omega_1 t-\omega_2 t$ をなすことが図よりわかる。コイル辺の間隔を $L_2$ とすると，トルクは

$$T=L_2F\sin\theta=\frac{B^2S^2\left(\omega_1-\omega_2\right)}{R}\sin^2(\omega_1 t-\omega_2 t)$$

このように，単一のコイルのトルクには脈動が存在する。対称三相交流（かご形では対称 $m$ 相交流）の場合は，各相のトルクの脈動は互い

に打ち消され，合計は一定となる。◢

### 8.1.3　誘導機の基本構造

三相誘導電動機は，回転磁界を作る固定子と，トルクを生じさせる回転子からなる。固定子と回転子はそれぞれに独立した電流回路を持ち，固定子側の電流回路を一次回路（電機子回路），回転子側を二次回路という。

#### (1)　固定子

固定子は，主に鉄心，固定子巻線，固定子枠からなる（図 **8–4**）。鉄心には透磁率の高い電磁鋼板が用いられ，これを積み重ねて成層鉄心とし，固定子枠で保持する（図 **8–5**）。鉄心には巻線を収めるためのスロットを打ち抜いてある。固定子巻線は，三相交流電流を流すためのコイルであり，巻線絶縁を介してスロットに納められる。スロット内のコイルが動かないようにくさびを入れる。スロットの形には，高圧用の開放型と，低圧用の半閉型がある。磁束密度を高めるため，固定子と回転子の隙間（エアギャップ）はできるだけ狭くする。

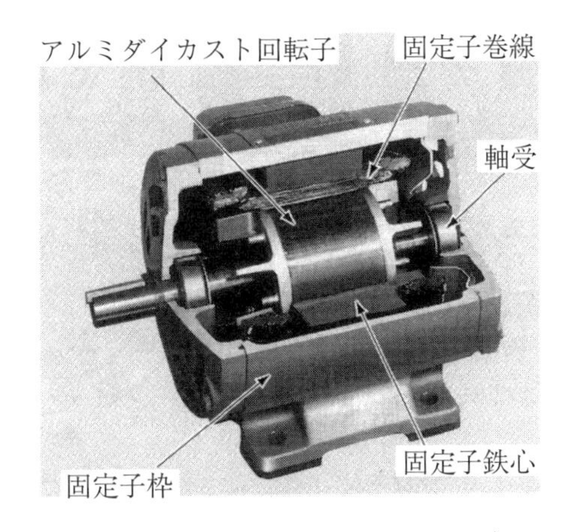


図 8–4　かご形誘導電動機の構造 2)

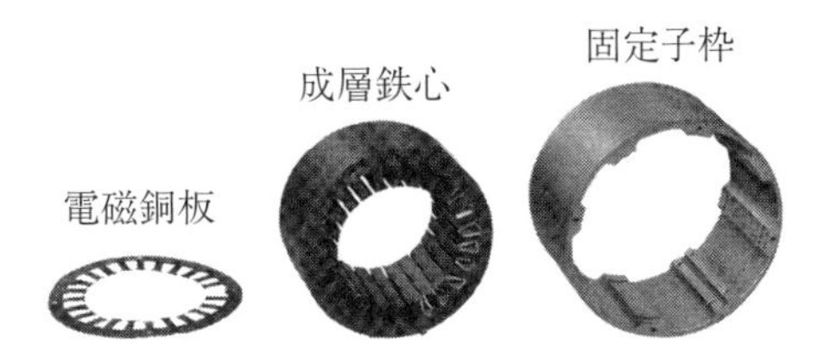


図 8–5　固定子の構造 2)

### (2)　回転子

回転子の構造にはかご形と巻線形がある（**図8–6**）。**巻線形**は，固定子と同様の鉄心構造であり，スロットに絶縁を施した導線を納め，三相巻線を固定子と同じ極数で施した構造である。巻線は主に二層波巻が用いられ，通常はY結線（スター結線）が用いられるが，極数が多いときはΔ結線（Δ結線）とすることがある。回転子巻線の端子には，スリップリングが接続されており，ブラシを介して外部回路に接続する。始動特性の改善や速度制御のため可変抵抗をつないだり，回転子の回転速度に合わせて周波数を変えられる電源（回転子コイルの誘導起電力と同じ周波数の電源）を接続したりすることがある。

**かご形**は，成層鉄心のスロットに銅の棒状の導体を差し込み，その両端を銅環（短絡環）で短絡した構造である。導体数が多いので，一般には対称$m$相交流となる。小形機では，純度の高いアルミニウムをスロットに加圧注入することにより，導体，短絡環，通風翼を同時に作ったもの（アルミダイカスト）が用いられる。また，始動時の異常現象を避けるため，導体の向きを（すなわちスロットの向きを）回転軸に対してある角度を持たせることがある。これを斜

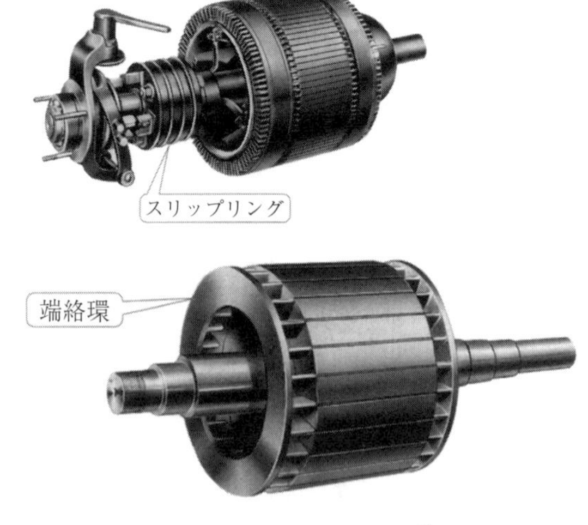


図8–6　回転子の構造[2)]

めスロットという。かご形回転子は，堅固な構造のため，厳しい使用環境にも耐えられる。

## 8.2　回転磁界

### 8.2.1　ギャップ内の磁束密度

**図 8–7** は，誘導機の中心軸と垂直な断面を表している。天下り的ではあるが，図 8–7 のような 1 巻きコイルの作るエアギャップ中の磁束密度（の基本波）は，

$$B = G_0 I \sin\theta \tag{8.2}$$

と表される。ここで，$I$ はコイル電流，$G_0 = \frac{4}{\pi} \cdot \frac{\mu_0}{2g}$ であり，$g$ はエアギャップの間隔，$\mu_0$ は真空の透磁率，$\theta$ は角度である。この関数形は，2 つの磁極が作る平等磁界の径方向（$r$ 方向）成分と形式的に等しくなる。$B = \mu_0 H$ の関係より，起磁力分布は

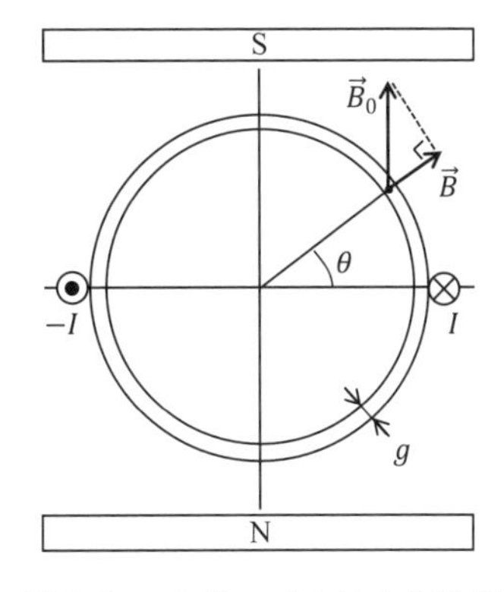

図 8–7　1 巻コイルによる磁界

$$F = gH = \frac{gB}{\mu_0} \tag{8.3}$$

と表される。正しい磁束密度分布（起磁力分布）は，アンペア周回積分の法則より求められる。分布は矩形波となるため，高調波成分が含まれる。実際の磁束密度の分布を正弦波に近づけるため，後述の分布巻や短節巻が施される。

### 8.2.2　電気角

磁極の数を増やすときは，**図 8–8** のように複数のコイルを対称に置き，同じ電流を流す。このとき，角度を表すのに幾何学で用いられる角度 $\theta_{\mathrm{m}}$（機械角という）を用いると，諸量の統一的な記述がしにくい。そこで，電気角

$$\theta = \frac{P}{2}\,\theta_{\mathrm{m}} \qquad (8.4)$$

を用いると，1 磁極対あたりの角が $\theta = 0\sim 2\pi$ となり，電圧や電流の位相を表す上で都合がよい。隣り合う磁極の間隔を磁極ピッチといい，これは電気角で $\pi$ となる。これより，角周波数 $\omega$ と同期角速度 $\omega_1$ の関係は

$$\omega = \frac{P}{2}\,\omega_1 \qquad (8.5)$$

と表される。

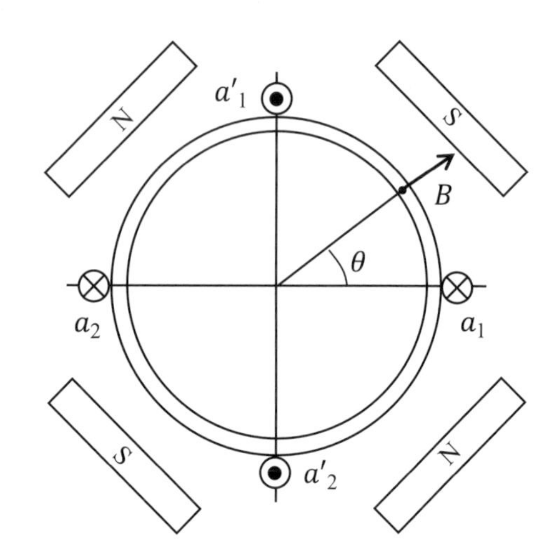


図 8–8　磁極の増加（$P = 4$）

### 8.2.3　回転磁界の発生（集中全節巻の場合）

回転磁界を発生するには，**図 8–9** のように電気角 120° ずらした対称な 3 つのコイル $a$，$b$，$c$ に，角周波数 $\omega$ の対称三相交流 $I_a$，$I_b$，$I_c$ を流す。磁界を作る電流であるので励磁電流（磁化電流）という。コイルの位置を動かすと，磁束密度の関数形はグラフの平行移動となるので，

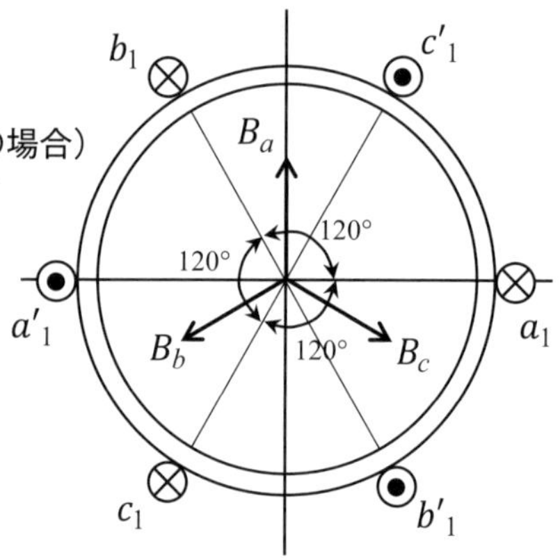


図 8–9　三相の発生（⊙，⊗は電流の正の向きを表す）

$$B_{a,b,c} = G_0 I_{a,b,c} \sin(\theta - 120^\circ\, n) \qquad n = 0, 1, 2\,(a, b, c) \qquad (8.6)$$

となる。このとき，**図 8–10** のように，$a$，$b$，$c$ 相の電流の変化とともに磁束の向きは回転する。本章では，固定子に流れる対称三相交流 $I_a$，$I_b$，$I_c$ を

$$I_{a,\ b,\ c} = I_{\mathrm{m}} \sin(\omega t - 120^\circ\, n) \qquad n = 0,\ 1,\ 2\,(a,\ b,\ c) \qquad (8.7)$$

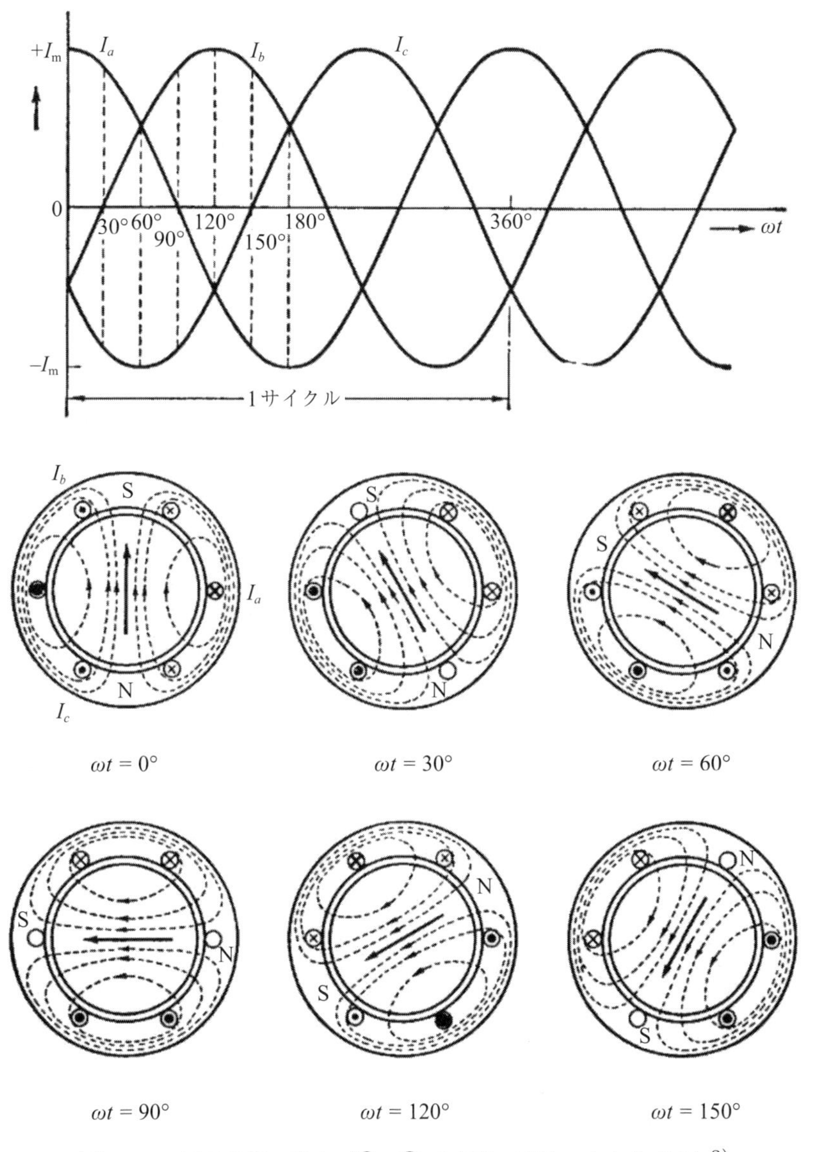


図 8–10　回転磁界の発生（◉, ⊗ は実際の電流の向きを表す）[3]

と表すことにする（磁化電流 $\dot{I}_{\mu a}$ を基準ベクトルに取る）。このとき，磁束密度の合計 $B = B_a + B_b + B_c$ は，

$$B = \frac{3}{2} G_0 I_{\mathrm{m}} \cos(\theta - \omega t) \tag{8.8}$$

となる。この式は時間 $t$ の増加に伴って $\theta$ の正の方向に進む波を表しており，回転磁界を成している。極数 $P$ が 2 のとき，この関数形は，回転する平等磁界の径方向（$r$ 方向）成分と形式的に同じになる。この磁束密度を機械角 $\theta_{\mathrm{m}}$ で表すと，

$$B = \frac{3}{2} G_0 I_{\mathrm{m}} \cos\left\{\frac{P}{2}\left(\theta_{\mathrm{m}} - \frac{2}{P}\omega t\right)\right\} \tag{8.9}$$

これより，磁界は角速度 $\omega_1 = \frac{2}{P}\omega$ で回転することがわかる。

## 例題 8.2

互いに電気角 120° ずらした 3 つの 1 巻コイル $a, b, c$ に対称三相交流 $I_a$, $I_b$, $I_c$ を流したときの磁束密度の和の式（8.8）を求めよ。

## 例題解答 8.2

磁束密度の和 $B = B_a + B_b + B_c$ は，

$$B = G_0 I_{\mathrm{m}} \{\sin\theta \sin\omega t + \sin(\theta - 120°)\sin(\omega t - 120°) + \sin(\theta - 240°)\sin(\omega t - 240°)\}$$

三角関数の公式（和を積に直す公式）を用いると，中括弧内の和は

$-\frac{1}{2}\{\cos(\theta + \omega t) + \cos(\theta + \omega t - 240°) + \cos(\theta + \omega t - 480°) - 3\cos(\theta - \omega t)\}$

最初の 3 項の和はゼロとなるので，式（8.8）を得る。◢

## 8.3 巻線の巻き方

### 8.3.1 分布巻

**図 8–11** のように複数のコイルを等間隔に配置する巻き方を分布巻という。各コイルは固定子のスロットに収められるので，コイルの間隔を表す電気角 $\alpha$ をスロットピッチという。1 極 1 相あたりのスロット数を $q$，1 スロットあたりの導体数を 1 本とするとき，最大磁束密度は $B_{\mathrm{m}} = G_0 k_{\mathrm{d}} q I_{\mathrm{m}}$ となる。ここで，$k_{\mathrm{d}}$ は分布巻係数といい，次式で表される。

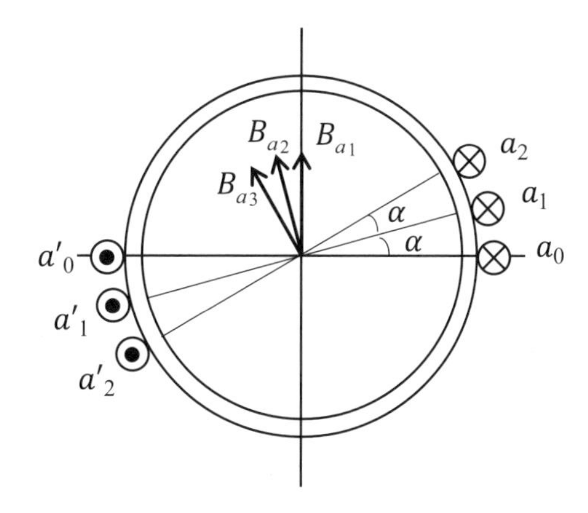


図 8–11 分布巻（a 相だけを記している）

$$k_{\mathrm{d}} = \frac{\sin \frac{q\alpha}{2}}{q \sin \frac{\alpha}{2}} \tag{8.10}$$

**例題 8.3**

総スロット数 $N_{\mathrm{slot}} = 54$，極数 $P = 6$ の三相誘導電動機に分布全節巻でコイルを配置したとき，毎相毎極あたりのスロット数と，基本波磁束密度に対する分布巻係数を求めよ。

**例題解答 8.3**

相数 $m = 3$ より，毎相毎極のスロット数 $q$ は

$$q = \frac{N_{\mathrm{slot}}}{mP} = 3$$

スロットピッチ $\alpha$ は

$$\alpha = \frac{\pi}{mq} = \frac{\pi}{9}$$

これより，基本波磁束密度に対する分布巻係数 $k_\mathrm{d}$ は

$$k_\mathrm{d} = \frac{\sin q\,\alpha/2}{q\sin\alpha/2} = \frac{\sin\pi/6}{3\sin\pi/18} = 0.96$$

◢

### 8.3.2　短節巻

ひとつのコイルを成す往復導体の間隔をコイルピッチという。磁極ピッチとコイルピッチの比を $\beta$ と表し，コイルピッチは電気角で $\beta\pi$ と表す。実際のコイルピッチは電気角 $\pi$ よりも短く取ることが多い。単に間隔を縮めただけだと全体の磁束密度分布が偏り正弦波から著しくずれるので，図 **8–12** のように磁極ピッチの分だけ後に，電流が逆向きのコイルを置く。この巻き方は $q = 2$ の分布巻を $\theta = -\pi(1-\beta)$ の位置から始め，スロットピッチを $\alpha = \pi(1-\beta)$ としたときと同じである。このときの最大磁束密度は $B_\mathrm{m} = 2G_0 k_\mathrm{p} I_\mathrm{m}$ となる。ここで，$k_\mathrm{p}$ は短節巻係数といい，次式で表される。

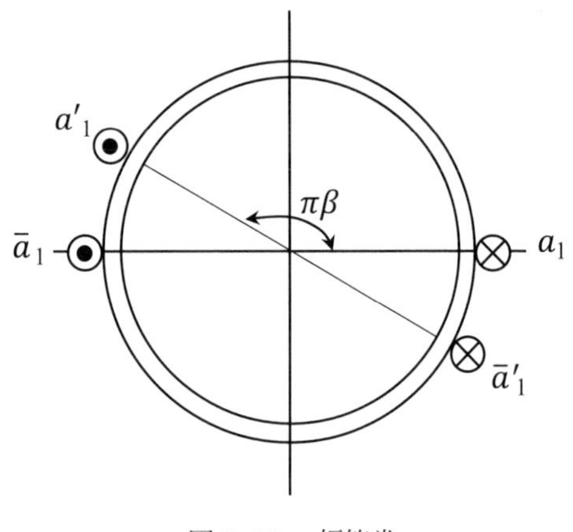

図 8–12　短節巻

$$k_\mathrm{p} = \sin\frac{\pi\beta}{2} \tag{8.11}$$

### 8.3.3　分布短節巻

短節巻のコイル（コイル対）を分布巻にしたものを分布短節巻という。1極1相あたりのスロット数を $q$，1スロットあたりの導体数を $n$ 本とすると，1極1相あたりのコイルの総数は $N = 2qn$ となる。磁束密度は

$$B_a = G_0 I_a k_w N \sin(\theta - \theta_0) \tag{8.12}$$

と表される。ここで，$k_w$ を巻線係数といい，$k_w = k_d k_p$ である。$a$ 相コイルの並びを $\theta = 0$ の位置から始めるとき，$\theta_0$ は

$$\theta_0 = \frac{q-1}{2}\alpha - \frac{\pi}{2}(1-\beta) \tag{8.13}$$

と表され，コイルの基準の位置（平均的な位置）と考えられる。

ここまではコイルの1極1相あたりのスロット数 $q$ を整数として考えてきたが，小形機では十分な数のスロットを設けることが難しく，$q$ を分数とする分数スロット巻が用いられることがある[4)]。

### 8.3.4　回転磁界の発生（分布短節巻の場合）

誘導機では，固定子巻線に電流を流すことで回転磁界を生成し，回転子に流れる誘導電流に電磁力が作用し，電動機動作を行う。このとき，回転子の誘導電流も回転磁界を発生し，固定子回路の電流に影響を及ぼす。

#### (1)　固定子電流による回転磁界

大形機では，固定子に各相に対称三相交流 $I_a$，$I_b$，$I_c$ を流す。各相のコイルを電気角 120° ずらし，磁束密度を，

$$B_{a,\ b,\ c} = G_0 I_{a,\ b,\ c} k_{w1} N_1 \sin(\theta - 120^\circ n) \quad n = 0,\ 1,\ 2\,(a,\ b,\ c) \tag{8.14}$$

とし，電流を式（8.7）とすると，磁束密度 $B = B_a + B_b + B_c$ は次のようになる。

$$B = \frac{3}{2} G_0 I_m k_{w1} N_1 \cos(\theta - \omega t) \tag{8.15}$$

小形機では単相誘導機が用いられる。これは固定子に主巻線と補助巻線を設け，これらに二相交流を流して回転磁界を得る方式である。補助巻線にコンデンサ

を接続することで，単相から疑似二相交流を発生させ，各コイルを電気角 90°ずらすことで回転磁界を得る。詳しくは 10.6 で解説する。

### (2)　回転子電流による回転磁界

**巻線形誘導機**では，回転子に三相巻線を施してあり，通常動作時には対称三相交流が流れる。巻線のスロットピッチ $\alpha$ とコイルピッチ $\beta\pi$ は固定子巻線と異なっていてもよいが，極数は同じでないと電気角が等しくても機械角が異なるという不都合がある。

回転子電流の角周波数を $\omega'$ とし，各相の電流を

$$I_{2\mathrm{n}} = I_{2\mathrm{m}} \sin(\omega' t - \varphi - 120^\circ n) \qquad n = 0,\ 1,\ 2\,(a,\ b,\ c) \tag{8.16}$$

とする。回転子コイルの基準の位置を $\theta_0$ とすると，回転子電流による磁束密度 $B_2$ は固定子のときと同様，次のようになる。

$$B_2 = \frac{3}{2} G_0\, I_{2\mathrm{m}}\, k_{\mathrm{w}2} N_2 \cos(\theta - \theta_0 - \omega' t + \varphi) \tag{8.17}$$

回転子が角速度 $\omega_2$ で回転する場合，時刻 $t = 0$ で $\theta_0 = 0$ とすると

$$\theta_0 = \frac{2}{P}\,\omega_2 t \tag{8.18}$$

回転子電流の角周波数がすべり $s$ を用いて $\omega' = s\omega$ と表される場合，磁界は同期角速度 $\omega_1$ で回転する。

**かご形誘導機**は，回転子が複数の導体（銅棒）と短絡環（銅棒の両端を短絡する銅環）からなる。導体の本数を $Z$ ，極数を $P$ とすると，通常動作時には $m_2 = 2Z/P$ 相の対称多相交流が流れる。**図 8–13** のように，1 本の導体を流れる電流 $i_{2a}$ を

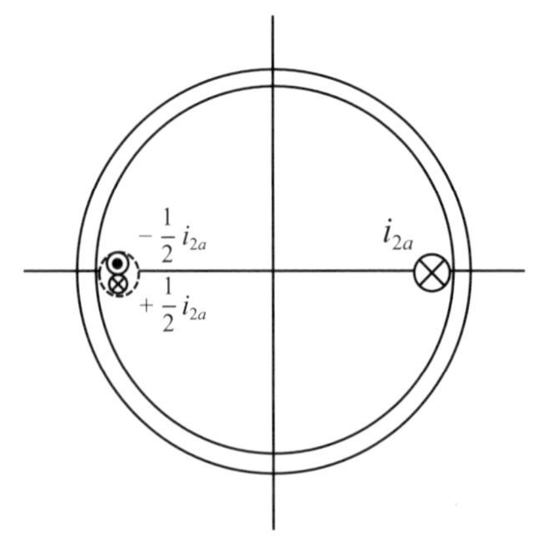


図 8–13　かご形

半分に分け，そこから電気角 $\pi$ 進んだ位置に $\pm i_{2a}/2$ の電流が流れる仮想導体（正味の電流はゼロ）を考えると，同方向の電流による磁界は打ち消され，電流 $i_{2a}/2$ が流れる 1 巻コイルと等価となる。したがって，1 本の導体は，コイルピッチ $\pi$ $(\beta=1)$，巻数 $N_2=1/2$，巻線係数 $k_{\mathrm{w1}}=1$ のコイルとみなすことができる。

## 8.4　誘導機の誘導起電力とトルク

### 8.4.1　誘導起電力

巻線の起電力を求めてみよう。固定子は，図 **8–14** のように中心軸からエアギャップまでの距離を $r$，軸方向長さを $L$ とする。また，ギャップ内には回転磁界があり，磁束密度を $B=B_{\mathrm{m}}\cos(\theta-\omega t)$ とする。コイルピッチ $\pi$ の 1 巻コイルの一端の電気角を $\theta_1$ とすると，その鎖交磁束 $\Psi_0$ は

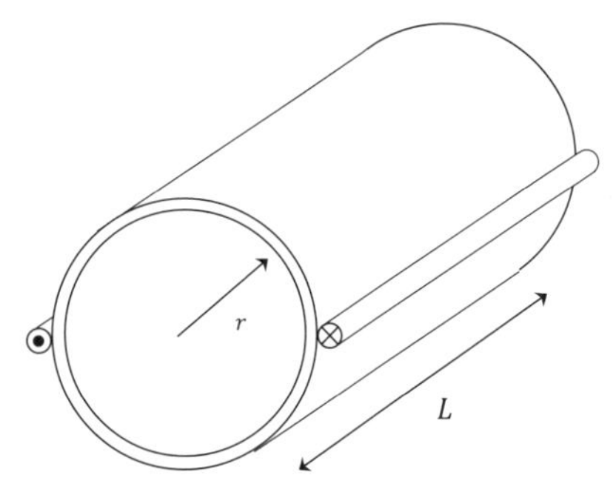


図 8–14　固定子と巻線

$$\Psi_0=\int_{\frac{2}{P}\theta_1}^{\frac{2}{P}(\theta_1+\pi)} B\,L\,r\,d\theta_{\mathrm{m}}=\frac{4B_{\mathrm{m}}Lr}{P}\sin(\omega t-\theta_1) \tag{8.19}$$

これより，1 磁極あたりの磁束 $\Phi$ は $\Phi=\frac{4B_{\mathrm{m}}Lr}{P}$ である。

#### (1)　固定子巻線の起電力

まず，固定子 $a$ 相巻線が総直列巻数 $N_1$，巻線係数 $k_{\mathrm{w1}}$ の分布短節巻の場合を考えよう。回転磁界による $a$ 相コイル全体の鎖交磁束 $\Psi_{1a}$ は，各 1 巻コイルの鎖交磁束 $\Psi_0(\theta_1)$ を，各コイルの位置 $\theta_1$ に対し和を取ることで求められ，次式で表すことができる（コイルの基準の位置に依存しない）。

$$\Psi_{1a} = k_{\mathrm{w}1} N_1 \varPhi \sin \omega t \tag{8.20}$$

$a$ 相巻線電流 $I_{1a} = I_{1\mathrm{m}} \sin \omega t$ の作る磁界は回転磁界の一部を担っているが，対称三相交流のときは，鎖交磁束 $\Psi_{1a}$ は電流 $I_{1a}$ と同相となり，$a$，$b$，$c$ 相のそれぞれが，あたかも独立のようにふるまう。

固定子 $a$ 相コイルの誘導起電力 $e_{1a}$ は，

$$e_{1a} = -\frac{d\Psi_{1a}}{dt} = -\sqrt{2} E_1 \cos \omega t \tag{8.21}$$

誘導起電力の実効値 $E_1$ は

$$E_1 = \frac{\omega k_{\mathrm{w}1} N_1 \Phi}{\sqrt{2}} = 4.44\, k_{\mathrm{w}1} f N_1 \varPhi \tag{8.22}$$

これらをフェーザで表すと，鎖交磁束 $\dot{\Psi}_{1a}$ と起電力 $\dot{E}_{1a}$ の関係は

$$\dot{E}_{1a} = -j\dot{\Psi}_{1a} \tag{8.23}$$

と表される[*)]。

二次電流がゼロのときの一次電流は，変圧器のときと同様に，励磁電流 $\dot{I}_{0a}$ という。ここでは鉄損を考慮していないので，全て磁化電流 $\dot{I}_{\mu a}$ である。逆起電力 $\dot{E}'_{1a} = -\dot{E}_{1a}$ と $\dot{I}_{\mu a}$ との関係

$$\dot{I}_{\mu a} = -jb_0 \dot{E}'_{1a} \tag{8.24}$$

より，励磁サセプタンス $b_0$ が求められる。

## 例 題 8.4

一次巻線の一相あたりの巻数が 72，巻線係数が 0.886，定格が 3,000 V（相電圧），50 Hz の三相誘導電動機がある。この電動機の定格運転時の主磁束

---

*) ここでは誘導機起電力を鎖交磁束から求めているが，変圧器起電力と速度起電力の和として求めることもできる。前者と後者の等価性については，参考文献 5) の電磁誘導の章を参照のこと。

（1磁極あたりの磁束）はいくらか。ただし，ギャップの磁束分布は正弦波とする。

**例題解答 8.4**

一次誘導起電力の式（8.22）より

$$\Phi = \frac{E_1}{4.44\,k_{w1} f N_1} = \frac{3{,}000}{4.44 \times 0.886 \times 50 \times 72} = 0.21\,\mathrm{Wb}$$ ◢

### (2)　回転子巻線の起電力

次に回転子 $a$ 相巻線が巻き数 $N_2$，巻線係数 $k_{w2}$ の分布短節巻の場合を考えよう。回転磁界による $a$ 相コイルの鎖交磁束 $\Psi_{2a}$ は，固定子のときと同様に求められ，次式で表される。

$$\Psi_{2a} = k_{w2} N_2 \Phi \sin(\omega t - \theta_0) \tag{8.25}$$

ここで，$\theta_0$ は回転子巻線の基準に位置である。

回転子が静止しているとき，$\theta_0$ は定数である。基準の位置を $\theta_0 = 0$ に取ると，回転子 $a$ 相コイルの誘導起電力 $e_{2a}$ は

$$e_{2a} = -\frac{d\Psi_{2a}}{dt} = -\sqrt{2}E_2 \cos\omega t \tag{8.26}$$

誘導起電力の実効値 $E_2$ は

$$E_2 = \frac{\omega k_{w2} N_2 \Phi}{\sqrt{2}} = 4.44\,k_{w2} f N_2 \Phi \tag{8.27}$$

一次回路と二次回路の誘導起電力の比は

$$\frac{E_1}{E_2} = \frac{k_{w1} N_1}{k_{w2} N_2} = a \tag{8.28}$$

である。$a$ を実効巻数比または電圧変成比という。$e_{1a}$ と $e_{2a}$ の位相差は，固定子と回転子の相対的な位置に依存するので一般的にはゼロではないが，回転子の基準の位置を適当に選ぶことで同相にすることができる。このときの $e_{1a}$

と $e_{2a}$ の関係をフェーザで表すと

$$\dot{E}_{1a} = a\dot{E}_{2a} \tag{8.29}$$

回転子がすべり $s$ で回転するとき，コイルの基準の位置 $\theta_0$ は時間 $t$ に依存する。基準の位置の初期条件を $t=0$ で $\theta_0=0$ とすると，$\omega_2=(1-s)\omega_1$ より

$$\theta_0 = \frac{2}{P}\,\omega_2 t = (1-s)\,\omega t \tag{8.30}$$

$a$ 相コイルの誘導起電力は

$$e_{2a\,\mathrm{s}} = -\frac{d\Psi_{2a}}{dt} = -\sqrt{2}E_{2\mathrm{s}}\cos s\omega t \tag{8.31}$$

誘導起電力の実効値 $E_{2\mathrm{s}}$ は

$$E_{2\mathrm{s}} = \frac{s\omega k_{\mathrm{w}2}N_2\varPhi}{\sqrt{2}} = 4.44\,k_{\mathrm{w}2}sfN_2\varPhi \tag{8.32}$$

回転子静止時の誘導起電力 $E_2$ との関係は

$$E_{2\mathrm{s}} = sE_2 \tag{8.33}$$

である。二次回路の周波数は $sf$ であり，$e_{2a}$ と $e_{2a\,\mathrm{s}}$ は周波数が異なるので同一のフェーザで表すことは原理的にはおかしいが，上記のような初期位相を取ったうえで，大きさと位相だけに注目し，

$$\dot{E}_{2a\ \mathrm{s}} = s\dot{E}_{2a} \tag{8.34}$$

と書く。これは，一次と二次の諸量を同じフェーザ図に表すことができるので都合がよい。

### 例題 8.5

50 Hz, 6 極の三相誘導電動機が全負荷運転をしている。回転速度は 960 rpm であった。このときのすべり $s$ と二次誘導起電力の周波数はいくらか。

## 例題解答 8.5

同期速度 $n_\mathrm{s}$ は，同期角速度と $\omega_1 = 2\pi n_\mathrm{s}$ の関係にあるので

$$n_\mathrm{s} = \frac{\omega_1}{2\pi} = \frac{1}{2\pi}\frac{2}{P}\omega = \frac{2}{P}f = \frac{2}{6} \times 50 = 16.67\,\mathrm{rps} = 1{,}000\,\mathrm{rpm}$$

回転速度 $n$ は，回転子角速度と $\omega_2 = 2\pi n$ の関係にあるので，すべり $s$ は

$$s = \frac{\omega_1 - \omega_2}{\omega_1} = \frac{n_s - n}{n_s} = \frac{1{,}000 - 960}{1{,}000} = 0.04 \qquad (4\%)$$

二次誘導起電力の周波数 $f_2$ は

$$f_2 = sf = 0.04 \times 50 = 2\,\mathrm{Hz}$$

◢

## 例題 8.6

50 Hz，4 極の三相誘導電動機が 200 V（相電圧）で全負荷運転をしているとき，回転速度は 1,440 rpm であった。実効巻数比（電圧変成比）は $a = 8$ である。停止時の二次誘導起電力，および全負荷運転時の二次誘導起電力はいくらか。

## 例題解答 8.6

停止時の二次誘導起電力 $E_2$ は

$$E_2 = \frac{E_1}{a} = \frac{200}{8} = 25\,\mathrm{V}$$

同期速度 $n_\mathrm{s}$ は

$$n_\mathrm{s} = \frac{2}{P}f = \frac{2}{4} \times 50 = 25\,\mathrm{rps} = 1{,}500\,\mathrm{rpm}$$

全負荷運転時のすべり $s$ は

$$s = \frac{\omega_1 - \omega_2}{\omega_1} = \frac{n_\mathrm{s} - n}{n_\mathrm{s}} = \frac{1{,}500 - 1{,}440}{1{,}500} = 0.04 \qquad (4\%)$$

全負荷運転時の二次誘導起電力 $E_{2\mathrm{s}}$ は

$$E_{2\mathrm{s}} = sE_2 = 0.04 \times 25 = 1\,\mathrm{V}$$

◢

### 8.4.2　二次電流

二次巻線の 1 相の抵抗を $r_2$，回転子が静止時のリアクタンスを $x_2 = \omega L_2$ とすると，回転子がすべり $s$ で回転するときのインピーダンスは，

$$Z_2 = r_2 + jsx_2 \quad (8.35)$$

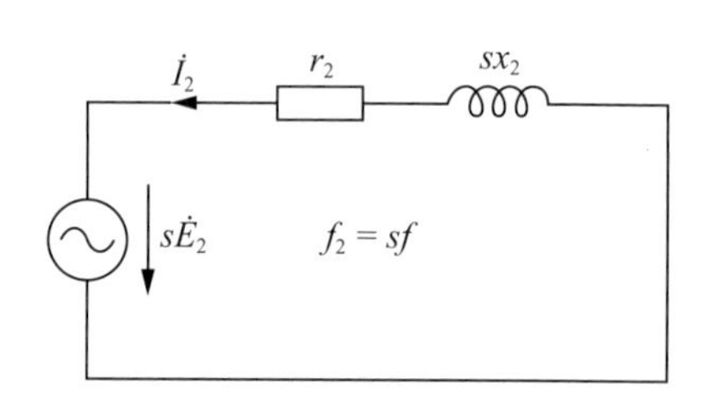


図 8–15　二次側回路 [3)]

である。$a$ 相コイルの二次誘導起電力のフェーザ表示を $\dot{E}_{2a\,\mathrm{s}}$ とすると，二次電流を $\dot{I}_{2a\,\mathrm{s}}$ はキルヒホッフの電圧則より

$$\dot{I}_{2a\,\mathrm{s}} = \frac{\dot{E}_{2a\,\mathrm{s}}}{r_2 + jsx_2} \tag{8.36}$$

である（**図 8–15**）。二次誘導起電力 $\dot{E}_{2a\,\mathrm{s}}$ と二次電流 $\dot{I}_{2a\,\mathrm{s}}$ は周波数 $sf$ の量であるが，前節と同様に大きさと位相だけに注目し，周波数 $f$ の量としての二次電流 $\dot{I}_{2a}$ を

$$\dot{I}_{2a} = \frac{s\dot{E}_{2a}}{r_2 + jsx_2} \tag{8.37}$$

と定義する。ここで，式 (8.34) を用いた。$\dot{I}_{2a}$ は $\dot{I}_{2a\,\mathrm{s}}$ の大きさと位相の情報を正しく含んでおり，以後，二次の諸量を一次のフェーザとして表すことにする。

図 8–15 の回路に基づくと，二次回路の有効電力 $P_{2\mathrm{s}}$ は次式で表される。

$$P_{2\mathrm{s}} = m_2 r_2 |\dot{I}_{2a\ \mathrm{s}}|^2 = m_2 r_2 \frac{s^2 E_2^2}{r_2^2 + s^2 x_2^2} \tag{8.38}$$

ここで，$m_2$ は二次側の相数である。$P_{2\mathrm{s}}$ は二次抵抗で消費される電力（銅損）

である。次に，$\dot{I}_{2a}$ の式の分母と分子を $s$ で割ってみる。

$$\dot{I}_{2a} = \frac{\dot{E}_{2a}}{r_2/s + jx_2} \tag{8.39}$$

このように表すと，$\dot{I}_{2a}$ は，起電力 $\dot{E}_{2a}$，抵抗 $r_2/s$，リアクタンス $x_2$ からなる周波数 $f$ の回路（**図 8–16**）を流れる電流とみなすことができる。この回路を誘導機の**二次等価回路**という。この回路の消費電力 $P_2$ は，

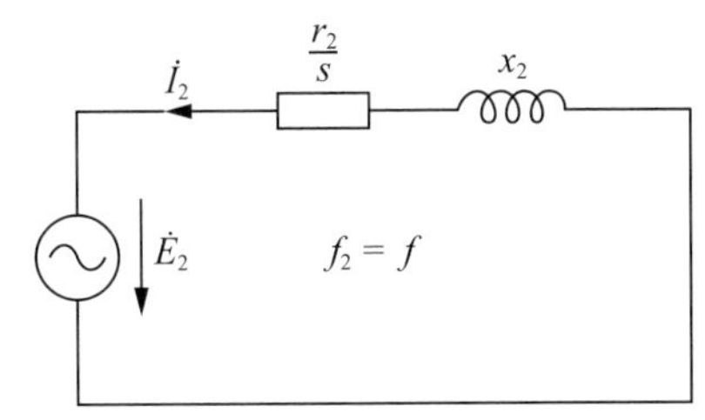

図 8–16　二次等価回路 [3)]

$$P_2 = m_2 \frac{r_2}{s} |\dot{I}_{2a}|^2 = m_2 \frac{r_2}{s} \frac{s^2 E_2^2}{r_2^2 + s^2 x_2^2} \tag{8.40}$$

となり，$P_{2\mathrm{s}}$ の $1/s$ 倍となる。次節の説明より，消費電力 $P_2$ は，二次回路の銅損 $P_{2\mathrm{s}}$ と機械出力の和に等しいことがわかる。

二次側に周波数 $sf$ の二次励磁電圧 $e_{\mathrm{cs}}$ を含むときは（相を表す添え字 $a$ 等は省略），大きさと位相だけに注目したフェーザ $\dot{E}_{\mathrm{c}}$ を導入し

$$\dot{I}_2 = \frac{s\dot{E}_2 + \dot{E}_{\mathrm{c}}}{r_2 + jsx_2} \tag{8.41}$$

と表される。

## 例題 8.7

220 V（相電圧），6 極，60 Hz，10 kW の三相巻線形誘導電動機の回転子の 1 相の抵抗は 0.1 Ω，60 Hz でのリアクタンスは 0.5 Ω であった。定格電圧を加えたとき，すべりは 4%であった。回転子回路の電流と力率はいくらか。ただし，固定子も回転子もデルタ結線であり，それぞれの実効巻数は 300 回と 150 回である。

**例 題 解 答 8.7**

実効巻数比は

$$a = \frac{k_{\mathrm{w1}} N_1}{k_{\mathrm{w2}} N_2} = \frac{300}{150} = 2$$

一般に，$r_1$，$x_1$ は小さいので，停止時の二次誘導起電力 $E_2$ は，

$$E_2 = \frac{E_1}{a} \approx \frac{V_1}{a} = \frac{220}{2} = 110\,\mathrm{V}$$

回転子電流は

$$I_2 = \frac{sE_2}{\sqrt{r_2^2 + s^2 x_2^2}} = \frac{0.04 \times 110}{\sqrt{0.1^2 + 0.04^2 \times 0.5^2}} = 43.1\,\mathrm{A}$$

力率は

$$\cos\theta_2 = \frac{r_2}{\sqrt{r_2^2 + s^2 x_2^2}} = \frac{0.1}{\sqrt{0.1^2 + 0.04^2 \times 0.5^2}} = 0.98$$

◢

### 8.4.3 トルク，機械出力，二次入力

二次巻線に流れる電流に電磁力が働くことで，駆動トルクが生じる。ここでは，各導線に働く電磁力からトルクを求めるかわりに，これと等価な鎖交磁束による方法でトルクを求めてみよう。

$a$ 相コイルの鎖交磁束 $\Psi_{2a}$ は，式 (8.25) で表され，二次巻線の基準の位置 $\theta_0$ の関数である。$a$ 相コイルに生じるトルク $T_a$ は，次式で表される [5)]。

$$T_a = i_{2a\,\mathrm{s}} \frac{\partial \Psi_{2a}}{\partial \theta_{\mathrm{m}}} \tag{8.42}$$

ここで，$i_{2a\,\mathrm{s}}$ は二次 $a$ 相コイルの電流，$\theta_{\mathrm{m}}$ は機械角であり $\theta_0$ との関係は

$$\theta_0 = \frac{2}{P}\theta_{\mathrm{m}} \tag{8.43}$$

である。したがって，

$$T_a = -\frac{2}{P} i_{2a\,\mathrm{s}} k_{\mathrm{w2}} N_2 \varPhi \cos(\omega t - \theta_0) \tag{8.44}$$

$a$ 相コイルの誘導起電力 $e_{2a\,\mathrm{s}}$ の式（8.31 32）と同期角速度 $\omega_1$ の式（8.5）を用いると，

$$T_a = \frac{e_{2a\,\mathrm{s}}\, i_{2a\,\mathrm{s}}}{s\omega_1} \tag{8.45}$$

と表される。機械出力 $p_{\mathrm{O}a} = T_a\omega_2$ は，

$$p_{\mathrm{O}a} = \frac{1-s}{s}\, e_{2a\,\mathrm{s}}\, i_{2a\,\mathrm{s}} \tag{8.46}$$

すなわち，発生トルクや機械出力は二次回路の電力 $p_{2a\,\mathrm{s}} = e_{2a\,\mathrm{s}}\, i_{2a\,\mathrm{s}}$ に比例する。したがって，全トルク $T = T_a + T_b + T_c$ および全機械出力 $P_{\mathrm{O}} = p_{\mathrm{O}a} + p_{\mathrm{O}b} + p_{\mathrm{O}c}$ は，対称多相交流の一般的性質である「電力の定常性」により一定である。

二次側の相数を $m_2$ とすると，二次回路の全電力 $P_{2\,\mathrm{s}}$，全機械出力 $P_{\mathrm{O}}$ は，複素電力表示で

$$P_{2\mathrm{s}} = m_2\,\mathrm{Re}\left\{s\dot{E}_{2a}^{*}\,\dot{I}_{2a}\right\} \tag{8.47}$$

$$P_{\mathrm{O}} = \frac{1-s}{s}P_{2\mathrm{s}} = \frac{1-s}{s}\,m_2\,\mathrm{Re}\left\{s\dot{E}_{2a}^{*}\,\dot{I}_{2a}\right\} \tag{8.48}$$

と表される。全機械出力と二次回路の全電力の和 $P_2 = P_{\mathrm{O}} + P_{2\,\mathrm{s}}$ を <u>**二次入力**</u> という。二次入力は複素電力表示で

$$P_2 = m_2\,\mathrm{Re}\left\{\dot{E}_{2a}^{*}\,\dot{I}_{2a}\right\} \tag{8.49}$$

と表される（ $s$ が現れないことに注意！）。したがって，これら電力の比は

$$\boxed{P_2 : P_{2\mathrm{s}} : P_{\mathrm{O}} = 1 : s : 1-s} \tag{8.50}$$

特に，二次励磁電圧 $\dot{E}_{\mathrm{c}}$ を含まない場合，$P_{2\mathrm{s}}$ はすべて銅損 $P_{\mathrm{C}2}$ となるので

$$P_2 = m_2\frac{r_2}{s}\,I_2^2,\quad P_{2\mathrm{s}} = P_{\mathrm{C}2} \equiv m_2\,r_{\mathrm{s}}\,I_2^2,\quad P_{\mathrm{O}} = m_2\,\frac{1-s}{s}r_{\mathrm{s}}\,I_2^2 \tag{8.51}$$

すなわち，全二次入力は 8.4.2 の電力 $P_2$ の式（8.40）と一致する。

全トルクは

$$T = \frac{P_2}{\omega_1} \tag{8.52}$$

と表され，二次入力と比例することから，トルクを $P_2$ で表すことがあり，これを同期ワット，または同期ワットで表したトルクという。

二次励磁電圧 $\dot{E}_\mathrm{c}$ を含む場合，二次等価回路で成り立つ KVL は，

$$\left(\frac{r_2}{s} + jx_2\right)\dot{I}_2 = \dot{E}_2 + \frac{\dot{E}_\mathrm{c}}{s} \tag{8.53}$$

これより，二次等価回路の抵抗 $r_2/s$ で消費される電力は次式で表される。

$$m_2 \frac{r_2}{s} I_2^2 = P_2 + m_2 \,\mathrm{Re}\left\{\frac{\dot{E}_\mathrm{c}^*}{s}\dot{I}_2\right\} \tag{8.54}$$

すなわち，この電力は二次入力 $P_2$ と二次励磁電圧 $\dot{E}_\mathrm{c}/s$ による電力の和である。

**例題 8.8**

三相誘導電動機の出力は 20 kW，すべりは 4%であった。二次入力と二次銅損はいくらか。

**例題解答 8.8**

二次銅損と機械出力と二次入力の関係 $P_2 : P_{\mathrm{C2}} : P_\mathrm{O} : 1 : s : 1-s$ より，二次入力は

$$P_2 = \frac{P_\mathrm{O}}{1-s} = \frac{20 \times 10^3}{1-0.04} = 20.83\,\mathrm{kW}$$

二次銅損は

$$P_{\mathrm{C2}} = P_2 - P_\mathrm{O} = 20.83 \times 10^3 - 20 \times 10^3 = 0.83\,\mathrm{kW}$$

◢

### 8.4.4　一次負荷電流

実際の誘導機では，一次巻線の抵抗や漏れリアクタンスを無視すると，一次

側の誘導起電力 $\dot{E}_{a1}$ は印加電圧 $\dot{V}_{a1}$ と $\dot{V}_{a1}+\dot{E}_{a1}=0$ の関係が成り立つので，印加電圧により磁束 $\dot{\Phi}$ が定まる。二次電流は回転磁界を作るので，これにより磁束 $\dot{\Phi}$ が変化するようにも思えるが，実際は，二次電流による磁束を打ち消すように一次電流が変化し，元の磁束は保たれる。このように一次側に重畳される電流を，変圧器のとき同様に，一次負荷電流と呼び，$\dot{I}'_1$ と表す。$a$ 相巻線の励磁電流（磁化電流）を式（8.7）のように基本ベクトルにとり，一次巻線の一次負荷電流を

$$I'_{1a,b,c}=I'_{1\mathrm{m}}\sin(\omega t+\theta'_1-120°n) \quad n=0,1,2\,(a,b,c) \tag{8.55}$$

とすると，大きさ $I'_{\mathrm{m}}$ と位相 $\theta'_1$ は，二次電流の大きさ $I_{2\mathrm{m}}$ と二次起電力との位相差 $-\varphi$ を用いて

$$I'_{1\mathrm{m}}=\frac{m_2k_{\mathrm{w}2}N_2}{m_1k_{\mathrm{w}1}N_1}I_{2\mathrm{m}}, \qquad \theta'_1=90°-\varphi \tag{8.56}$$

と表される。比例係数 $\frac{m_2k_{\mathrm{w}2}N_2}{m_1k_{\mathrm{w}1}N_1}$ を電流変成比という。$a$ 相一次負荷電流 $\dot{I}'{}_{1a}$ を，二次電流 $\dot{I}_{2a}$ と実効巻数比 $a$ を用いてフェーザ表示すると

$$\dot{I}'{}_{1a}=-\frac{m_2}{m_1}\frac{\dot{I}_{2a}}{a} \tag{8.57}$$

と表される。

## 演 習 問 題

（1）図 8–2 の永久磁石と矩形コイルにおいて，抵抗の消費電力の瞬時値 $p(t)$ を求めよ。また，磁石を一定の速度で回転させるに要する仕事率 $P_2$ を電流 $i$，抵抗，すべり $s$ で表せ。コイル面と磁界が直交するときを $t=0$ とし，コイルの自己インダクタンスは無視する。

（2）$q=3$ の分布巻コイルがある。3 つのコイルそれぞれの作る磁束密度を

$$B_{an}=G_0I_a\sin(\theta-n\alpha), \quad n=0,\ 1,\ 2$$

とし，1 スロットあたりの導体数を 1 本として $a$ 相コイルの作る磁束密度 $B_a$ を求めよ。

(3) $q=3$ の分布巻コイルがある。エアギャップの間隔を $g$，コイル電流を $I$，スロットピッチを $\alpha$，1 スロットあたりの導体数を 1 本として 1 相 1 極あたりの（基本波）起磁力の大きさ $F$ を，フェーザ図を用いて求めよ。

(4) 短節巻係数 $k_{\mathrm{p}}=\sin\frac{\pi\beta}{2}$ を導け。

(5) 50 Hz，4 極の三相誘導電動機が 200 V で全負荷運転をしているとき，すべりは 4%，トルクは 20 kgw m であった。機械出力，および二次入力はいくらか。

(6) 60 Hz，12 極の巻線形三相誘導電動機を誘導ブレーキとして 1,000 kg の荷重を 1 m/s の速度で巻き下ろしている。回転数を 400 rpm として電動機の制御用二次抵抗で消費される電力と二次入力を求めよ。ただし，一次および二次巻線の抵抗は無視する。

(7) 二次側の相数 $m_2$，二次巻線の 1 相の抵抗 $r_1$，回転子が静止時のリアクタンス $x_2$ の三相巻線形誘導電動機がすべり $s$ で運転している。二次励磁電圧 $\dot{E}_{\mathrm{c}}$ が二次誘導起電力 $s\dot{E}_2$ と逆相で大きさが $E_{\mathrm{B}}$ であるとき，二次銅損 $P_{\mathrm{C2}}$，二次入力 $P_2$，機械出力 $P_{\mathrm{O}}$ を求めよ。

(8) 一次負荷電流 $\dot{I}'_{1a}$ と二次電流 $\dot{I}_{2a}$ の関係式（8.57）を導け。

(9) 励磁サセプタンス $b_0$ を求めよ。

## 演習解答

(1) コイル面の面積を $S(=L_1L_2)$ とする。例題 8.1 よりコイルに生じる誘導起電力 $e$ と電流 $i$ は求まっているので，抵抗での消費電力は

$$p=ei=\frac{B^2S^2(\omega_1-\omega_2)^2}{R}\sin^2(\omega_1t-\omega_2t)$$

また，コイルに生じるトルクは

$$T = \frac{B^2 S^2 (\omega_1 - \omega_2)}{R} \sin^2(\omega_1 t - \omega_2 t)$$

エネルギー保存則より，磁石の仕事率 $P_2$ はコイルに働く電磁力のする仕事率 $T\omega_2$ と抵抗の消費電力 $p$ の和である。

$$P_2 = T\omega_2 + p = \frac{B^2 S^2 (\omega_1 - \omega_2) \omega_1}{R} \sin^2 (\omega_1 t - \omega_2 t)$$

$\omega_1 - \omega_2 = s\omega_1$ と電流 $i = BS(\omega_1 - \omega_2) \sin (\omega_1 t - \omega_2 t) / R$ を用いて表すと

$$P_2 = \frac{R}{s} i^2$$

(2) 合成の磁束密度 $B_a = B_{a0} + B_{a1} + B_{a2}$ の両辺に $\sin\frac{\alpha}{2}$ をかけると

$$B_a \sin\frac{\alpha}{2} = G_0\, I_a \left\{ \sin\theta \sin\frac{\alpha}{2} + \sin(\theta - \alpha) \sin\frac{\alpha}{2} + \sin(\theta - 2\alpha) \sin\frac{\alpha}{2} \right\}$$

三角関数の公式（積を和に直す公式）より，中括弧内の和は

$$-\frac{1}{2} \left\{ \cos\left(\theta + \frac{\alpha}{2}\right) - \cos\left(\theta - \frac{5\alpha}{2}\right) \right\}$$

さらに，和を積に直す公式を用いると，

$$B_a = G_0\, I_a \frac{\sin\frac{3\alpha}{2}}{\sin\frac{\alpha}{2}} \sin(\theta - \alpha)$$

(3) コイルピッチを $\pi$，コイル端の位置を原点 $\theta = 0$ とするひとつのコイルの作るエアギャップ中の磁界の強さの基本波は，

$$H = \frac{I}{2g} \frac{4}{\pi} \sin\theta$$

ここで，$\theta$ は電気角である。3 つのコイルのコイル端を原点対称にスロットピッチ $\alpha$ で並べると，それぞれの起磁力（$= gH$）は

$$f_1 = f \sin(\theta - \alpha),\ f_2 = f \sin\theta,\ f_3 = f \sin(\theta - \alpha)$$

ここで，$f = \frac{4}{\pi} \cdot \frac{I}{2}$ とおいた。これらをフェーザで表すと

$$\dot{f}_1 = f\angle\alpha, \dot{f}_2 = f\angle 0°, \dot{f}_3 = f\angle(-\alpha)$$

合計の起磁力は $\dot{F} = \dot{f}_1 + \dot{f}_2 + \dot{f}_3$ であるので，$e^{j\alpha} + 1 + e^{-j\alpha}$ の和を求めればよい。フェーザ図で表すと**解答図 8–1** のようになり，大きさと位相がわかる。

$$e^{j\alpha} + 1 + e^{-j\alpha} = \frac{\sin\frac{3\alpha}{2}}{\sin\frac{\alpha}{2}} \angle 0°$$

ゆえに，

$$F = \frac{\sin\frac{3\alpha}{2}}{3\sin\frac{\alpha}{2}} \cdot \frac{3I}{2g} \cdot \frac{4}{\pi}$$

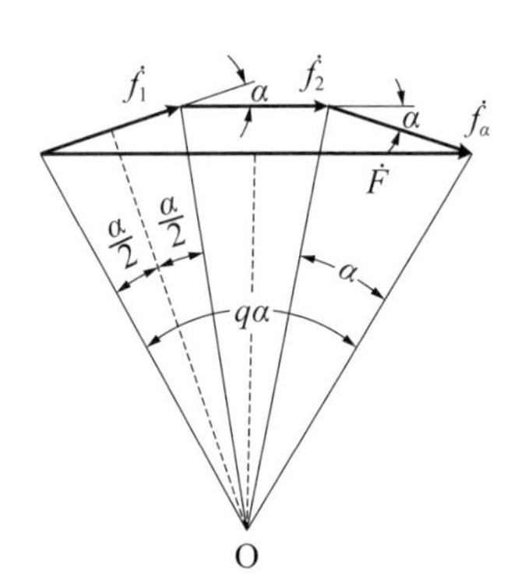

解答図 8–1　起磁力の合成 ($q = 3$)

(4) $q = 2$ の分布巻において，$\alpha = \pi(1 - \beta)$ とおくと，$a$ 相の磁束密度 $B_a$ は

$$B_a = G_0\, I_a \frac{\sin\pi(1-\beta)}{\sin\frac{\pi}{2}(1-\beta)} \sin\left(\theta + \pi(1-\beta) - \frac{\pi}{2}(1-\beta)\right)$$

分子の sin の積は $2\sin\frac{\pi\beta}{2}\cos\frac{\pi\beta}{2}\sin\left(\theta + \frac{\pi}{2}(1-\beta)\right)$ となる。$\cos\frac{\pi\beta}{2}$ は分母により打ち消され，

$$B_a = G_0\, I_a\, 2\sin\frac{\pi\beta}{2}\sin\left(\theta + \frac{\pi}{2}(1-\beta)\right)$$

となり，式 (8.11) を得る。

(5) 同期角速度 $\omega_1$ は

$$\omega_1 = \frac{2}{P} \times 2\pi f = \frac{2}{4} \times 2\pi \times 50 = 50\pi\,\mathrm{rad/s}$$

全負荷運転時の回転子角速度 $\omega_2$ は

$$\omega_2 = (1 - s)\omega_1 = (1 - 0.04) \times 50\pi = 48\pi\,\mathrm{rad/s}$$

トルクは，$1\,\mathrm{kgw} = 9.8\,\mathrm{N}$ より

$$T = 20 \times 9.8\,\mathrm{Nm} = 196\,\mathrm{N \cdot m}$$

これより，機械出力と二次入力は

$$P_O = T\omega_2 = 196 \times 48\pi = 29.6 \times 10^3\,\mathrm{W}$$

$$P_2 = T\omega_1 = 196 \times 50\pi = 30.8 \times 10^3\,\mathrm{W}$$

(6) 同期速度 $n_\mathrm{s}$ は

$$n_\mathrm{s} = \frac{f}{P/2} = \frac{60}{6} \times 60 = 600\,\mathrm{rpm}$$

巻き下ろし時の回転子は同期速度と逆向きの回転をするので，回転数は $n = -400\,\mathrm{rpm}$ 。したがって，すべり $s$ は

$$s = \frac{n_\mathrm{s} - n}{n_\mathrm{s}} = \frac{600 - (-400)}{600} = \frac{5}{3}$$

誘導機は荷重 $W$ により仕事をされるので，重力加速度を $g$ とすると，機械出力は

$$P_\mathrm{O} = -Wgn = -9{,}800\,\mathrm{W}$$

$P_2 : P_{\mathrm{C2}} : P_\mathrm{O} : 1 : s : 1 - s$ より

$$P_{\mathrm{C2}} = \frac{s}{1-s} P_\mathrm{O} = \frac{5}{2} \times 9{,}800 = 24{,}500\,\mathrm{W}$$

$P_2 = P_\mathrm{O} + P_{\mathrm{C2}}$ より

$$P_2 = -9{,}800 + 24{,}500 = 14{,}700\,\mathrm{W}$$

(7) $s\dot{E}_2$ を基準ベクトルと取ると，題意より二次励磁電圧は $\dot{E}_\mathrm{c} = -E_\mathrm{B}$ である。二次電流は

$$\dot{I}_2 = \frac{sE_2 - E_\mathrm{B}}{r_2 + jsx_2}$$

と表されるので，二次銅損は

$$P_{C2} = m_2 r_2 I_2^2 = m_2 r_2 \frac{(sE_2 - E_B)^2}{r_2^2 + s^2 x_2^2}$$

二次入力は

$$P_2 = m_2 \operatorname{Re}\left\{\dot{E}_2^* \dot{I}_2\right\} = m_2 E_2 \frac{r_2(sE_2 - E_B)}{r_2^2 + s^2 x_2^2}$$

機械出力は

$$P_O = (1-s)\, m_2 \operatorname{Re}\left\{\dot{E}_2^* \dot{I}_2\right\} = (1-s)\, m_2 E_2 \frac{r_2(sE_2 - E_B)}{r_2^2 + s^2 x_2^2}$$

補足：この問題では，二次励磁電圧 $\dot{E}_c/s$ による電力

$$m_2 \operatorname{Re}\left\{\frac{\dot{E}_c^*}{s} \dot{I}_2\right\} = m_2 \frac{-E_B}{s} r_2 \frac{sE_2 - E_B}{r_2^2 + s^2 x_2^2}$$

を求め，$m_2 \frac{r_2}{s} I_2^2$ からこれを引くことにより二次入力 $P_2$ を求めることもできる。

(8) 一次負荷電流を（以後，$n = 0,\ 1,\ 2\,(a,\ b,\ c)$ とする）

$$I'_{1a,\ b,\ c} = I'_{1m} \sin(\omega t + \theta'_1 - 120^\circ n)$$

とすると，この電流による合成磁界は，式（8.15）と同様に

$$B' = \frac{3}{2} G_0 I'_{1m} k_{w1} N_1 \cos\left(\theta - \omega t - \theta'_1\right)$$

励磁電流を

$$I_{1a,\ b,\ c} = I_{1m} \sin(\theta - 120^\circ\, n)$$

とするとき，二次誘導起電力は式（8.31–32）と同様に

$$e_{2a,\ b,\ c\, s} = -s\omega k_{w2} N_2 \Phi \cos(s\omega t - 120^\circ\, n)$$

となるので，二次電流は二次誘導起電力に対し位相を $\varphi$ だけ遅らせて

$$I_{2a,\ b,\ c\,s} = I_{2m} \sin \left( s\omega t - 90° - \varphi - 120° n \right)$$

と表す。この二次電流による磁界は式（8.17–18）と同様に

$$B_2 = \frac{m_2}{2} G_0\, I_{2m}\, k_{w2} N_2 \cos \left( \theta - \omega t + 90° + \varphi \right)$$

$B'$ と $B_2$ は打ち消しあうので

$$B' + B_2 = 0$$

この条件式より一次負荷電流の大きさ $I'_{1m}$ と位相 $\theta'_1$ の式（8.56）が得られ，フェーザ表示の式（8.57）が得られる。

(9) 励磁電流の最大値 $I_{\mu m}$ と磁束密度の最大値の関係は，式（8.15）より

$$B_m = \frac{3}{2} G_0\, I_{\mu m}\, k_{w1} N_1$$

1 磁極あたりの磁束 $\Phi$ は 式（8.19）より

$$\Phi = \frac{4 B_m L r}{P}$$

一次誘導起電力の実効値 $E_1$ は式（8.22）より

$$E_1 = \frac{\omega k_{w1} N_1 \Phi}{\sqrt{2}}$$

したがって，励磁電流の実効値を $I_\mu$ と一次誘導起電力の実効値 $E_1$ の関係は

$$E_1 = \omega k_{w1} N_1 \cdot \frac{4Lr}{P} \cdot \frac{3}{2} G_0\, k_{w1} N_1\ I_\mu$$

ゆえに，励磁サセプタンス $b_0$ は

$$b_0 = \frac{I_\mu}{E_1} = \frac{P/2}{3 \omega k_{w1}^2 N_1^2 G_0 L r}$$

と表される。励磁サセプタンスは極数 $P$ に依存し（分子の $P/2$ や分母の

巻線係数 $k_{w1}$)，一般に，極数の増加に伴って力率は悪くなる。

### 引用・参考文献

1) 前田 勉，新谷邦弘：電気機器工学，コロナ社，2001.
2) 深尾 正，千葉 昭：電気機器，実教出版，2018.
3) 野中作太郎：電気機器（Ⅱ），森北出版，1973.
4) 竹内寿太郎，西方正司：電機設計学，オーム社，2016.
5) 山田直平，桂井誠著：電気磁気学，電気学会，2002.

# 9章　誘導機の特性

誘導機の特性の決定には，実際に任意の荷重をかけるなど，実負荷試験により求めることができればよいのであるが，動作領域によってはそれが困難であることが多く，一般には等価回路に基づく特性算定を行うことが多い。この章では，実用的な等価回路について学び，これに基づいた回路定数の測定方法，および特性計算方法について学ぶ。

## 9.1　誘導機の等価回路

### 9.1.1　等価変圧器回路

誘導機の特性を算出するには，変圧器や直流機のときと同様に等価回路が用いられる。8章で説明した原理から重要な式を列挙する（相を表す添え字 $a$ 等は省略)。これらの式より，**図 9–1** のような等価変圧器回路が成り立つことがわかる。

① 一次回路のキルヒホッフの電圧則 (KVL)　$\dot{V}_1 + \dot{E}_1 = 0$

$$\dot{V}_1 + \dot{E}_1 = 0 \tag{9.1}$$

② 実効巻数比　$\dfrac{\dot{E}_1}{\dot{E}_2} = a$

$$\frac{\dot{E}_1}{\dot{E}_2} = a \tag{9.2}$$

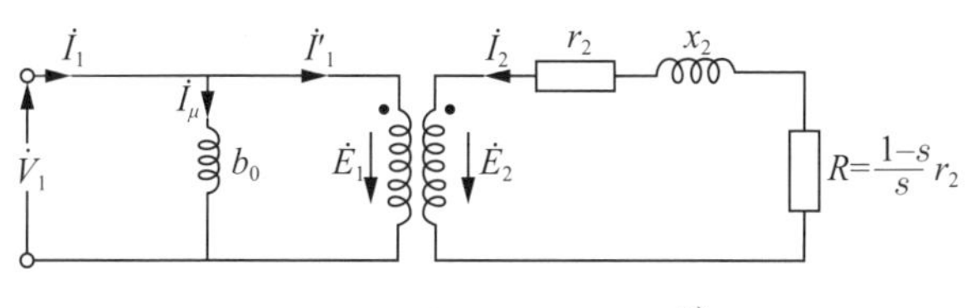


図 9–1　等価変圧器回路 [1)]

③　磁化電流　$\dot{I}_\mu = -jb_0\,\dot{E}_1'(\dot{E}_1' = -\dot{E}_1$ は電圧降下$)$　(9.3)

④　一次負荷電流　$\dot{I}'_1 = -\dfrac{m_2}{m_1}\dfrac{\dot{I}_2}{a}$　(9.4)

⑤　二次電流　$\dot{I}_2 = \dfrac{\dot{E}_2}{r_2/s + jx_2}$　(9.5)

⑥　二次インピーダンス　$Z_2 = r_2 + jx_2 + \dfrac{1-s}{s}r_2$　(9.6)

⑦　二次銅損　$P_{C2} = m_2\,r_2\,I_2^2$　(9.7)

⑧　機械出力　$P_O = m_2\dfrac{1-s}{s}r_2\,I_2^2$　(9.8)

⑨　二次入力　$P_2 = m_2\dfrac{r_2}{s}\,I_2^2$　(9.9)

⑩　トルク　$T = \dfrac{P_2}{\omega_1}$　(9.10)

ここまでの説明では，損失として二次銅損しか含まれていないが，実際の誘導機では変圧器と同様に，一次巻線の抵抗 $r_1$ と漏れリアクタンス $x_1$ による電圧降下があり，式 (9.1) は次のように修正される。これに伴い一次銅損が考慮される。

①′ 一次回路の KVL　$\dot{V}_1 + \dot{E}_1 = (r_1 + jx_1)\,\dot{I}_1$　(9.11)

⑪　一次銅損　$P_{C1} = m_1\,r_1\,I_1^2$　(9.12)

また，磁化電流と並列に鉄損電流を導入し，磁束密度の 2 乗（すなわち $E_1$ の 2 乗）に比例する鉄心の渦電流損とヒステリシス損（鉄損）を含める。

⑫　鉄損電流　$\dot{I}_w = g_0\,\dot{E}_1'$　(9.13)

⑬　励磁電流　$\dot{I}_0 = \dot{I}_w + \dot{I}_\mu = (g_0 - jb_0)\,\dot{E}_1'$　(9.14)

⑭　鉄損　$P_i = m_1\,g_0\,E_1^2$　(9.15)

これらを含めた等価変圧器回路は**図 9–2** のようになり，これらの量をフェーザ図で表すと**図 9–3** のようになる。等価回路の定数は各種測定によって決定され，実測で求めるのは困難な特性を計算で求めることができる。

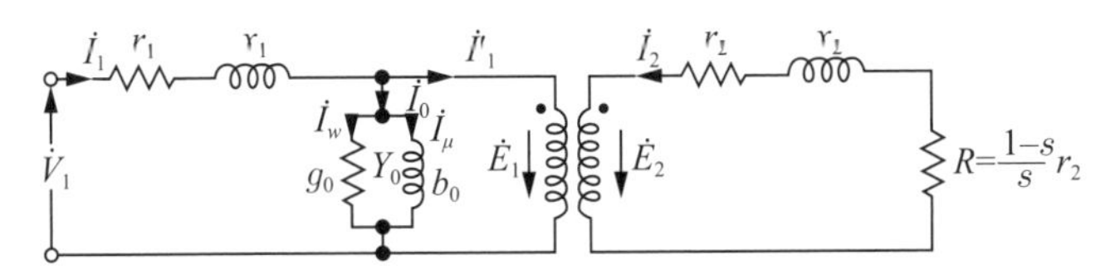


図 9–2　損失を含めた等価変圧器回路 [1)]

このほか，実際の損失項目には，直流機や同期機等と同様に，機械損と漂遊負荷損，などがある。これらの損失は電気回路計算で把握することが難しい（9.3.2 で概要に触れる）。

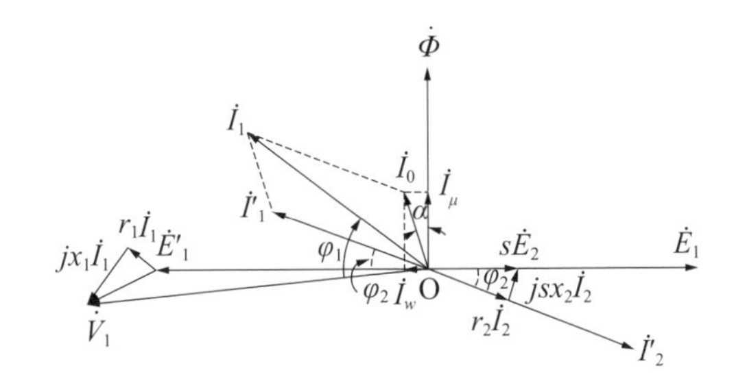


図 9–3　誘導機のフェーザ図 [1)]

## 例題 9.1

巻線型三相誘導電動機がすべり 5% で運転をしているとき，二次電流は 12 A であった。この電動機の二次抵抗を 0.08 Ω，1 相あたりの鉄損を 10 W としたとき，一次入力を求めよ。ただし，一次銅損は二次銅損の 2 倍とする。

## 例題解答 9.1

1 相あたりの二次銅損は

$$P_{C2} = 3r_2 I_2^2 = 3 \times 0.08 \times 12^2 = 34.6\,\mathrm{W}$$

1 相あたりの二次入力は

$$P_2 = 3\frac{r_2}{s} I_2^2 = 3 \times \frac{0.08}{0.05} \times 12^2 = 691\,\mathrm{W}$$

一次入力は一次銅損と鉄損と二次入力の和であり，一次銅損は二次銅損の 2 倍であるので，

$$P_1 = 2P_{C2} + P_\mathrm{i} + P_2 = 2 \times 34.6 + 3 \times 10 + 691 = 790\,\mathrm{W}$$ ◢

**例 題 9.2**

一次負荷電流 $\dot{I}'_1$ は，電圧降下 $\dot{E}_1' = -\dot{E}_1$ の負荷に流れる電流とみなすことができる。二次一相のインピーダンスを $Z_2$ としたとき，この負荷を一次側から見たときのインピーダンス $Z_2'$ を求めよ。

**例 題 解 答 9.2**

一次電圧と二次電圧の比より，電圧降下は

$$\dot{E}_1' = -\dot{E}_1 = -a\dot{E}_2$$

一次負荷電流は式（9.4）と表されるので，負荷インピーダンス $Z_2'$ は

$$Z_2' = \frac{\dot{E}_1'}{\dot{I}_1'} = \frac{m_1}{m_2}a^2\frac{\dot{E}_2}{\dot{I}_2} = \frac{m_1}{m_2}a^2 Z_2$$

◢

### 9.1.2　一次換算，二次換算

変圧器の等価回路と同様に，誘導機の等価変圧器回路もひとつの回路にまとめることが都合がよい。**図 9–4** は一次換算，**図 9–5** は二次換算した回路である。諸量の換算のルールは以下の通りである。変圧器のときと違い，一次相数 $m_1$ と二次相数 $m_2$ が異なることがあり，二次銅損や二次無効電力が換算の前後で等しくなるように相数比 $m_1/m_2$ が随所に現れる。

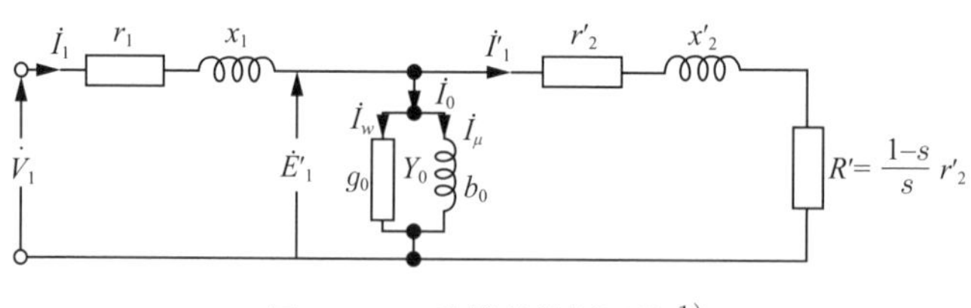


図 9–4　一次換算等価回路 1)

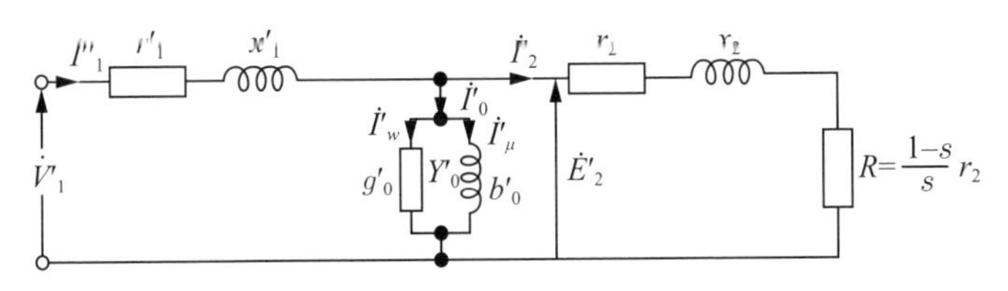

図 9–5 二次換算等価回路 [1)]

## (1) 一次換算

二次回路が一次回路に及ぼす影響を一次側へ換算し，ひとつの回路にすることを一次換算という。一次と二次の誘導起電力を等しくし，一次負荷電流と二次電流の大きさを等しくするため，二次側電圧を一律に $a$ 倍し，二次側電流を一律に $m_2/m_1a$ 倍する。二次電流の向きは逆に取る（$\dot{I}'_2 = -\dot{I}'_1$）。二次回路で KVL を成り立たせるため，二次インピーダンスは一律に $m_1/m_2a^2$ 分の 1 にする。二次側の電力を一次換算した等価回路で求めるときは，相数を $m_1$ とする。

二次電圧： $\dot{E}_1 = a\dot{E}_2$,　$\dot{E}'_1 = -a\dot{E}_2$

二次電流： $\dot{I}'{}_1 = -\frac{m_2}{m_1}\frac{\dot{I}_2}{a} = \frac{m_2}{m_1}\frac{1}{a}\dot{I}'_2$

二次インピーダンス： $Z'_2 = \frac{m_1}{m_2}a^2 Z_2$,　$r'_2 = \frac{m_1}{m_2}a^2 r_2$, $x'_2 = \frac{m_1}{m_2}a^2 x_2$

二次銅損： $P_{\mathrm{C2}} = m_1 r'{}_2 I'{}_1^2$

機械出力： $P_{\mathrm{O}} = m_1 \frac{1-s}{s} r'{}_2 I'{}_1^2$

二次入力： $P_2 = m_1 \frac{r'{}_2}{s} I'{}_1^2$

### 例題 9.3

二次入力が $P_2 = m_1 \frac{r'{}_2}{s} I'{}_1^2$ と表されることを示せ。

### 例題解答 9.3

$$P_2 = m_2 \frac{r_2}{s} I_2^2 = m_1 \times \frac{1}{s}\frac{m_1}{m_2} a^2 r_2 \times \left(\frac{m_2}{m_1}\frac{I_2}{a}\right)^2 = m_1 \frac{r'{}_2}{s} I'{}_1^2$$

◢

### (2)　二次換算

一次回路が二次回路に及ぼす影響を二次側へ換算し，ひとつの回路にすることを二次換算という。一次と二次の誘導起電力を等しくし，一次負荷電流と二次電流の大きさを等しくするため，一次側電圧を一律に $a$ 分の一にし，一次側電流を一律に $m_1a/m_2$ 倍する。二次電流の向きは逆に取る（$\dot{I}'_2 = -\dot{I}_2$）。一次回路で KVL とキルヒホッフの電流則（KCL）を成り立たせるため，一次インピーダンスは一律に $m_2/m_1a^2$ 倍にする。

一次電圧：$\dot{E}_2 = \frac{\dot{E}_1}{a}$，　$\dot{E}'_2 = -\frac{\dot{E}_1}{a}$，　$\dot{V}'_1 = \frac{\dot{V}_1}{a}$

一次電流：$\dot{I}'_2 = \frac{m_1a}{m_2}\dot{I}'_1$，　$\dot{I}'_0 = \frac{m_1a}{m_2}\dot{I}_0$，　$\dot{I}''_1 = \frac{m_1a}{m_2}\dot{I}_1$

一次インピーダンス：$Z'_1 = \frac{m_2}{m_1a^2}Z_1$，　$r'_1 = \frac{m_2}{m_1a^2}r_1$，　$x'_1 = \frac{m_2}{m_1a^2}x_1$

一次励磁アドミタンス：$Y'_1 = \frac{m_1a^2}{m_2}Y_1$，　$g'_0 = \frac{m_1a^2}{m_2}g_0$，　$b'_0 = \frac{m_1a^2}{m_2}b_0$

ここでは，一次電流 $\dot{I}_1$ の二次換算を $\dot{I}''_1$ と記した。

## 9.2　比例推移

一次換算等価回路を用いて，二次入力（同期ワット）$P_2$ を求めよう。一次インピーダンス $Z_1 = r_1 + jx_1$，一次換算二次インピーダンス $Z'_2 = r'_2/s + jx'_2$，励磁アドミタンス $Y_0 = g_0 - jb_0$ を用いると，一次負荷電流 $\dot{I}'_1$ は

$$\dot{I}'_1 = \frac{\dot{V}_1}{Z_1 + Z'_2 + Z_1Z'_2Y_0} \tag{9.16}$$

であり，すべり $s$ と二次抵抗 $r'_2$ は $r'_2/s$ の比として現れる。同期ワットで表されたトルクは

$$P_2 = m_2\frac{r'_2}{s}I'^2_1 \tag{9.17}$$

であり，この式を等価回路のパラメータを用いて陽に書き下すのは煩わしいが，一次負荷電流と同様に $r'_2/s$ の関数として表される。すなわち，二次抵抗を $k$ 倍にすると，同一のトルクを生じるすべりは $k$ 倍となる。この性質を比例推移

(proportional shifting) という。この特徴より，トルク，および等価回路で計算される量（一次電流，一次入力，力率，二次入力など）はすべて $r_2$ の変化に伴って比例推移則にしたがうことがわかる。機械出力や効率は $1-s$ という因子を持つので比例推移則は成り立たない。

## 例題 9.4

定格出力 350 kW，8 極，60 Hz の巻線型誘導電動機がある。二次巻線は Y 結線であり，スリップリング間で測定した回転子の抵抗は 0.5 Ω，スリップリングを短絡し全負荷運転したときのすべりは 1.8% である。スリップリングを開き，各相に 1.0 Ω の抵抗を Y 接続で挿入し一次側に全負荷電流を流すときの回転数と機械出力を求めよ。

## 例題解答 9.4

二次巻線は Y 結線であるので二次抵抗は $r_2 = 0.5/2 = 0.25\,\Omega$ である。二次側に抵抗を挿入した後の入力電流は挿入前と同じ全負荷電流であるので，比例推移則が成り立つ。挿入抵抗を $\Delta r_2$，抵抗挿入の前後のすべりを $s$，$s'$ とすると，

$$\frac{r_2}{s} = \frac{r_2 + \Delta r_2}{s'}$$

これより $\mathrm{s}' = 1.8\,\% \times (0.25 + 1.0) / 0.25 = 9\%$。同期速度は

$$n_\mathrm{s} = \frac{60 \times 60}{8/2} = 900\,\mathrm{rpm}$$

回転速度は

$$n = (1-s)\,n_\mathrm{s} = 0.91 \times 900 = 819\,\mathrm{rpm}$$

二次入力（同期ワット）$P_2$ は比例推移するので不変。$P_\mathrm{O} = (1-s)\,P_2$ より，抵抗挿入の後の機械出力は

$$P'_{\mathrm{O}} = (1 - s')\,P_2 = \frac{1 - 0.09}{1 - 0.018} \times 350\,\mathrm{kW} = 324\,\mathrm{kW}$$ ◢

## 9.3　簡易等価回路に基づく特性計算

### 9.3.1　等価変圧器回路

変圧器の場合と同様に，誘導機においても励磁電流 $\dot{I}_0$ は一次負荷電流 $\dot{I}'_1$ に比べて小さいので，一次インピーダンス $Z_1 = r_1 + jx_1$ での電圧降下は励磁電流 $\dot{I}_0$ を考慮してもしなくてもあまり変わりがない。**図 9–6** のように励磁アドミタンス $Y_0 = g_0 - jb_0$ を回路の左端に移した一次換算・二次換算等価回路を，簡易等価回路という。日本では，簡易等価回路をL形等価回路と呼び，元の回路をT形等価回路と呼ぶことが多い。

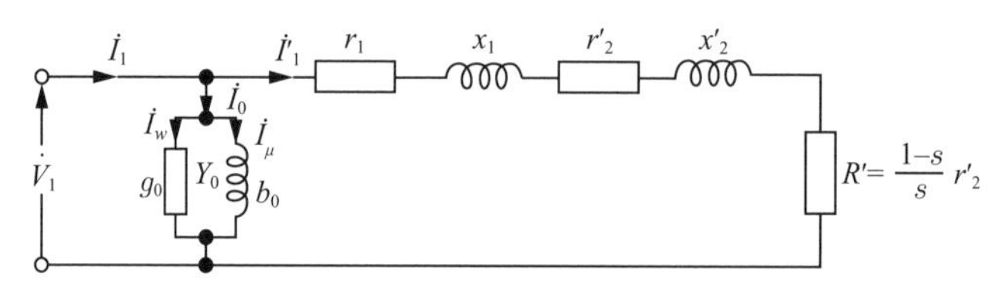


図 9–6　簡易等価回路（一次換算）[1)]

例 題 9.5

一次換算した簡易等価回路を用いて，一次電流 $I_1$ と力率 $\cos\varphi_1$ を求めよ。

例 題 解 答 9.5

二次回路を一次換算した簡易等価回路より

$$\dot{I}_1 = (g_0 - jb_0)\dot{V}_1 + \frac{\dot{V}_1}{r_1 + \frac{r_2'}{s} + j(x_1 + x_2')} \tag{9.18}$$

ここで，$Z = \sqrt{(r_1 + r_2'/s)^2 + (x_1 + x_2')^2}$ とおくと，一次電流の大きさは

$$I_1 = V_1\sqrt{\left(g_0 + \frac{r_1 + r_2'/s}{Z^2}\right)^2 + \left(b_0 + \frac{x_1 + x_2'}{Z^2}\right)^2} \tag{9.19}$$

力率は

$$\cos\varphi_1 = \frac{g_0 + \frac{r_1 + r_2'/s}{Z}}{\sqrt{\left(g_0 + \frac{r_1 + r_2'/s}{Z^2}\right)^2 + \left(b_0 + \frac{x_1 + x_2'}{Z^2}\right)^2}} \tag{9.20}$$

◢

### 9.3.2 簡易等価回路のパラメータ測定

#### (1) 抵抗測定と温度補正

一次端子間の巻線抵抗を直流で測定する。3 つの端子間の値の平均値を $R_1$ とすると，1 相あたりの一次抵抗はその半分であるが，絶縁の耐熱クラスに応じて温度上昇による抵抗の増加を考慮する必要がある。測定時の温度を $t$ [℃]，基準温度を $T$ [℃] とすると

$$r_1 = \frac{R_1}{2}\,\frac{234.5 + T}{234.5 + t}\ [\Omega] \tag{9.21}$$

#### (2) 無負荷試験と機械損の決定

無負荷試験では，回転子に負荷を接続せずに運転し，印加電圧 $V_1$，入力電流 $I_0$，および入力電力 $P_{10}$ を測定する。印加電圧を定格値から安定運転できる最低値まで徐々に下げ，電圧に対する入力電力を測定し，曲線で表す。かご型では二次回路は短絡となるので，起動時は大きな二次電流が流れるが，定常状態ではすべりがほぼゼロになり，等価回路は励磁アドミタンスだけの回路とみなせる。このとき鉄損は印加電圧の 2 乗に比例し，回転子はほぼ同期速度で回転するので，機械損は一定とみなし，印加電圧ゼロの点まで外挿することで

入力電力を機械損 $P_{\mathrm{m}}$ と鉄損 $P_{\mathrm{i}}$ を分離する。これより，励磁コンダクタンス $g_0$ と励磁サセプタンス $b_0$ は次式で求められる。

$$g_0 = \frac{P_{\mathrm{i}}}{m_1 V_1^2}, \quad b_0 = \sqrt{\left(\frac{I_0}{V_1}\right)^2 - g_0^2} \tag{9.22}$$

### (3) 拘束試験

拘束試験では，回転子を固定し，入力電流 $I_{1\mathrm{s}}$，および入力電力 $P_{1\mathrm{s}}$ を測定する。すべりは1であり入力インピーダンスが低いので，印加電圧を低く取り，入力電流を抑える。励磁電流は小さくなるのでこれを無視する。これより，二次抵抗の一次換算値 $r_2'$ は次式で求められる。

$$r_2' = \frac{P_{1s}}{m_1 I_{1s}^2} - r_1 \tag{9.23}$$

一次漏れリアクタンス $x_1$ と二次漏れリアクタンスの一次換算値 $x_2'$ の和は

$$x_1 + x_2' = \sqrt{\left(\frac{V_{1s}}{I_{1s}}\right)^2 - (r_1 + r_2')^2} \tag{9.24}$$

と表され，$x_1$ と $x_2'$ それぞれに分離できないが，各値が必要なときは一次と二次で等分する。

**例 題 9.6**

定格 7.5 kW，220 V（線間電圧），60 Hz の 6 極三相誘導電動機の等価回路定数を求めるための試験を行い，次の結果を得た。L 形等価回路の定数を求めよ。ただし，巻線は Y 結線，絶縁は E 種とする。

① 抵抗測定：一次巻線の端子間抵抗の平均値 0.490 Ω（20 ℃）
② 無負荷試験：定格電圧のとき電流 9.6 A，入力 400 W，機械損 100 W
③ 拘束試験：定格電流 24.0 A のとき，線間電圧 34.6 V，入力 757 W

## 例題解答 9.6

E 種絶縁の基準温度は $T = 75$ ℃ であるので，$R_1 = 0.490\,\Omega$ より

$$r_1 = \frac{0.490}{2}\frac{234.5+75}{234.5+20} = 0.298\,\Omega$$

機械損は $P_{\mathrm{m}} = 100\,\mathrm{W}$ であるので，鉄損は $P_{\mathrm{i}} = 400 - 100 = 300\,\mathrm{W}$。また，$m_1 = 3$，$V_1 = 220/\sqrt{3}\,\mathrm{V}$ より，励磁コンダクタンスは

$$g_0 = \frac{300}{3 \times (220/\sqrt{3})^2} = 6.20 \times 10^{-3}\,\mathrm{S}$$

励磁サセプタンスは

$$b_0 = \sqrt{\left(\frac{9.6}{220/\sqrt{3}}\right)^2 - \left(6.20 \times 10^{-3}\right)^2} = 0.0753\,\mathrm{S}$$

$V_{1s} = 34.6/\sqrt{3}\,\mathrm{V}$ は小さいので鉄損は無視し，入力 $P_{1\mathrm{s}} = 757\,\mathrm{W}$ は全て銅損とみなす。$I_{1\mathrm{s}} = 24.0\,\mathrm{A}$ より，二次抵抗の一次換算値は

$$r_2' = \frac{757}{3 \times 24.0^2} - 0.298 = 0.140\,\Omega$$

一次漏れリアクタンス $x_1$ と二次漏れリアクタンスの一次換算値 $x_2'$ の和は

$$x_1 + x_2' = \sqrt{\left(\frac{34.6/\sqrt{3}}{24.0}\right)^2 - (0.298+0.140)^2} = 0.709\,\Omega$$

誘導機の特性を求めるには，円線図法が簡単であり，かつては広く用いられていた。ハイランド円線図法（甲種円線図法）は簡易等価回路を基礎にしており，誘導機の基本的な動作を理解するのに便利である。容量に比し極数の多い機械，無負荷電流が全負荷電流の 50%以上あるいは全電圧短絡電流の 20%程度もあるような機械に用いられる。しかし，誘導機の規格が 2000 年に改定となり，円線図による特性評価法は廃止された。◢

## 例題 9.7

一次換算したL形等価回路において，一次電圧 $\dot{V}_1$，励磁電流を $\dot{I}_0$，一次負荷電流を $\dot{I}'_1$ の関係をフェーザ図に表し，すべり $s = 1 \sim 0$ における一次電流 $\dot{I}_1$ のフェーザ軌跡が円の一部となることを示せ。

## 例題解答 9.7

L形等価回路における一次負荷電流 $\dot{I}'_1$ は，

$$\dot{I}'_1 = \frac{\dot{V}_1}{r_1 + r'_2/s + j(x_1 + x'_2)}$$

この式を変形すると，

$$\frac{r_1 + r'_2/s}{j(x_1 + x'_2)}\dot{I}'_1 + \dot{I}'_1 = \frac{\dot{V}_1}{j(x_1 + x'_2)}$$

左辺の1項目と2項目のフェーザは直交し，かつ，これらの和は一定となる。初等幾何学の円周角の定理より，一次電圧 $\dot{V}_1$ 一定の条件下ですべり $s$ を変化させたときの一次負荷電流 $\dot{I}'_1$ の軌跡は，円の一部となることがわかる（図**9–7**）。このとき，励磁電流 $\dot{I}_0$ は一定であるので，一次電流 $\dot{I}_1$ は $\dot{I}'_1$ の軌跡の平行移動となり，$\dot{I}_1$ は円の一部となる。◢

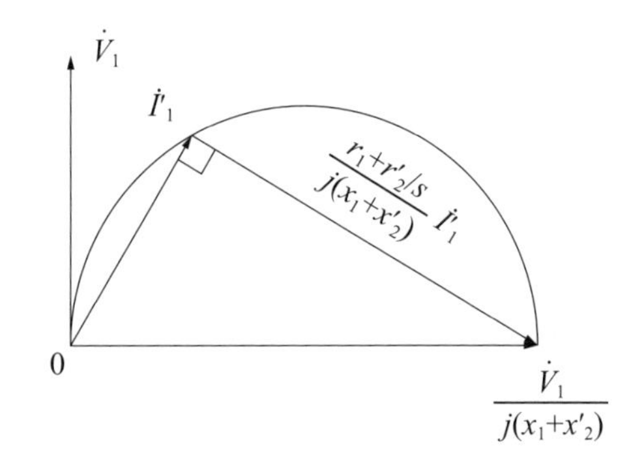


図 9–7　円線図の原理 [2)]

## 9.4　誘導電動機の特性

### 9.4.1　速度特性

一次電圧と周波数が一定の下で，トルク，機械出力，一次電流，力率，効率などをすべり $s$ の関数として表したグラフを速度特性曲線という。

L 形等価回路に基づけば，一次入力 $P_1$ は上記の例題 9.4 で得られた一次電流 $I_1$ と力率 $\cos\varphi_1$ を用いて，

$$P_1 = m_1 V_1 I_1 \cos\varphi_1 = m_1 V_1^2 \left( g_0 + \frac{r_1 + r_2'/s}{Z^2} \right) \tag{9.25}$$

と表される。ここで，$\mathrm{Z} = \sqrt{(r_1 + r_2'/s)^2 + (x_1 + x_2')^2}$ である。鉄損は $P_\mathrm{i} = m_1 g_0 V_1^2$ であり，印加電圧だけに依存し $s$ 依存性はない。一次負荷電流は $I'_1 = V_1/Z$，一次銅損は $P_{1\mathrm{c}} = m_1 r_1 {I'}_1^2$，二次入力 $P_2$（同期ワット）は

$$P_2 = m_1 \frac{{r'}_2}{s} {I'}_1^2 = m_1 V_1^2 \frac{\frac{r_2'}{s}}{\left( r_1 + \frac{r_2'}{s} \right)^2 + (x_1 + x_2')^2} \tag{9.26}$$

二次銅損 $P_{2\mathrm{c}}$ と機械出力 $P_\mathrm{O}$ は $P_2 : P_{2c} : P_\mathrm{O} = 1 : s : 1 - s$ の比から求められる。トルクは

$$T = \frac{P_2}{\omega_1} \tag{9.27}$$

より，二次入力 $P_2$ から求められる。トルクの最大値は停動トルク（breakdown Torque，または stalling torque）ともいう。機械損 $P_\mathrm{m}$（一定）を実測で求めておき，真の機械出力 $P = P_\mathrm{O} - P_\mathrm{m}$ を用い，効率 $\eta$ は

$$\eta = \frac{P}{P_1} \tag{9.28}$$

より求められる。これらに基づいた誘導電動機のパワーの流れは，図 **9–8** のようになる。図 **9–9** は，一次換算した簡易等価回路を用いて定格 7.5 kW，220 V，60 Hz，6 極の三相誘導機の速度特性曲線を電動機動作領域（$s = 1$〜$0$）で計算

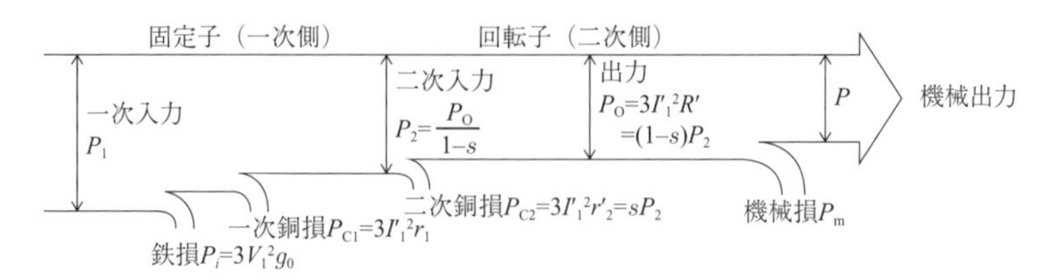


図 9–8　パワーの流れ [3)]

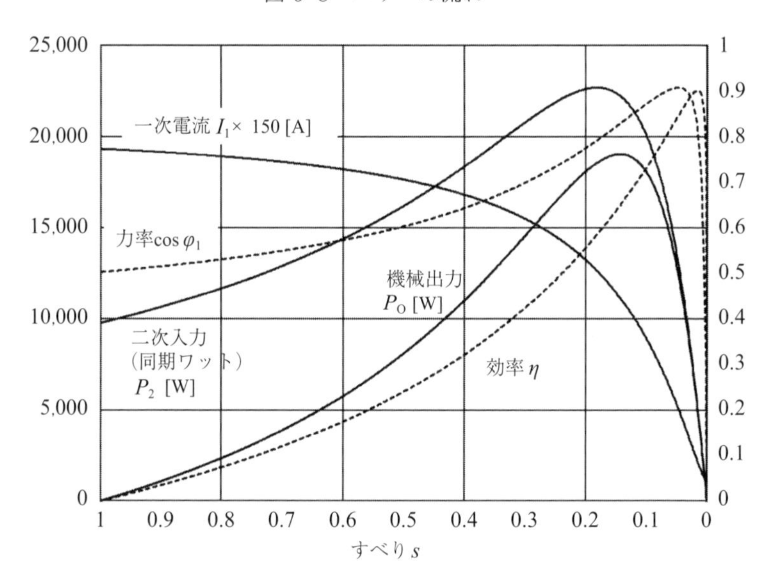


図 9–9　速度特性曲線の例

した例であり，上記の例題 9.5 で得た回路パラメータを用いている *)。

誘導機の速度が低くすべりが 1 に近いときは，$r_1$，$r_2$ は $x_1$，$x_2$ に比べて小さいことから，トルクは

$$T = \frac{m_1}{\omega_1} V_1^2 \frac{r'_2}{s(x_1 + x'_2)^2} \tag{9.29}$$

*) 数値計算を行うときは，式の分母分子にそれぞれ $s$ または $s^2$ をかけ，$s=0$ の特異性が計算の途中で現れないようにするのがよい。例えば二次入力は

$$P_2 = m_1 V_1^2 \frac{sr'_2}{\left(sr_1 + r'_2\right)^2 + s^2\left(x_1 + x'_2\right)^2}$$

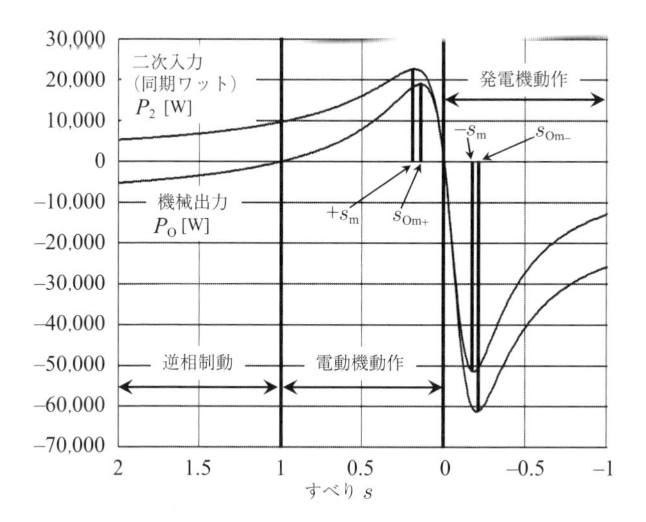


図 9–10　全領域での計算例

と近似でき，トルクはすべりに反比例する。始動時には，多くの電流が流れる割にはトルクが小さく力率が悪い。これには様々な対策方法があり，10 章で説明する。

誘導機が同期速度の近くで運転し，すべりが小さいときは，

$$T = \frac{m_1}{\omega_1} V_1^2 \frac{s}{r_2'} \tag{9.30}$$

と近似でき，トルクはすべりに比例する。電動機では，最大トルク時のすべり $s_{\mathrm{m}}$ よりもすべりの小さい領域で動作させる。$s > 0$ のとき，$s_{\mathrm{m}}$ と最大出力時のすべり $s_{\mathrm{Om}}$，最大効率時のすべり $s_{\eta\mathrm{m}}$ との大小関係は

$$s_{\mathrm{m}} > s_{\mathrm{Om}} > s_{\eta\mathrm{m}} \tag{9.31}$$

となり，$0 < s < s_{\mathrm{m}}$ の領域では，電動機として安定に動作し，出力や効率の制御が容易となるため，通常はトルクがすべりに比例する領域で定常運転を行う。

**図 9–10** は，電動機動作領域だけでなく，逆相制動や発電機動作領域を含めた領域（$s = 2 \sim -1$）でトルク（同期ワット）と機械出力を，図 9–9 と同条件で計算した例である。

**例題 9.8**

一次換算した簡易等価回路より，機械入力の極大値 $P_{\mathrm{om}}$ を求めよ。機械損は無視する。

**例題解答 9.8**

一次換算した簡易等価回路より，二次入力 $P_2$ は式 (9.26)。で表され，機械出力は $P_{\mathrm{O}} = (1-s)\,P_2$ で表される。極値条件 $dP_{\mathrm{O}}/ds = 0$ より

$$\begin{aligned}\frac{dP_{\mathrm{O}}}{ds} &= -P_2 + (1-s)\,\frac{dP_2}{ds} \\ &= m_1 V_1^2\,\frac{\left(\frac{1}{s}-1\right)^2 r_2'^2 - (r_1+r_2')^2 - (x_1+x_2')^2}{\left\{\left(r_1'+\frac{r_2}{s}\right)^2 + (x_1'+x_2)^2\right\}}\,\frac{r_2'}{s^2} = 0\end{aligned}$$

この条件を満たすすべりと機械出力は

$$s = s_{\mathrm{om}\pm} = \pm\frac{r_2'}{\sqrt{(r_1+r_2')^2+(x_1+x_2')^2}\ \pm r_2'},$$

$$P_{\mathrm{om}} = \pm\frac{m_1V_1^2/2}{\sqrt{(r_1+r_2')^2+(x_1+x_2')^2}\ \pm (r_1+r_2')}$$

### 9.4.2　出力特性

一次電圧と周波数が一定の下で誘導電動機に負荷をかけたとき，トルク，速度，一次電流，力率，効率などを機械出力 $P_{\mathrm{O}}$ の関数として表したグラフを出力特性曲線という。

通常は電動機として安定運転する領域，すなわち，すべりが小さい領域をグラフに示し，全領域の特性を表すことはめったにない。誘導電動機の実負荷試験を行った際，試験結果をこの形で表すことが多い。一般に，出力の増加や極数の減少に伴って，力率や効率はよくなる。

**図 9–11** は，一次換算した簡易等価回路を用いて定格 7.5 kW，220 V，60 Hz，6 極の三相誘導機の出力特性曲線を同期速度の周辺で計算した例であり，上記の例題 9.5 で得た回路パラメータを用いている。

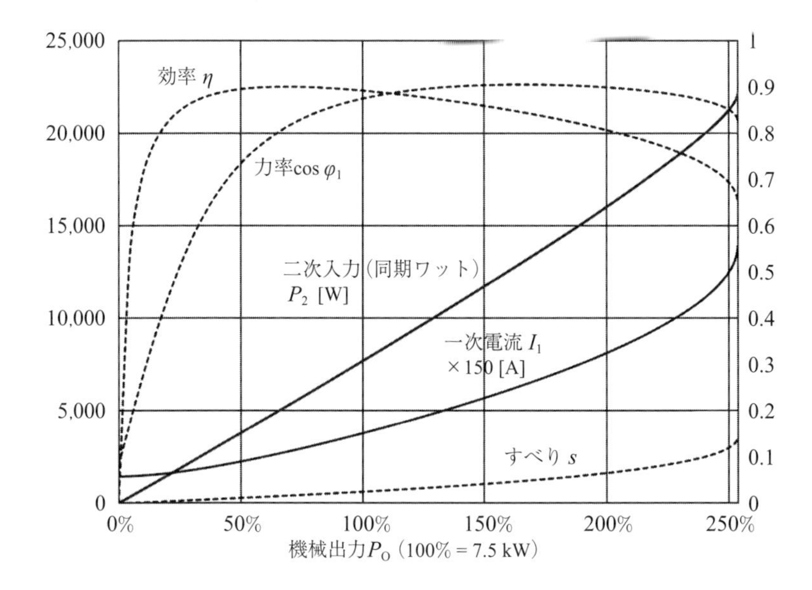


図 9–11　出力特性曲線の例

## 演習問題

(1) 定格 2 kW，200 V（線間電圧），50 Hz の 4 極三相誘導電動機の試験を行ったところ，次の結果を得た。L 形等価回路の定数を求めよ。巻線は Y 結線，絶縁は E 種，機械損は無視できるものとする。

① 端子間抵抗は 20 ℃で 0.822 Ω

② 定格電圧印加時の無負荷電流は 2.5 A，無負荷入力は 120 W

③ 回転子拘束時に定格電流 8 A を流したとき，線間電圧 40 V，入力 240 W

(2) 三相誘導電動機の端子電圧が 300 V から 270 V に低下した。この電動機の最大トルクはどのようになるか。

(3) 巻線型誘導電動機で，起動時にトルクを最大にするために挿入すべき二次抵抗 $R$ を求めよ。ただし，二次回路の抵抗とリアクタンスを $r_2, x_2$ ，二次側に換算した一次抵抗を $r_1'$，一次リアクタンスを $x_1'$ とする。

(4) 6極三相巻線型誘導電動機を 60 Hz の電源に接続し，抵抗を Y 結線にしてスリップリングを通して二次側に接続した。一定トルクを要求する負荷を負わせたところ，各抵抗が 0.3 Ω のときの回転数は 700 rpm，0.2 Ω のときは 700 rpm となる。このとき，回転数を 550 rpm とするには何 Ω とすればよいか。また，この電動機の起動の際，最大トルクを生じさせるには，何 Ω の抵抗を入れればよいか。ただし，毎相の二次リアクタンスは 0.4 Ω とし，一次回路の抵抗とリアクタンスは無視できるものとする。

(5) 220 V，6極，50 Hz，20 kW の三相巻線型誘導電動機が全負荷で毎分 950 回転する。起動の際，全負荷トルクの2倍のトルクを発生させるには，起動抵抗 $R$ をいかほどにすればよいか。ただし，二次巻線は Y 結線であり，1相の抵抗は 0.05 Ω である。

(6) 巻線型回転子を有する三相誘導電動機に，回転速度に比例するトルクを要求する負荷を負わせたときのすべりは 1%であった。いま，この回転子に抵抗を挿入し，すべりを 2%にするためには，回転子回路の抵抗を，元の回転子抵抗の何倍とすべきか？ただし，電動機のトルクと速度の関係は直線で表されるものとする。

(7) 巻線型回転子を有する三相誘導電動機に，回転速度の2乗に比例するトルクを要求する負荷を負わせたときのすべりは 1%であった。いま，この回転子に抵抗を挿入し，すべりを 5%にするためには，回転子回路の抵抗を，元の回転子抵抗の何倍とすべきか？ただし，電動機のトルクと速度の関係は直線で表されるものとする。

(8) 三相かご型誘導電動機がトルク一定の負荷に対し電流 100 A の定格運転をしている。電源電圧と周波数を共に 10%下げて回転速度を少し下げたときの電動機の電流を求めよ。ただし，励磁電流は二次電流に比して十分小さく，一次抵抗と漏れリアクタンスは無視できるものとする。

# 演習解答

(1) E 種絶縁の基準温度は $T = 75$ ℃ である。$R_1 = 0.822\,\Omega$ より

$$r_1 = \frac{0.822}{2}\,\frac{234.5+75}{234.5+20} = 0.5\,\Omega$$

機械損 $P_\mathrm{m}$ を無視したので，無負荷入力は全て鉄損とみなす。$m_1 = 3$, $V_1 = 200/\sqrt{3}\,\mathrm{V}$，$P_\mathrm{i} = 120\,\mathrm{W}$ より，励磁コンダクタンスは

$$g_0 = \frac{120}{3 \times (200/\sqrt{3})^2} = 3 \times 10^{-3}\,\mathrm{S}$$

励磁サセプタンスは

$$b_0 = \sqrt{\left(\frac{2.5}{200/\sqrt{3}}\right)^2 - \left(3 \times 10^{-3}\right)^2} = 0.0215\,\mathrm{S}$$

$V_{1\mathrm{s}} = 40/\sqrt{3}\,\mathrm{V}$ は小さいので鉄損は無視し，入力 $P_{1\mathrm{s}} = 240\,\mathrm{W}$ は全て銅損とみなす。$I_{1\mathrm{s}} = 8\,\mathrm{A}$ より，二次抵抗の一次換算値は

$$r_2' = \frac{240}{3 \times 8^2} - 0.5 = 0.75\,\Omega$$

一次漏れリアクタンス $x_1$ と二次漏れリアクタンスの一次換算値 $x_2'$ の和は

$$x_1 + x_2' = \sqrt{\left(\frac{40/\sqrt{3}}{8}\right)^2 - (0.5+0.75)^2} = 2.60\,\Omega$$

(2) 最大トルクは印加電圧の 2 乗に比例するので，

$$\frac{T_{270}}{T_{300}} = \left(\frac{270}{300}\right)^2 = 0.81$$

したがって，300 V のときの 81%に低下する。

(3) トルクは二次入力 $P_2$ で決まるので，トルク最大の条件 $dT/ds = 0$ は，二次入力最大値の条件 $dP_2/ds = 0$ の条件と同じになる。この条件より，最大トルク時のすべり $s_\mathrm{m}$ は

$$s_\mathrm{m} = \frac{r_2}{\sqrt{r_1'^2 + (x_1' + x_2)^2}}$$

比例推移則より，$s = 1$ で最大トルクを得るには

$$\frac{r_2 + R}{1} = \frac{r_2}{s_\mathrm{m}}$$

したがって，必要な挿入抵抗 $R$ は

$$R = \sqrt{r_1'^2 + (x_1' + x_2)^2} - r_2$$

(4) 外部抵抗 0.3 Ω, 0.2 Ω のときのすべりを $s_1$，$s_2$ とすると

$$s_1 = \frac{1{,}200 - 500}{1{,}200} = \frac{7}{12}, \quad s_1 = \frac{1{,}200 - 700}{1{,}200} = \frac{5}{12}$$

回転子巻線の抵抗を $r_2$ とすると，比例推移則より

$$\frac{0.3 + \mathrm{r}_2}{s_1} = \frac{0.2 + r_2}{s_2}$$

これより，$r_2 = 0.05\,\Omega$ 。回転数 550 rpm のときのすべりを $\mathrm{s}_3$ とすると

$$\mathrm{s}_3 = \frac{1{,}200 - 550}{1{,}200} = \frac{13}{24}$$

このときの外部挿入抵抗を $R$ とすると，比例推移則より，

$$\frac{R + 0.05}{s_3} = \frac{0.3 + 0.05}{s_1}$$

これより，$R = 0.275\,\Omega$。電動機の起動の際，最大トルクを生じさせる外部抵抗は，前問より $R = \sqrt{r_1'^2 + (x_1' + x_2)^2} - r_2 \fallingdotseq x_2 - r_2$ 。これより，$R = 0.35\,\Omega$ 。

(5) 同期速度は

$$n_\mathrm{s} = \frac{2}{P}f = \frac{2}{6} \times 50 \times 60 = 1{,}000\,\mathrm{rpm}$$

全負荷時のすべりは

$$s = \frac{n_s - n}{n_s} = \frac{1{,}000 - 950}{1{,}000} = 0.05\,(5\%)$$

同期速度の近くではトルクとすべりは比例するものとみなせるので，トルクが全負荷トルクの 2 倍となるすべりは

$$s' = 2s = 0.10\,(10\%)$$

起動時のすべりは 1 であり，比例推移則より，

$$\frac{r_2 + R}{1} = \frac{r_2}{s}$$

これより，

$$R = \left(\frac{1}{s'} - 1\right) r_2 = \left(\frac{1}{0.10} - 1\right) \times 0.05 = 0.45\,\Omega$$

(6) すべりを $s$，二次抵抗を $r_2$ とすると，電動機とトルクの関係，および比例推移則より，発生トルク $T_1$ は比例定数 $K_1$ を用いて

$$T_1 = K_1 \times \frac{s}{r_2}$$

回転速度 $N$ は同期速度 $N_0$ を用い $N = (1 - s)N_0$ と表されるので，負荷の要求するトルク $T_2$ は比例定数 $K_2$ を用いて

$$T_2 = K_2 N = K_2 N_0 (1 - s)$$

電動機が安定に動作しているときは，$T_1 = T_2$ より，

$$r_2 = \frac{K_1 s}{K_2 N_0 (1 - s)}$$

抵抗を $m$ 倍したときのすべりを $\mathrm{s}'$ とすると，

$$m r_2 = \frac{K_1 \mathrm{s}'}{K_2 N_0 (1 - s')}$$

上記の 2 式の比を取ると

$$m = \frac{s'(1-s)}{s(1-s')}$$

$s = 0.01,\quad s' = 0.02$ であるので，$m = 2.02$

(7) すべりを $s$，二次抵抗を $r_2$ とすると，電動機とトルクの関係，および比例推移則より，発生トルク $T_1$ は比例定数 $K_1$ を用いて

$$T_1 = K_1 \times \frac{s}{r_2}$$

回転速度 $N$ は同期速度 $N_0$ を用い $N = (1-s)N_0$ と表されるので，負荷の要求するトルク $T_2$ は比例定数 $K_2$ を用いて

$$T_2 = K_2 N^2 = K_2 N_0^2 (1-s)^2$$

電動機が安定に動作しているときは，$T_1 = T_2$ より，

$$r_2 = \frac{K_1 s}{K_2 N_0^2 (1-s)^2}$$

抵抗を $m$ 倍したときのすべりを $s'$ とすると，

$$m r_2 = \frac{K_1 s'}{K_2 N_0^2 (1-\mathrm{s}')^2}$$

上記の2式の比を取ると

$$m = \frac{s'(1-s)^2}{s(1-s')^2}$$

$s = 0.01,\quad s' = 0.05$ であるので，$m = 5.43$

(8) 題意より，一次電流は

$$I_1 = \frac{V_1}{r_2'/s}$$

トルクは

$$T = \frac{P_2}{\omega_1} = \frac{m_1}{\omega_1}\frac{r_2'}{s} I_1^2 = \frac{m_1}{4\pi f/P} V_1 I_1$$

電圧と周波数を共に 10%下げたので，$V_1/f$ は一定である。また，トルクは一定であるので電流は変化せず，100 A である。

## 引用・参考文献

1) 野中作太郎：電気機器（Ⅱ），森北出版，1973.
2) 猪狩 武尚: 電気機械学例題演習，コロナ社，1973.
3) 深尾 正，千葉 昭：電気機器，実教出版，2018.
4) 猪狩 武尚: 新版 電気機器学，コロナ社，2001.

# 10章　誘導機の制御

ここまでで学んだ誘導機の特性は主に定常運転時のものであったが，実際に運転するときには始動，速度制御および制動に関する具体的な方法を考慮する必要がある。この章では，誘導機の始動方法，速度制御方法および制動方法を学習し，これと関連して誘導発電機，特殊かご形誘導機について学ぶ。また，小形機では家庭などの電灯線でも利用できる単相誘導電動機が用いられるので，その構造と応用について学ぶ。

## 10.1　誘導機のトルク

三相誘導電動機の発生トルク $T$ [N·m] は，9章の式（9.26），（9.27）より次のように表すことができる。

$$T = \frac{3PV_1^2 \cdot \frac{r_2'}{s}}{2\pi f_1 \left\{ \left( r_1 + \frac{r_2'}{s} \right)^2 + (x_1 + x_2')^2 \right\}} \tag{10.1}$$

ここで，$f_1$ は一次周波数，$P$ は極数，$V_1$ は一次電圧である。式（10.1）より，すべり $s$ とトルク $T$ の関係は図 **10–1** のようになり，あるすべりで，トルクが最大となる。このときのすべりを $s_m$ とし，$dT/ds = 0$ と置いて，$s_m$ を求めると次式のようになる。

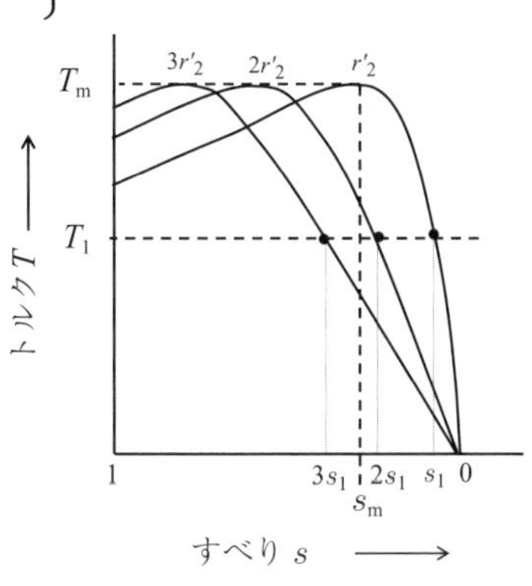


図 10–1　すべり $s$ とトルクの関係

$$s_{\mathrm{m}} = \frac{r_2'}{\sqrt{r_1^2 + (x_1 + x_2')^2}} \tag{10.2}$$

トルクの最大値 $T_{\mathrm{m}}$ は，式（10.2）を式（10.1）に代入して

$$T_{\mathrm{m}} = \frac{3PV_1^2}{4\pi f_1 \left\{ r_1 + \sqrt{r_1^2 + (x_1 + x_2')^2} \right\}} \tag{10.3}$$

となる。この式から $f_1$ と $V_1$ が一定であれば，二次抵抗 $r_2'$ の値に関係なく最大トルク $T_{\mathrm{m}}$ は一定となることがわかる。

さらに，式（10.1）で $r_2'/s$ の値が一定であれば，トルクの値は変わらないことがわかる。このことから，二次抵抗が $r_2'$ のときのすべりを $s_1$，トルクを $T_1$ とすると図 10–1 に示すように，二次抵抗の値を 2 倍，3 倍 $\cdots$，すなわち $2r_2'$，$3r_2' \cdots$ にすると，同じトルク $T_1$ を生じるすべりも 2 倍，3 倍，すなわち $2s_1$，$3s_1 \cdots$ と変化する。このように同じトルクを生ずるすべりの点が二次抵抗の変化に比例して推移する特性を比例推移という。特に巻線形誘導電動機では，二次回路にスリップリングを介して可変抵抗を接続できるので，この比例推移を利用して始動トルクを最大にしたり速度を制御することができる。

## 例題 10.1

式（10.1）から，最大すべり式（10.2），最大トルク式（10.3）を導出し，トルクの最大値は二次回路の抵抗に依存しないことを示せ。

## 例題解答 10.1

式（10.1）と極値の条件 $dT/ds = 0$ より，

$$\frac{dT}{ds} = \frac{3PV_1^2}{2\pi f_1} \frac{\left(r_1 + \frac{r_2'}{s}\right)^2 + (x_1 + x_2')^2 - 2\frac{r_2'}{s}\left(r_1 + \frac{r_2'}{s}\right)}{\left\{\left(r_1 + \frac{r_2'}{s}\right)^2 + (x_1 + x_2')^2\right\}^2} \left(-\frac{r_2'}{s^2}\right) = 0$$

この式を整理すると

$$\frac{r'_2}{s_{\mathrm{m}}} = \pm\sqrt{r_1^2 + (x_1 + x'_2)^2}$$

これを $s_{\mathrm{m}}$ について解いてすべりを正の範囲に限定すると式（10.2）を得る。また，式（10.1）に代入し，式（10.3）を得る。式（10.1）は $\frac{r'_2}{s}$ の関数であるので，$r'_2$ はすべて消去され，トルクの最大値は $r'_2$ に依存しない。

◢

## 10.2 誘導電動機の始動方式

三相誘導電動機は始動時にはすべりが 1 であるため，定格電流の 5〜7 倍の電流が流れ，加速するにつれ電流は減少していく。巻線形誘導電動機では二次抵抗を利用して電流を低減できるが，かご形誘導電動機では電流を低減する何らかの方策が必要である。最初にかご形誘導電動機の始動方法について説明し，次に巻線形誘導電動機の始動方法について述べる。

### 10.2.1 全電圧始動（line start）

停止している電動機に定格電圧を印加する方法で，直入れ始動ともいう。定格の数倍流れる電流を電源や供給線路が許容できるかどうかで適用の可否が決まる。一般的に 3.7 kW 以下の普通かご形誘導電動機ではこの方法を用いるが，回転子導体の形状を工夫した特殊かご形誘導電動機でも定格が 11 kW 未満の場合に全電圧始動を用いることがある。電源や同じ線路に接続されている機器への影響がある場合には，電流を抑制する他の方法を用いる必要がある。一般的には始動時だけ何らかの方法で電源電圧を下げ，始動後は定格電圧に戻す方法が用いられる。この方法は，低減電圧始動と呼ばれ，主にスターデルタ始動，リアクトル始動，補償器始動がある。

### 10.2.2 スターデルタ始動（star delta start）

**図 10–2** に構成図を示す。誘導電動機の一次巻線の端子 u，v，w，x，y，z

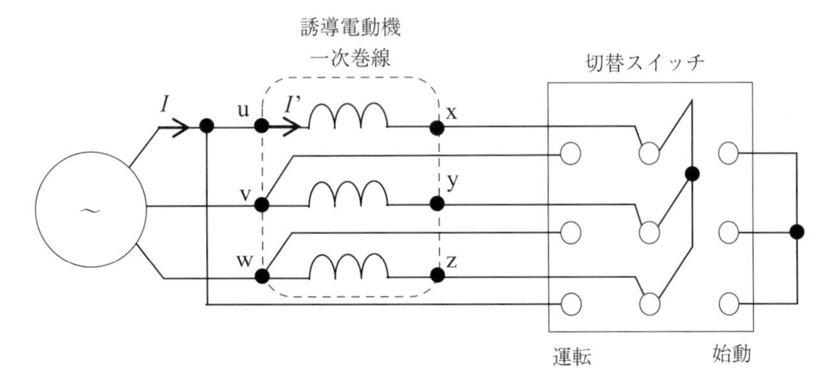


図 10–2 スターデルタ始動

が外部に取り出され，切替スイッチを図のように接続する。始動側にスイッチを倒した場合には，一次巻線はスター接続となる。始動後，運転の側に倒すとデルタ接続となる。スター接続するとデルタ接続の場合と比較し，巻線印加電圧が $1/\sqrt{3}$ 倍になるため，巻線電流 $I'$ は $1/\sqrt{3}$ 倍に，電源電流 $I$ は 1/3 になる。起動トルクは巻線端子電圧の二乗に比例するので 1/3 になり，定格負荷での始動には適さない。

### 10.2.3 インピーダンス始動（impedance start）

一次側に抵抗あるいはリアクトルを直列に接続して始動電流を抑制し，始動後に取り除く方法である。前者を一次抵抗始動，後者をリアクトル始動という。

リアクトル始動の構成を**図 10–3** に示す。始動時にはスイッチ 1 をオンし，定常運転状態になったらスイッチ 2 をオンしてリアクトルを短絡して，電圧降下を防ぐ。リアクタンスの値は，電動機へ加わる電圧が定格の 50～80%になるように選ばれる。リアクトルにはタップを設けて始動電流を選択できるようにする場合がある。電動機が加速していくと電流が減るので電動機へ印加される電圧も徐々に高くなる。

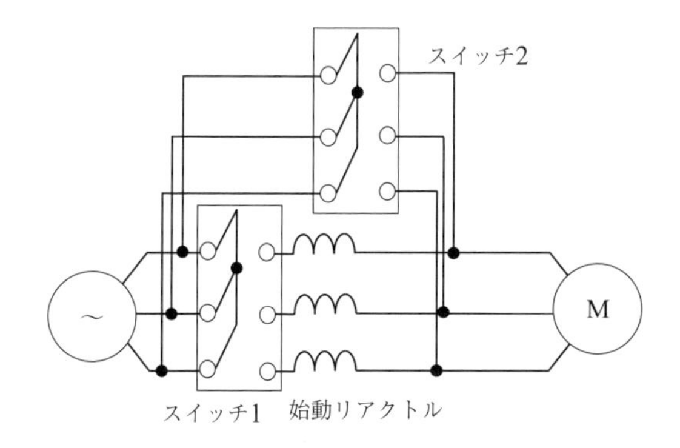


図 10–3　リアクトル始動

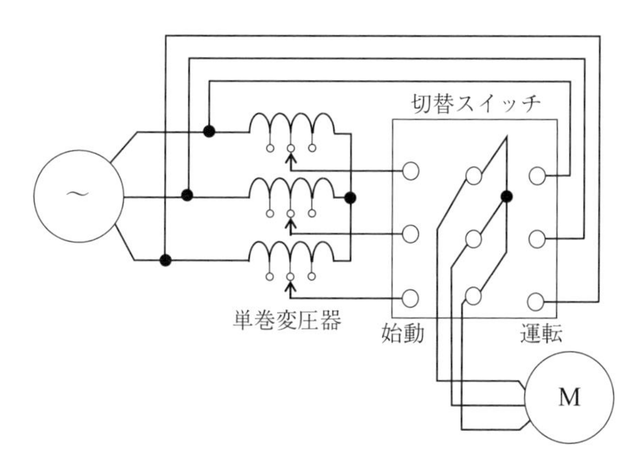


図 10–4　補償器始動

### 10.2.4　補償器始動（starting compensator）

補償器とは単巻変圧器のことである。構成を**図 10–4** に示す。単巻変圧器のタップを定格の 50〜80%になるように設定し，切替スイッチを始動側に倒して低い電圧を印加して始動する。加速後，運転側にスイッチを切替え定格電圧を加える。タップから得る電圧を $1/\alpha$ にすれば，始動電流は定格電圧始動時の $1/\alpha^2$ 倍に，始動トルクも $1/\alpha^2$ 倍になる。

### 10.2.5　巻線形誘導電動機における二次抵抗始動（secondary resistor start）

巻線形誘導電動機では，二次回路にスリップリングを介して外部抵抗を接続できる。構成を**図 10–5** に示す。**図 10–6** には，すべりとトルクの特性を示す。抵抗にはタップが設けられており，始動時すなわち，すべりが 1 のときにトルクが最大となるように外部抵抗値を決める。加速後は外部抵抗を短絡するので，二次巻線抵抗のみの値となる。

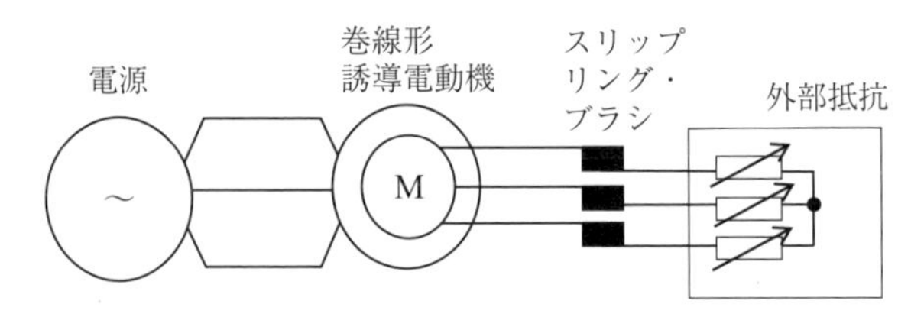


図 10–5　二次抵抗始動

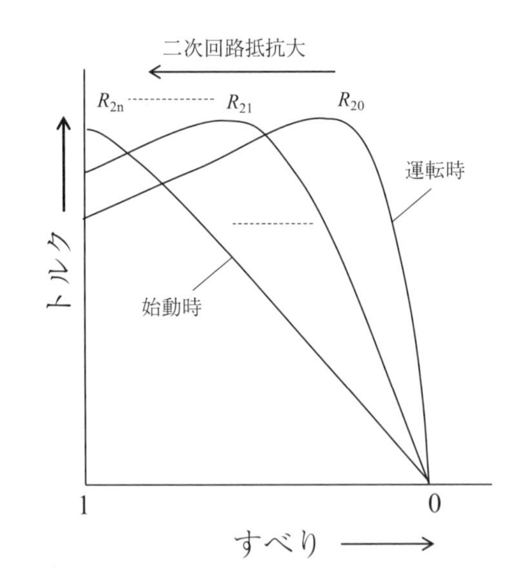


図 10–6　二次抵抗始動時のすべりとトルク特性

## 10.3　誘導電動機の速度制御

誘導電動機のトルク–速度特性は，電動機に印加される一次電圧（電源電圧）$V_1$，一次周波数 $f_1$，電動機の極数 $P$ によって変化する。かご形誘導電動機では，極数切替制御，一次周波数制御，一次電圧制御が用いられ，一方，巻線形誘導電動機では，二次巻線端子がスリップリングとブラシを介して外部に取り出されていることを利用して，二次抵抗制御法，二次励磁制御法が用いられる。以下，各制御法について説明する。

### 10.3.1　極数切替制御（pole number changing control）

すべりを $s$ とすると，回転数 $N\,[\mathrm{min}^{-1}]$ は次式で与えれらる。

$$N = \frac{120\,f_1}{P}(1-s) \tag{10.4}$$

通常，すべりは数%以下で運転されるので，回転数 $N$ はほぼ極数 $P$ に反比例して変化する。ただし，段階的な速度制御でよい場合にのみ用いられる。具体的な回路を図 10–7 に示す。巻線と隣の巻線の電流方向が時計回りの場合を N 極とすると反時計回りでは S 極となる。また，隣どうしの巻線の電流の極性が同じ場合には極が生じない。**図 10–7（a）**は 8 極の場合で，各固定子巻線の端子を外部に出して直列に接続する。**図 10–7（b）**のように並列に接続変更すると 4 極になる。

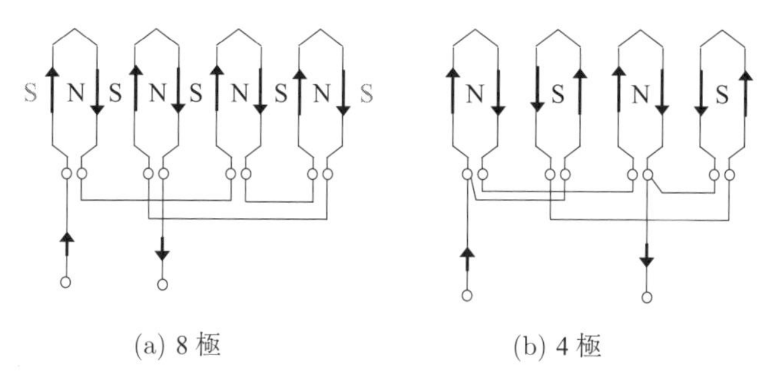


図 10–7　極数切替

### 10.3.2 一次周波数制御 (primary frequency control)

商用周波数の電源と電動機の間に可変周波数電源を接続して，電動機駆動電源の周波数を変化させ，速度を変える方法である。式(10.4)で，すべり $s$ が数%の範囲でのみ変化するので，回転数 $N$ はほぼ周波数 $f_1$ に比例して変化する。周波数を変えても電動機内部の磁束を一定に保つ必要があるので，周波数にほぼ比例するように端子電圧も変化させる，いわゆる $V/f$ 一定制御(V/f constant control)が適用される。**図 10–8** に構成図を示す。周波数と電圧を同時に変える装置として，三相電圧形インバータが広く用いられている。インバータには一般にパルス幅制御(pulse width modulation)を用いる。低速領域では一次巻線抵抗による電圧降下のためトルクの低下が生ずるので電圧を高めにする。周波数を変化させた場合の回転数 - トルク特性を**図 10–9** に示す。周波数を変えると同期速度自体が変化し，負荷トルクとの交点が大きく移動するので広範囲な速度制御が可能となる。

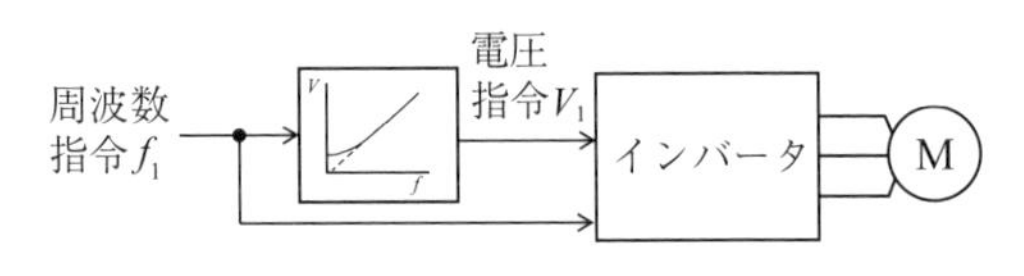


図 10–8 インバータによる $V/f$ 一定制御

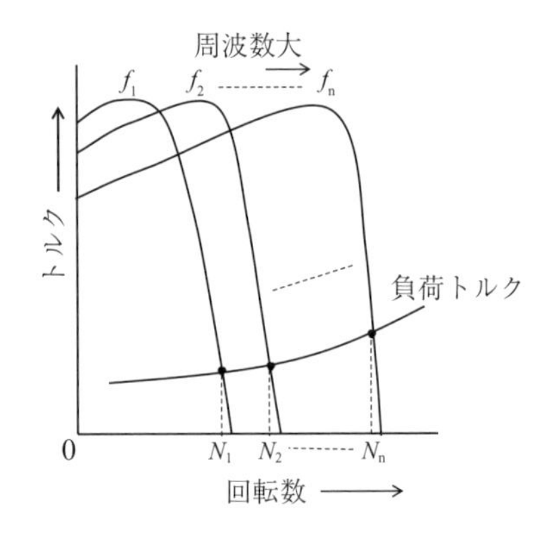


図 10–9 一次周波数制御

### 10.3.3 一次電圧制御 (primary voltage control)

誘導電動機のトルクはほぼ一次電圧の二乗に比例する。一次電圧を変化させると，**図 10–10** に示したように最大値となるすべりが一定のままトルクが小さくなり，動作点のすべりが変化し速度が変わる。ただし，一般的なかご形誘導電動機では速度の変化幅が小さいので広範囲な速度制御はできない。

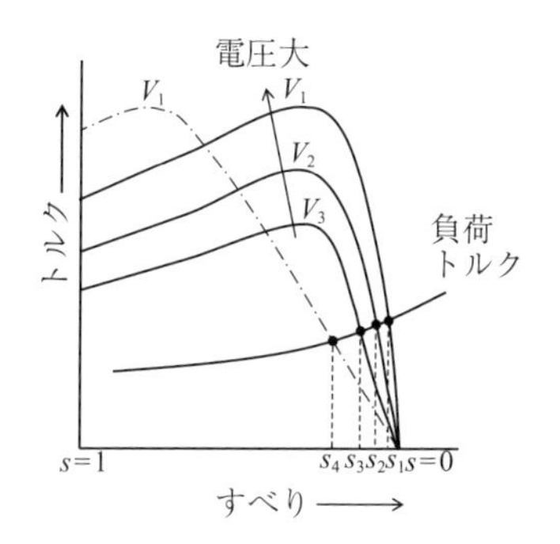


図 10–10 一次電圧制御

### 10.3.4 二次抵抗制御（secondary resistor control）

構成図を**図 10–11** に示す。巻線形誘導電動機では，スリップリングを介して二次回路に外部抵抗を接続できる。

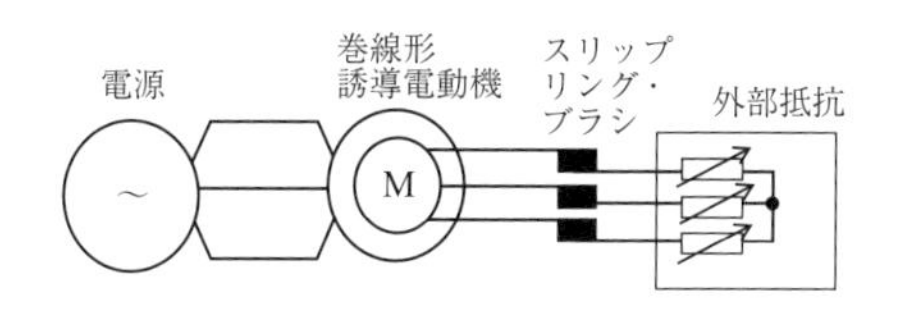


図 10–11 二次抵抗制御

この式で，外部抵抗の値を調節し，二次回路の合計抵抗値を大きくしていくと，**図 10–12** に示すように比例推移の原理よりトルク特性が，最大値が同じまますべり大の方向へ移動する。これにより動作点も移動するので回転数が変化する。この方式では構成が簡単であるが，外部抵抗値が大きくなるにつれ，二次銅損が増え電動機効率が低下する。巻線形誘導電動機で外部に二次抵抗を接続すると比例推移の原理により，トルク特性がより低速側に移るため速度制御の範囲は広がるが，広範囲な速度制御はできず，二次銅損が増え電動機効率が低下する。

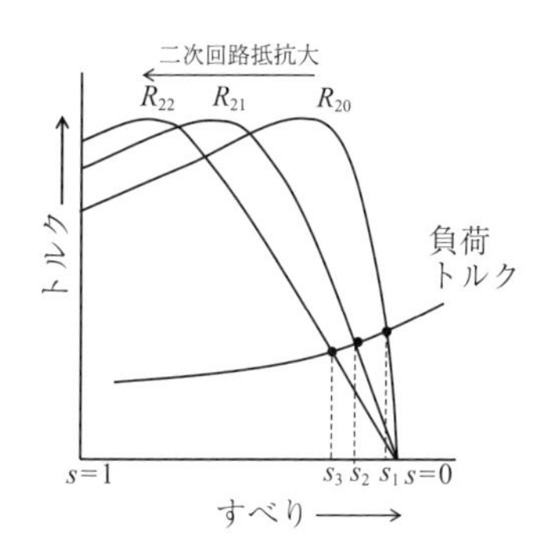


図 10–12 二次抵抗制御

### 10.3.5　二次励磁制御（secondary excitation control）

巻線形誘導電動機では二次端子に外部抵抗を接続することで速度制御できるものの電動機効率が低下する。そこで，この二次損失分 $sP_2$ を何らかの形で回収できれば速度制御が可能でかつ電動機効率も向上する。二次損失に相当するエネルギーを軸動力として利用する方法と電力として電源に回収する方法とがある。前者をクレーマ方式，後者をセルビウス方式という。

#### (1)　クレーマ方式（kramer system）

**図 10–13** に構成図を示す。巻線形誘導電動機のスリップリングとブラシを介して二次損失 $sP_2$ に対応した電力を回転変流機（RC）で直流に変換し，誘導電動機に直結した直流電動機（DCM）を駆動する。二次損失は軸動力として利用される。**図 10–14** に示すように図 10–13 の回転変流機の代わりにダイオード

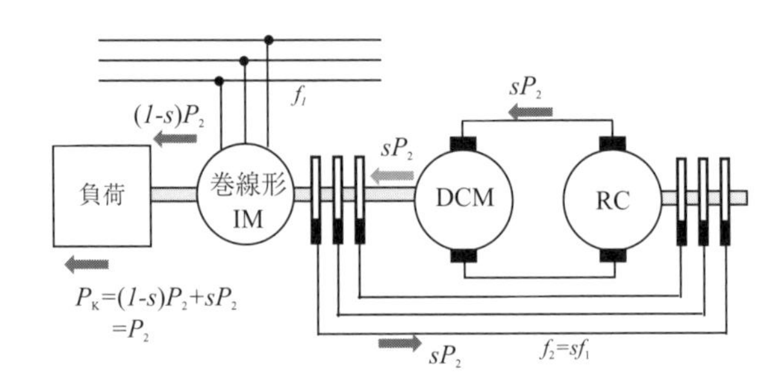


図 10–13　クレーマ方式

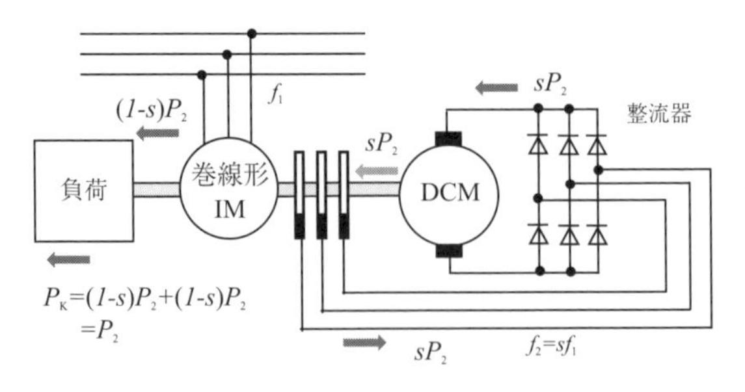


図 10–14　静止クレーマ方式

整流器を用いた方式を静止クレーマ方式（static-kramer system）という。いずれの場合も直流電動機の界磁電流を変えることで速度制御が可能となる。

### (2)　セルビウス方式（sherbius sysytem）

**図 10–15** に構成図を示す。図 10–13 に示したクレーマ方式の直流電動機に誘導発電機（IG）を直結して二次損失 $sP_2$ に対応した電力を三相交流電源に戻す方式である。直流電動機の界磁電流を変えて速度制御するのはクレーマ方式と同じである。回転変流機，直流電動機および誘導発電機を整流器とインバータで置き換えた**図 10–16** の方式を静止セルビウス方式（static-sherbius system）という。インバータの出力電圧を変圧器を利用することで電源電圧に合わせる。この方式では回転機を使用せずに二次エネルギーを電源へ回収することができるため，全体として効率もよく，インバータにサイリスタを用いるため制御性

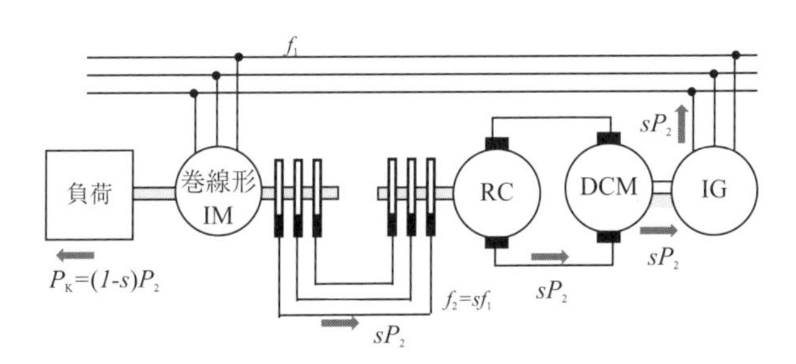


図 10–15　セルビウス方式

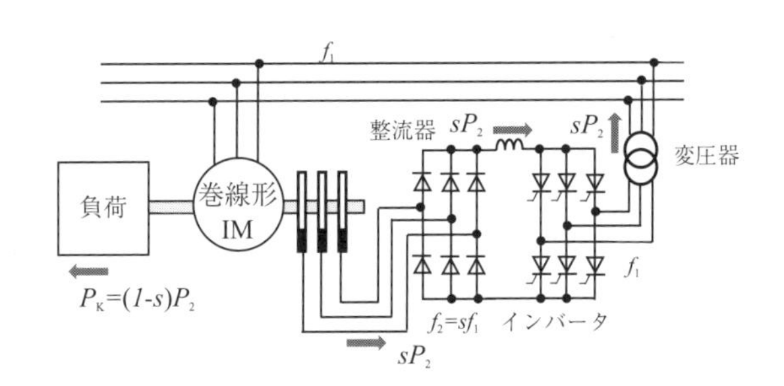


図 10–16　静止セルビウス方式

能も優れている。静止セルビウス方式では，インバータに用いるサイリスタの点弧角を変えることで速度制御が可能となる。

### 10.3.6　逆転方法

誘導電動機では速度制御の際に逆転することも必要となる。三相誘導電動機の回転方向を変えるには，相順すなわち固定子に印加する三相交流により作られる回転磁界の方向を反転させるとよい。例えば図 **10–17** に示すように，電源の3本の電線のうち2本を切替スイッチで入れ替えると，回転磁界の相順が反転して逆転する。ただし，全負荷状態でこの方法により逆転させる場合には大電流が流れるので，次節で述べる制動方法と組み合わせて用いるとよい。

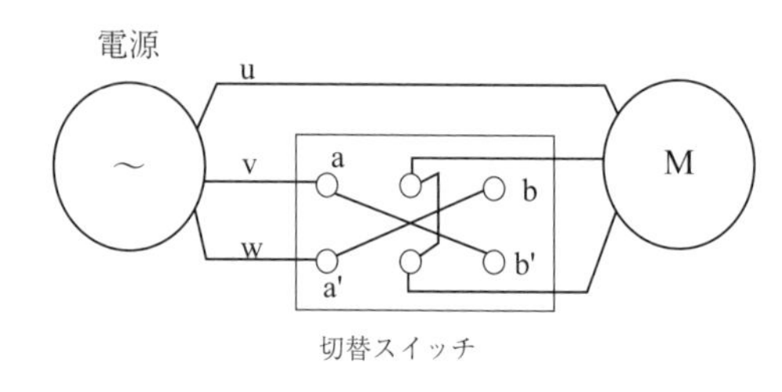


図 10–17　逆転方法

**例題 10.2**

誘導電動機の速度制御法について，どのような方式があり，それぞれどんな特徴があるか述べよ。

**例題解答 10.2**

代表例として，極数切替，一次周波数制御，一次電圧制御，二次抵抗制御，二次励磁制御がある。◢

## 10.4　誘導電動機の制動法

制動とは，負荷のエネルギーを電動機が吸収しながら運転する状態である。大きくは，機械的制動と電気的制動に区分され，後者はさらに発電制動（直流制動），逆相制動および回生制動に分けられる。

### 10.4.1 機械的制動（mechanical braking）

回転子の運動エネルギーを機械的摩擦によって摩擦熱等に変えて制動をおこなう方式で，制動部分はブレーキシューと摩擦ドラムやディスクで構成される。制動力の動力源によって，手動ブレーキ，電磁ブレーキ，油圧ブレーキ，空気ブレーキなどがある。

### 10.4.2 発電制動（dynamic braking）

電動機を運転中に三相交流電源から切り離し，固定子巻線に直流電源を接続する。すると電動機は二次回路を電機子とする交流発電機となり，回転子に電圧が誘導されて電力を消費するので減速する。かご形誘導電動機の場合は回転子導体で，巻線形誘導電動機では二次巻線と二次抵抗で電力が消費される。

この方法では，回転数が高い間は発電電圧も高く誘導電流も大きいので効果的に制動できるが，低回転数，特に停止速度付近では制動トルクが減少し，停止時にはゼロとなる。直流電源の接続方法を図 10–18 に示す。直流電圧を $E$，各相の巻線抵抗を $r$ とすると，巻線に流れる電流は図示の通りとなる。**図 10–18（a）** はスター結線の場合，**図 10–18（b）** はデルタ結線の場合である。通常，巻線電流が定格電流の 1～1.5 倍程度になるように直流電圧 $E$ を設定する。

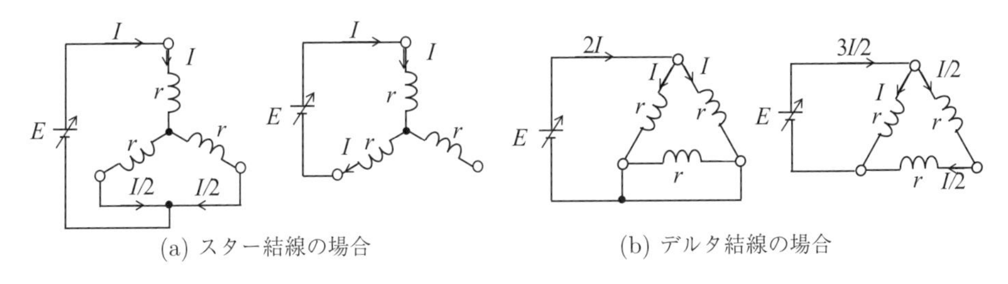


図 10–18 発電制動

### 10.4.3　逆相制動（plugging）

誘導電動機を運転中に急停止する場合に用いる方法である。**図 10–19** に示すように三相電源のうち 2 相の巻線を切替スイッチを用いて入れ替える。スイッチを a-a′ 側に倒したときには u-v-w の相順で電動機に電圧が加わるとすると b-b′ 側に倒すと相順が u-w-v というように逆相になる。プラッキングとも呼ばれる。**図 10–20** にすべりとトルクの特性を示す。回転磁界が逆相になった瞬間，回転磁界と回転子とは反対方向になるため，すべりが $s=2$ の逆相制動領域となる。これにより回転子には大きな制動トルクが生じ停止する。停止状態に近づいた後，そのままにしておくと逆回転してしまうので，回転数を検出して電源から開放する必要がある。また，逆相制動時には始動電流以上の大電流が流れるため注意を要する。巻線形誘導電動機の場合には図 10–20 に示すように二次外部抵抗の値を調節してトルク特性を A から B に移すことで，電流を制限するとともに制動トルクもより大きくできるので効果的な制動が可能となる。

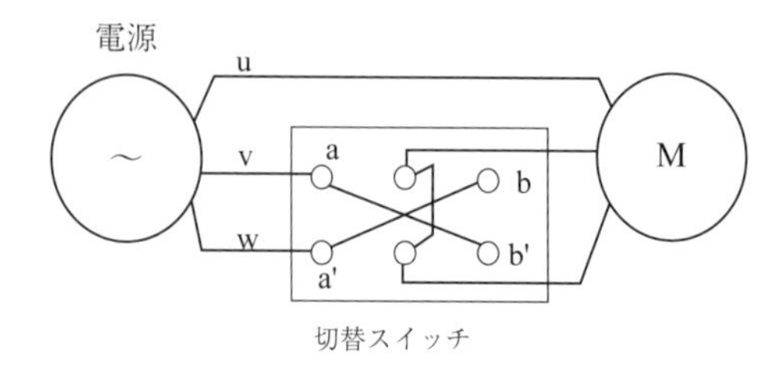


図 10–19　逆相制動

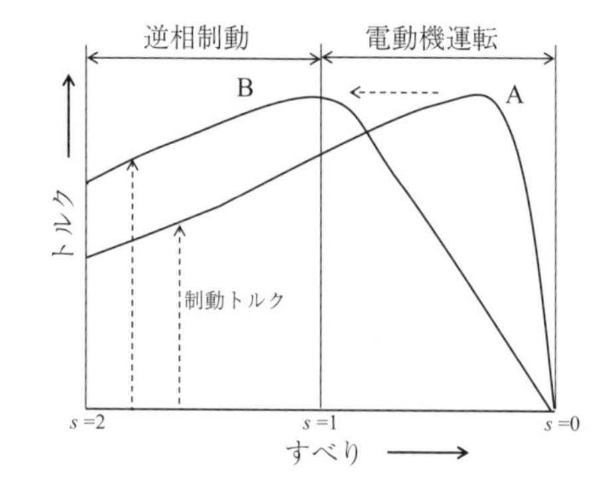


図 10–20　逆相制動時のトルク特性

### 10.4.4　回生制動（regenerative braking）

誘導電動機を同期速度以上で運転すると，トルク特性は図 **10–21** に示すように，すべり $s$ が負の領域である発電機運転となる。この領域ではトルクが負となり，負荷の運動エネルギーを電力として電源に戻すことができる。この方法を回生制動という。回生制動は，クレーン，エレベータ，電車の下り坂など，位置エネルギーを持つ負荷を減速するときに用いられる。図 10–8 に示したインバータを用いた速度制御が適用されている場合には，回転速度を検出して周波数が回転数以下になるように継続して下げていくことで，減速時に継続して回生制動状態を保つことができる。

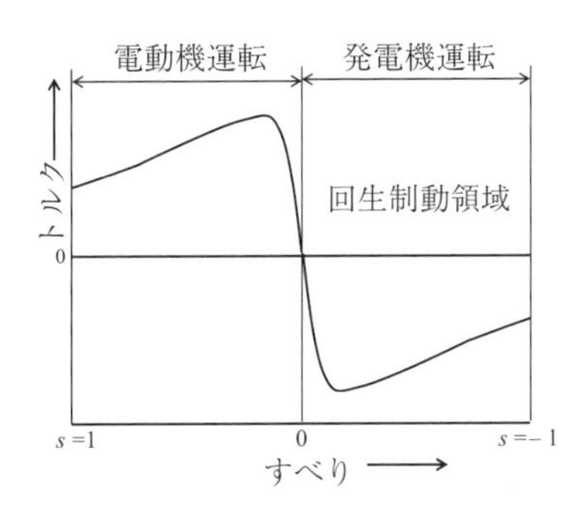


図 10–21　回生制動時のトルク特性

**例題 10.3**

誘導電動機の制動法についてどのような方式があり，それぞれどんな特徴があるか述べよ。

**例題解答 10.3**

機械的制動のほか，代表例として，発電制動，逆相制動，回生制動がある。

#### 10.4.5　誘導発電機（induction generator）

10.4.4 の回生制動で説明したとおり，運転中の誘導電動機の回転速度を同期速度以上とすると，発電機として外部に電流を供給するようになる。外部から電動機を継続して駆動すると発電機として動作する。主に系統連系を目的とした小水力発電や風力発電に用いられる。この系統連系以外の自立運転の場合は励磁電流が供給されないので，単独発電はできない。単独で発電したいときは，適当な容量のコンデンサを出力端子に並列に負荷すればよい。残留磁気によって一次回路に進み電流が流れ，進み電流の増磁作用によって順次励磁電流が増加し，いわゆる自己励磁現象によって電圧が確立する。

## 10.5　特殊かご形誘導電動機

かご形回転子のスロットおよびスロットに収納する導体の形状には図 10–22 に示すようにいろいろなものがある。**図 10–22（a）**は普通かご形誘導電動機で，3.7 kW 程度以下の小形機に用いられ，**図 10–22（b）**は深みぞかご形誘導電動機（deep-slot squirrel-cage induction motor），**図 10–22（c）**は二重かご形誘導電動機（double squirrel-cage induction motor）で，始動電流を抑制したり始動トルクを大きくするために考案されたものである。図（b）の深みぞかご形の特性を**図 10–23** に示す。スロット上部になるほど磁束密度が高くなり，下部は漏れインダクタンスが大きくなる。始動時は二次周波数は高いので導体の電流分布が表皮効果の影響で上部に集中する。したがって実効抵抗が大きくなるので，比例推移の原理より，始動トルクが大きく，始動電流を抑制できる。加速していくと二次周波数が低くなるため，電流分布が一様に分布し実効抵抗が小さくなり通常の特性となる。

**図 10–24** に二重かご形の特性を示す。深みぞかご形と同様に始動時には表皮効果の影響で電流は上側導体に集中する。加速後は下側導体にも電流が流れるようになる。上側導体には黄銅・銅合金など高抵抗，低リアクタンス材料を，下側導体には低抵抗，高リアクタンスとなる銅を用いる。5.5 kW 以上の電動機には主に特殊かご形が用いられる。二重かご形のほうが抵抗の変化が大きいが，機械的な強度では深みぞかご形のほうが有利である。

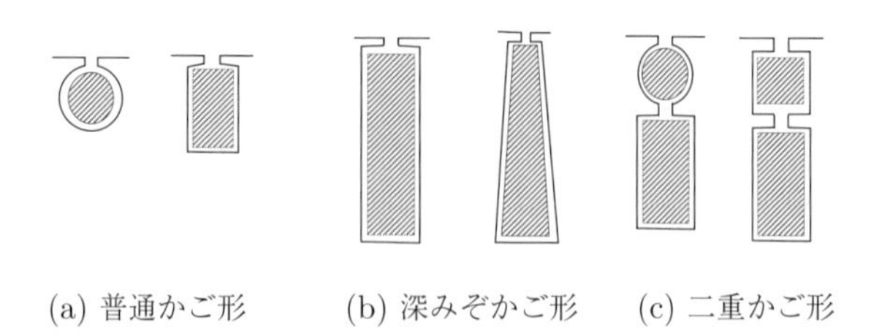


図 10–22　かご形回転子のスロット形状

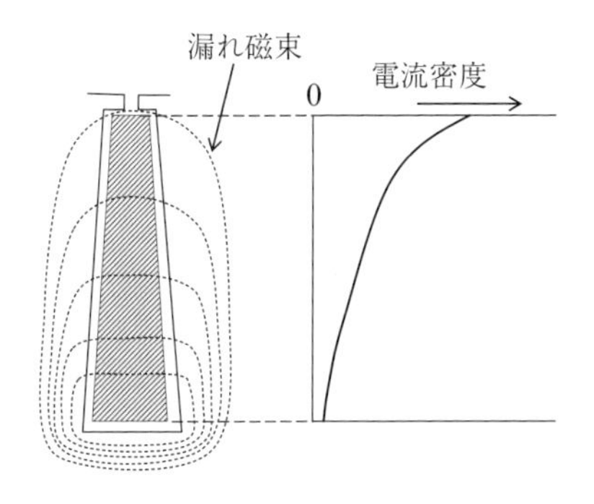


図 10–23　深みぞかご形の特性

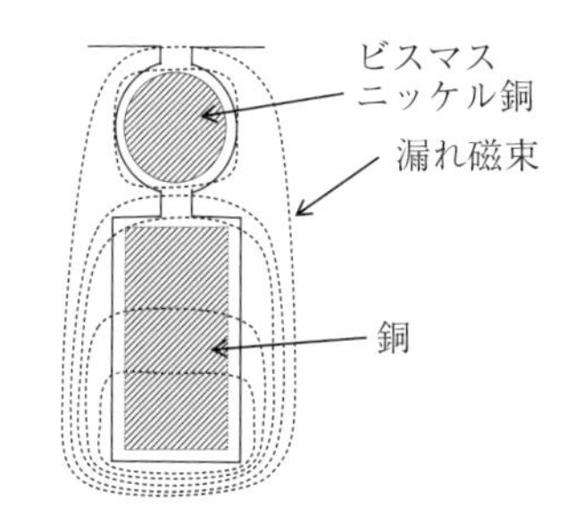


図 10–24　二重かご形の特性

## 10.6　単相誘導電動機（single-phase induction motor）

単相誘導電動機は容易に得られる単相交流電源を使用できるため，家庭用電気機器や小形作業機械など数百 W 程度の小容量であり用途は広く，かつては単相電源で使われる家電製品用の電動機の主力であった。1980 年代以降，ルームエアコン，洗濯機などの比較的電力の大きい用途では単相電源からインバータにより三相交流電動機を駆動するのが一般的になり，あまり使われなくなった。現在では換気扇，扇風機などの小容量の用途に限定して用いられている。

### 10.6.1　原理と構造

**図 10–25** (a) に単相誘導電動機の断面図を示す。固定子と回転子に巻線を配置し，固定子巻線に単相交流を加えると固定子に磁界 $H_\mathrm{a}$ が発生する。ここで回転子が時計回りに回転しているとすると短絡された回転子巻線には図示の方向に電流が流れる。この電流による回転子磁界 $H_\mathrm{b}$ が発生する。したがって，電動機内部には位相が $\pi/2$ ずれた 2 つの磁界が存在し，二相回転磁界が生じる。合成磁界 $H$ は図示の方向に発生する。固定子電流が反対方向に流れると**図 10–25 (b)** に示したように**図 10–25 (a)** とは反対方向に磁界が発生する。合成磁界の方向が

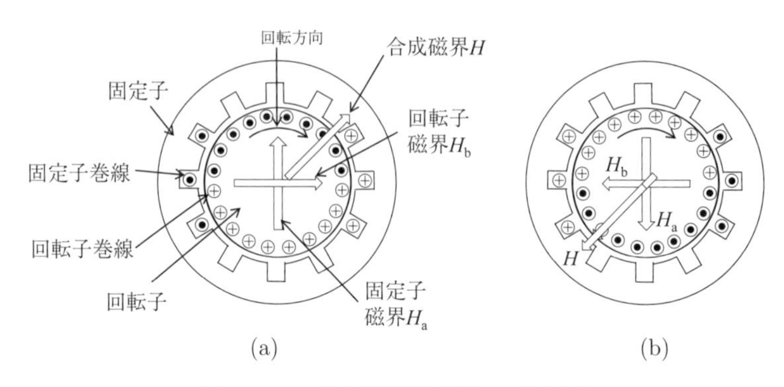


図 10–25 単相誘導電動機の回転原理

交互に変化するので交番磁界（cross field）ともいう。交番磁界は，**図 10–26** に示すように時計回りに回転する磁界 $H_b$ と反時計回りに回転する磁界 $H_a$ に分解して考えることができる。この考えに基づくと，すべり–トルク特性は，**図 10–27** に示したように磁界 $H_b$ に対応したトルク $T_b$ が発生する電動機と磁界 $H_a$ に対応したトルク $T_b$ が発生する電動機の特性の合成と考えることができる。ここでは回転子が時計方向に回転していると仮定しているが，図 10–27 に示すようにすべり $s = 0$ のとき，すなわち停止時にはトルクはゼロとなる。そこで，何らかの方法で始動すればその後は自力で回転を継続することができる。したがって単相誘導電動機には必ず始動機構を内蔵している。

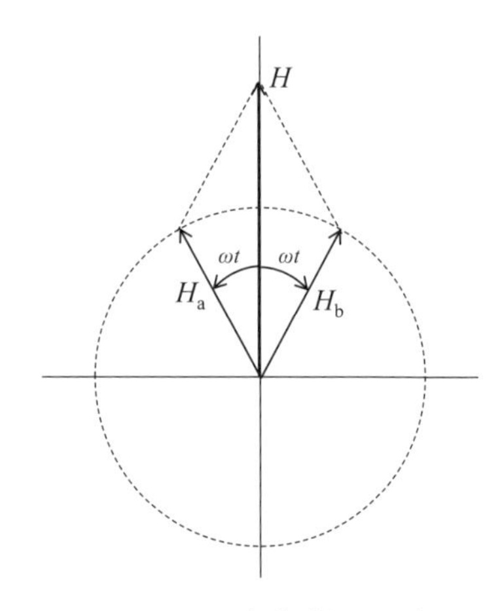


図 10–26 交番磁界の分解

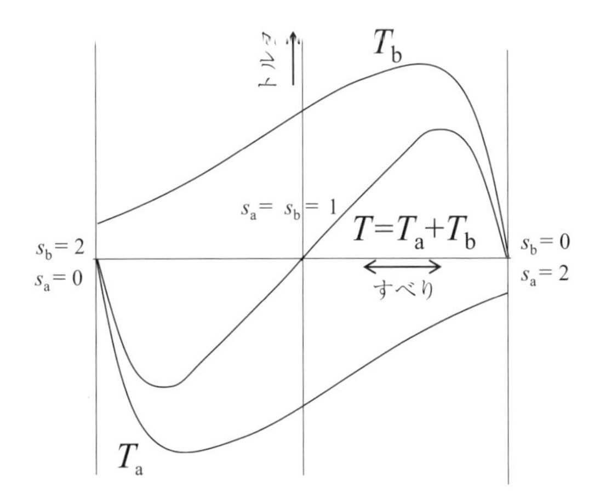


図 10–27　単相誘導電動機のすべり－トルク特性

### 10.6.2　各種単相誘導電動機

始動機構により分類される単相誘導電動機の種類について次に説明する。

#### (1)　分相始動形（split-phase method）誘導電動機

**図 10–28** に構成図を示す。補助巻線に使う電線を細くして巻線抵抗を大きくし，巻き回数を減らしてリアクタンスを小さくすることで流れる電流が主巻線電流よりも進むようになる。補助巻線電流と主巻線電流に位相差が生じ，その位相差は小さいが始動には十分である。回転数がある値以上になると遠心力スイッチで補助コイルは切り離される。始動トルクが小さいので 200W 以下の小形電動機に用いられる。

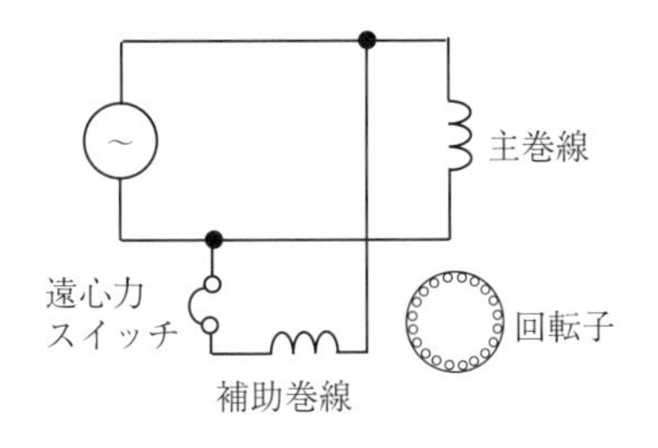


図 10–28　交番磁界の分解

#### (2)　コンデンサ始動形（capacitor method）誘導電動機

**図 10–29** に示すように補助巻線に直列にコンデンサを接続する。始動後は遠心力スイッチで補助コイルが切り離される。始動原理は分相始動形と同じで

あるが，補助巻線電流と主巻線電流の位相差が大きくなるので始動特性は分相始動形よりも優れている。

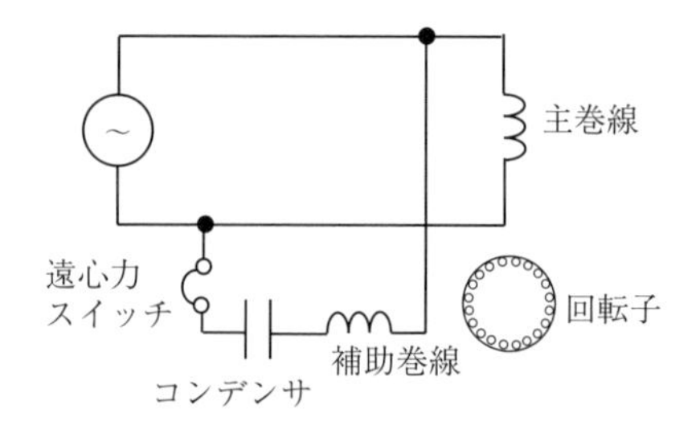

図 10–29　コンデンサ始動形

### (3)　コンデンサ誘導電動機

コンデンサ始動形で，回転後もコンデンサを切り離さず補助巻線を接続したままで運転する方式である。流れる電流と電源電圧の位相差が小さいので電源力率が良くなるという特徴がある。

### (4)　くま取りコイル形（shading coil method）誘導電動機

**図 10–30** に示すように，固定子が突極構造になっており，磁極の一部に 1 回巻きの短絡巻線がはめ込まれている。これをくま取りコイルという。くま取りコイルを通過する交番磁束 $\Phi_s$ によりコイルに短絡電流が流れ，磁束 $\Phi_K$ が発生する。$\Phi_K$ は $\Phi_s$ の変化を妨げるように作用する。したがって，$\Phi_s$ は主磁束 $\Phi_m$ より遅れ位相となり移動磁界ができるので始動トルクが生じる。回転方向はくま取りコイルの位置で決まるため回転方向を変えることはできない。この方式は始動トルクが極めて小さく，くま取りコイルの銅損も大きいため効率が悪いが，構造が堅牢で安価なため数十 W 以下の電動機に使用されている。

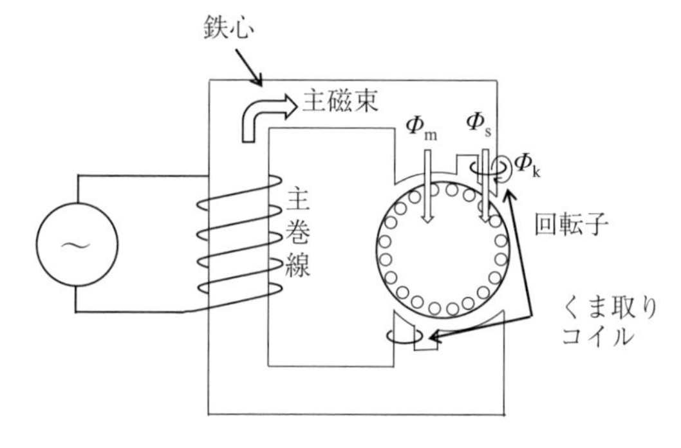

図 10–30　くま取りコイル形

### (5) 反発始動形（repulsion method）誘導電動機

反発始動形誘導電動機は図 **10–31** に示すように，固定子に主巻線だけ巻かれ，回転子は直流機の電機子のように整流子をもっている。整流子に接触した 2 つのブラシは主巻線軸よりもある角度（電気角で 10° 程度）ずらした位置に配置され，外部で短絡されている。加速後は遠心力の作用を利用して整流子面近くに置いた短絡環で全整流子を短絡する。その後，回転子巻線が短絡されたかご形導体と同様になるので通常の単相誘導電動機として回転を継続する。

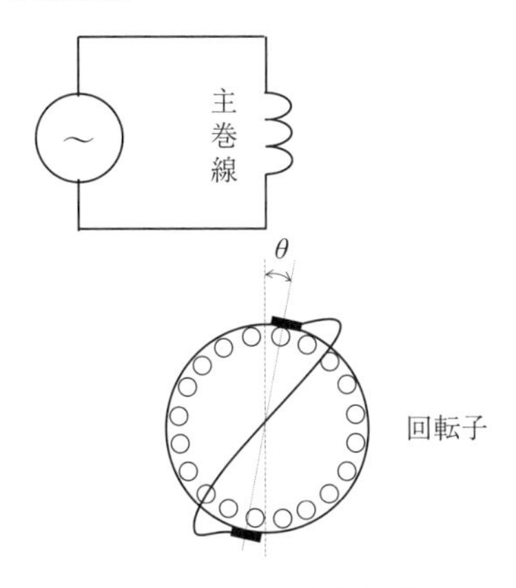

図 10–31　反発始動形

この方式は，直巻電動機の特性をもつので始動トルクが非常に大きく，開発当初は井戸ポンプや精米機などの農事用に広く用いられたが，構造が複雑で，整流子を有するので騒音や保守の面で不利となり，需要が減っている。

## 例題 10.4

単相誘導電動機の始動方法による分類について述べよ。

## 例題解答 10.4

代表例として，分相始動形，コンデンサ始動形，くま取りコイル始動形，反発始動形がある。◢

## 演習問題

(1) 巻線形誘導電動機の二次抵抗による速度制御法の得失を述べよ。

(2) 巻線形誘導電動機の二次抵抗による速度制御法の欠点として，負荷に対する速度変動が大きいことが挙げられる。この理由を説明せよ。

(3) 巻線形誘導電動機の二次抵抗による速度制御法の欠点として，負荷の小さいときは広範囲の速度制御が困難であることが挙げられる。この理由を説明せよ。

## 演習解答

(1) 利点：① 制御用二次抵抗を兼ねる。② 抵抗器は構造が簡単で制御が容易であり，耐久性がある。

　欠点：① 速度変化の割合と同じ割合の電力を二次抵抗で熱として消費するので，効率が犠牲となり運転効率が低い。② 負荷の変動に対する速度変動が大きくなる。③ 負荷が小さいときは広範囲の速度制御が困難である。

(2) すべりが小さくトルクとすべりが比例する速度領域で動作しているときに負荷トルクが変動すると，**解答図 10–1** より抵抗なしの場合はすべり—トルク直線の傾きが大きく，トルクの変動によるすべりの変化が小さい。二次抵抗を入れると，比例推移によりトルクの最大値が低速側にシフトし，すべり—トルク直線の傾きが小さくなり，その結果，トルクの変動に対する速度の変動が大きくなる。

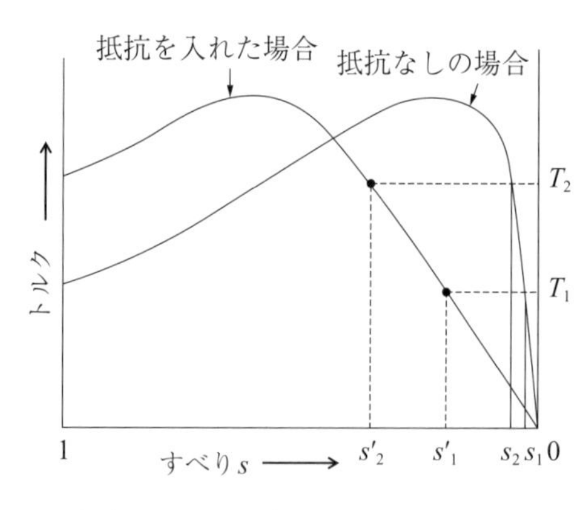


解答図 10–1　負荷が変動する場合

(3) 抵抗を大きくしていくにしたがってすべり―トルク直線の傾きが小さくなり，速度が減少していくが，**解答図 10–2** より，トルクの大きさと速度の変動量は比例の関係にあることが三角形の相似の関係よりわかる。したがって，トルクの小さいときには，すべり―トルク直線の傾きの変動に対する速度の変動量は小さくなり，広域の速度調整は困難となる。

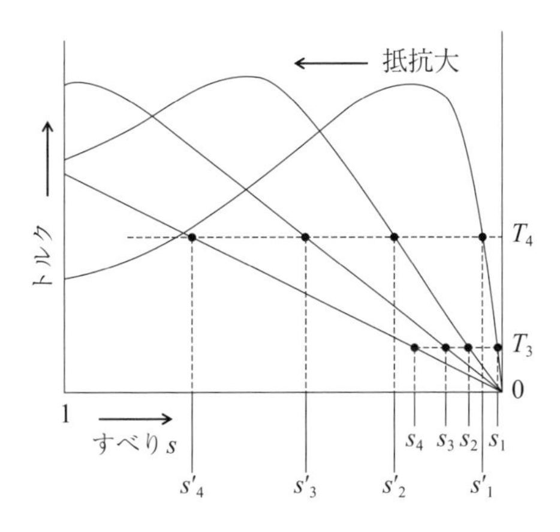


解答図 10–2　負荷が小さい場合

## 引用・参考文献


1) 坪島茂彦：誘導電動機，東京電機大学出版局，1979.
2) 多田隈進，石川芳博，常広譲：電気機器学基礎論，電気学会，2004.
3) 藤田宏：電気機器，森北出版，2005.
4) 後藤文雄：電機概論，丸善，1989.
5) 山村昌，山本充義，多田隈進：電気機器工学Ⅱ，電気学会，1988.

# 11章　同期発電機

火力発電所や原子力発電所では，蒸気タービンで発電機を回し，水力発電所では水車で発電機を回している。これらの発電機としては，同期発電機が用いられている。同期発電機で発生する起電力の周波数を安定にするためには，発電機の回転数を一定に保つ必要がある。

## 11.1　同期発電機の原理と構造

同期発電機の構造図を**図 11–1** に示す。界磁磁極をなす回転子を外力により回転させると，固定子に設けた電機子巻線にフレミングの右手の法則に則った向きに誘導起電力を発生する。逆に，図 11–1 に示す同期機の回転子が反時計回りに回転しているとき電機子巻線の端子に三相交流電圧を加えると，回転子はフレミングの左手の法則に従い反時計回りに回転し続ける（停止状態からで

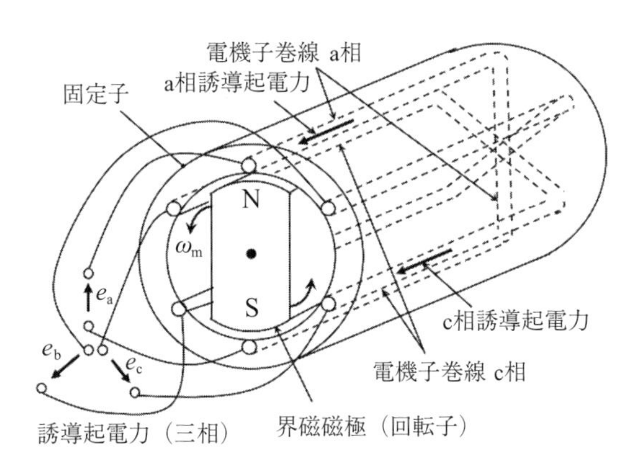


図 11–1　同期発電機の構造

は回転できない)。すなわち，発電機は電動機と基本的に同じ構造をしている。

### 11.1.1　立軸形発電機，横軸形発電機

同期発電機には，水車発電機に代表される立軸形発電機と，タービン発電機に代表される横軸形発電機がある。立軸形は極数が多く回転速度が小さく大形である。横軸形は極数が少なく回転速度が大きい。また，**図 11–2** のような界磁磁極を回転させる回転界磁形と，電機子巻線を回転させる回転電機子形があるが，回転部分に高電圧の巻線を設けるのを避けるため，回転界磁形が多く用いられる。ここで「電機子」とは，起電力を発生する主巻線を有する部分を言う。

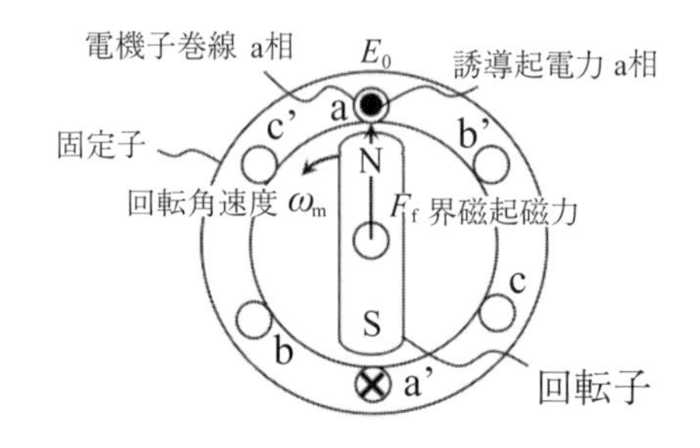


図 11–2　回転界磁形の同期発電機

立軸形発電機は主に水車発電機のように，低速度用の大形機に用いられ，大外径で極数を多くすることができる。発電機は水車の上に据え付けられる。横軸形は主にタービン発電機のように，高速度用の小形機に用いられる。タービン発電機ではほとんどが 2 極（主に火力発電用）または 4 極機（主に原子力発電用）である。

### 11.1.2　同期発電機の原理

図 11–2 に，回転界磁形の三相同期発電機の例を示す。固定子には電機子巻線が配置される。電機子巻線には a-a′，b-b′，c-c′ の 3 組があり，それぞれコイル状に巻かれている。回転子には界磁巻線（図示せず）を設け直流電流を流すか，永久磁石を配置し界磁磁束を発生させる。回転子が図示のように左回転すると，界磁磁束が電機子巻線導体を切ることで電機子巻線に起電力が誘導される。この誘導起電力の向きは，フレミングの右手の法則により，界磁磁束が左回転するとしたら相対的に電機子巻線導体が右回転することに相当するので，

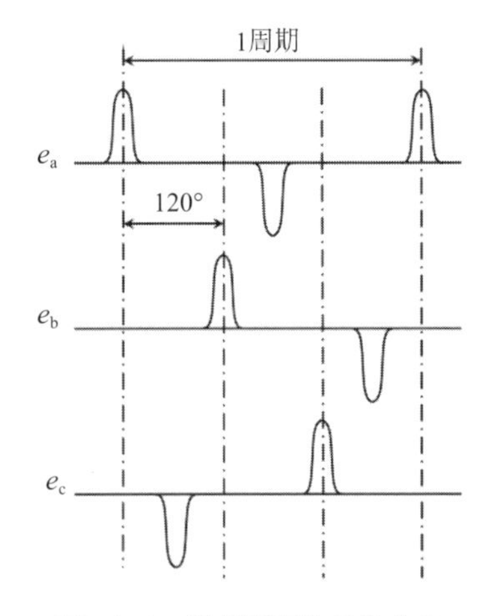


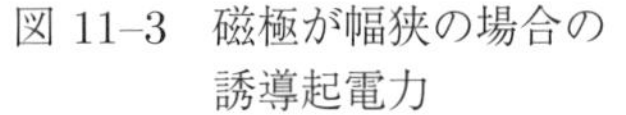
図 11–3　磁極が幅狭の場合の誘導起電力

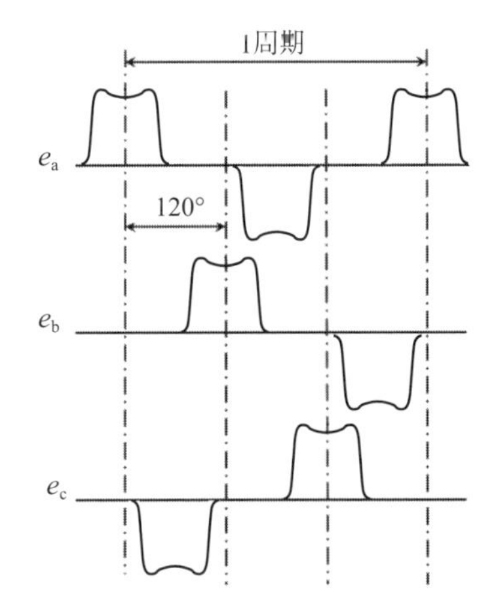


図 11–4　磁極が幅広の場合の誘導起電力

したがって N 極の近傍の電機子巻線導体（図 11–2 では $a$ 相）には紙面の手前方向（◉で表す）に起電力が誘導される。回転子が 120° 左に回転すると N 極が電機子巻線 b の近傍に来るが，その際には電機子巻線 b-b′ に起電力が誘導される。さらに 120° 左に回転すると，c-c′ に起電力が誘導され，三相分の起電力が発生することになる。図 11–2 のような極対数 1 で固定側に 3 組のコイルを配置した場合の誘導起電力の波形は，回転子の磁極が幅狭の場合，**図 11–3** のように尖った波形になり，幅広の場合，**図 11–4** に示すように台形状の波形になる。回転子が 1 回転すると各相に 1 周期の起電力が発生し，各相の位相差は 120° になる。また，誘導起電力を正弦波形にするには，磁極の形状を中心軸から両端に至るにつれてギャップを大きくしたり，後述の分布巻にしたりして，ギャップ磁束分布を調整する必要がある。

### 11.1.3　交流起電力と周波数

同期発電機のギャップ磁束分布が正弦波である場合の誘導起電力の実効値は，1 相あたりの固定側コイル導体の巻数を $w$，毎極の磁束を $\Phi$ [Wb]，周波数を $f$

(固定側コイルに対する回転子磁束の１秒間あたりに変化するサイクル数）とすると，

$$E = 4.44\,fw\Phi\,[\mathrm{V}] \tag{11.1}$$

で表される。

誘導起電力の周波数 $f$ と極対数 $p$ の関係は，回転速度を $n\,[\mathrm{s}^{-1}$，もしくは $\mathrm{rps}]$ とすると，

$$f = np\,[\mathrm{Hz}] \tag{11.2}$$

で表される。また，回転角速度は，$\omega_{\mathrm{m}} = 2\pi n = 2\pi\dfrac{f}{p}\,[\mathrm{rad/s}]$ で表される。

## 例題 11.1

式（11.1）を誘導せよ。

## 例題解答 11.1

磁束密度 $B\,[\mathrm{T}]$ の磁界中で長さ $\ell\,[\mathrm{m}]$ の導体が $v\,[\mathrm{m/s}]$ で移動する場合に発生する誘導起電力 $e\,[\mathrm{V}]$ は，$e = vB\ell\,[\mathrm{V}]$ で表される。

同期発電機において，ある固定側コイル導体に対し時間 $t\,[\mathrm{s}]$ としたときの磁束密度の変化を $B = B_{\mathrm{m}}\cos\omega t\,[\mathrm{T}]$（図1–11 参照），$\omega = 2\pi f = 2\pi np\,[\mathrm{rad/s}]$ とする。ここで，固定子コイル導体と磁界の相対移動速度すなわち磁極の移動速度を $v\,[\mathrm{m/s}]$，**図 11–5** に示すように磁極ピッチを $\tau\,[\mathrm{m}]$，回転子長さ $\ell\,[\mathrm{m}]$，誘導起電力の周波数を $f\,[\mathrm{Hz}]$ とすると $v = 2\tau f\,[\mathrm{m/s}]$，また，磁束密度の平均値 $B_{\mathrm{a}} = 2B_{\mathrm{m}}/\pi$，毎極の磁束 $\Phi\,[\mathrm{Wb}]$ とすると，$B_{\mathrm{a}} = \Phi/(\tau\ell)$ で表されるので，誘導起電力の波高値 $E_{\mathrm{m}}$ は，

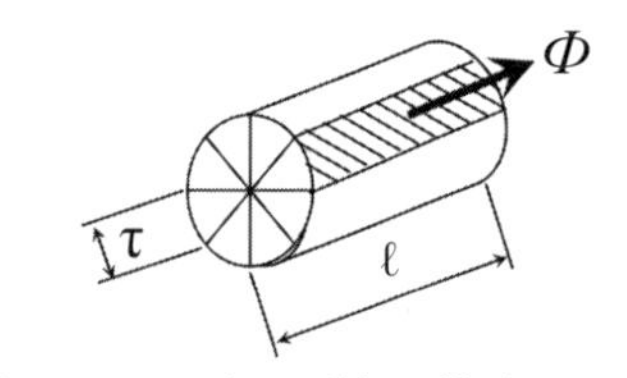


図 11–5　回転子磁極の構造例（4 極対の例）

$$E_{\mathrm{m}} = vB_{\mathrm{m}}\ell = 2\tau f\frac{\pi B_{\mathrm{a}}}{2}\ell = \tau f\pi\frac{\Phi}{\tau\ell}\ell = \pi f\Phi\,[\mathrm{V}]$$

となる。実効値に直し，往復コイル導体数を $2w$ とすると，

$$E_{\mathrm{a}} = \frac{E_{\mathrm{m}}}{\sqrt{2}} \times 2w = \frac{\pi f\Phi}{\sqrt{2}} \times 2w = 4.44\,fw\Phi\,[\mathrm{V}]$$

が得られる。

注）1.4.2 に示した速度起電力の式（1.17）が式（11.1）に相当する。◢

## 11.2　同期発電機の誘導起電力

同期発電機の電機子コイル（固定側）に誘導される起電力は，回転子の界磁磁極の移動により発生するが，その波形はギャップの磁束密度分布に依存する。突極磁極では磁極面のギャップを両端に至るほど大きくでき，発生起電力を正弦波状に近づけることができるが，**図 11–6** のような円筒形磁極では磁極面のギャップは変えられず，発生起電力の形は台形状に近くなってしまう。その対策として分布巻は有効である。矩形波状の起電力を発生する 3 つの巻線を集中巻にした**図 11–7（a）**と，分布巻にした**図 11–7（b）**を比較することにより，分布巻がより正弦波に近くなっていることがわかる。**図 11–8** に示すように，1 極 1 相の巻線を 3 個のスロットに分散して収納すると，界磁磁束（左に移動）

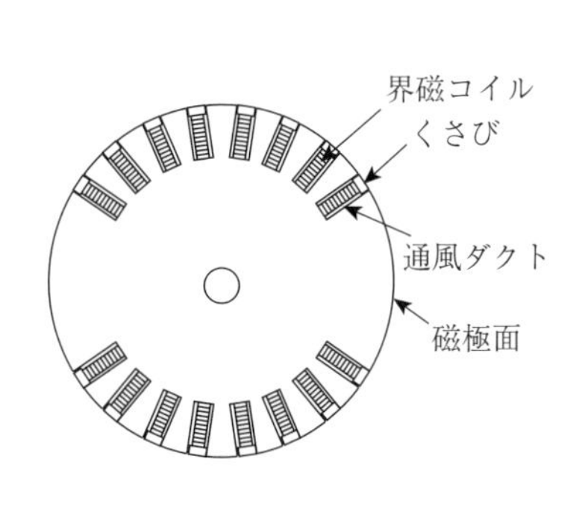


図 11–6　円筒形回転子の構造

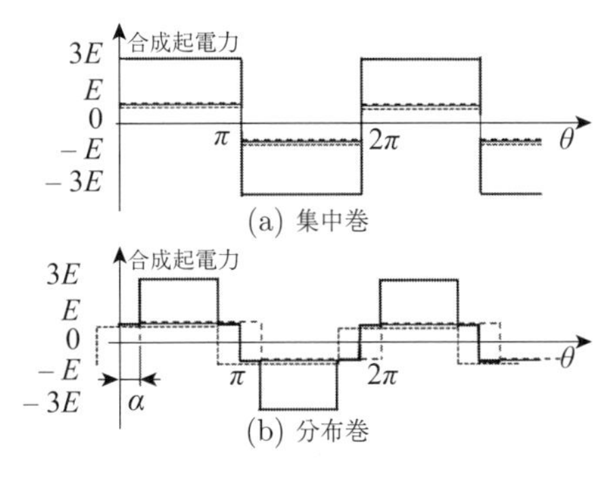


図 11–7　矩形波での分布巻係数

が正弦波状だとしても，発生起電力は**図 11–9** に示すように $e_1$，$e_2$，$e_3$ の順に最大が時間的にずれる（三相機で 1 極 1 相にスロット 3 個の場合の角度は $\alpha = 20°$：電気角）ことになる。合成起電力をフェーザ図で描けば**図 11–10** のようになり，分布巻係数 $k_\mathrm{d}$ は下式のように表せる。

$$k_\mathrm{d} = \frac{e'_\mathrm{r}}{3e_2} = \frac{\sin\frac{3\alpha}{2}}{3\sin\frac{\alpha}{2}} \tag{11.3}$$

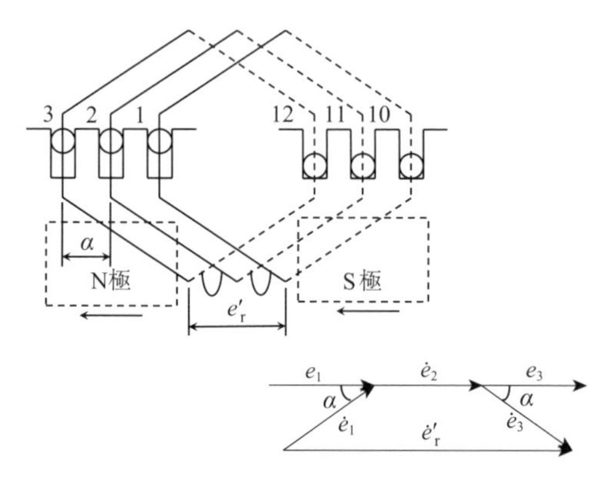


図 11–8　分布巻

別の方法で表すと，スロット 2 に 3 本の巻線が集中して巻かれているとしたときの起電力が $e_1 + e_2 + e_3 = 3e_2$ になることに対し，図 11–9 に示すような分布巻の場合の合成起電力 $e'_r$ は，3 つのスロットに巻かれる各巻線の起電力がそれぞれ下式のようになるので，

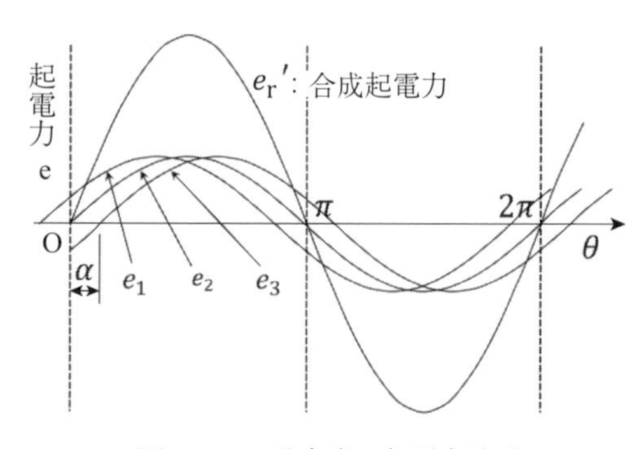


図 11–9　分布巻の起電力波形

$$\begin{cases} e_1 = E\sin(\theta + \alpha) \\ e_2 = E\sin\theta \\ e_3 = E\sin(\theta - \alpha) \end{cases} \tag{11.4}$$

$$\therefore e'_\mathrm{r} = E(1 + 2\cos\alpha)\sin\theta \tag{11.5}$$

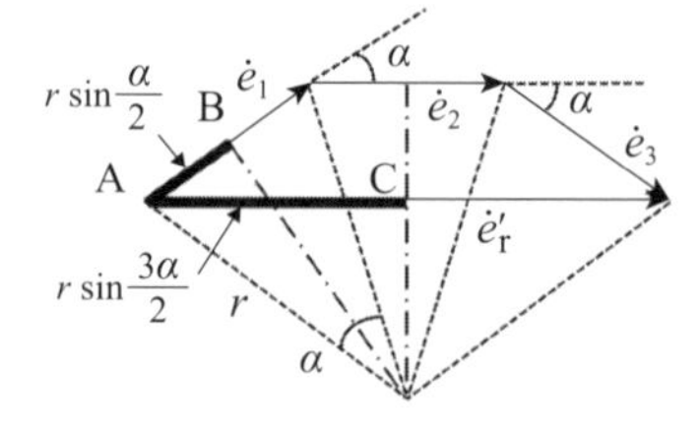


図 11–10　分布巻係数

となり，$3e_2$ より小さくなることがわかる。したがって，分布巻係数 $k'_\mathrm{d}$ は，

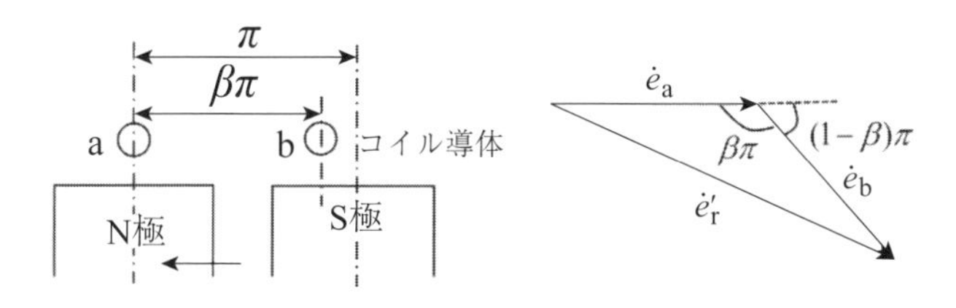


図 11–11　短節巻

$$k'_d = \frac{e'_r}{3e_2} = \frac{1 + 2\cos\alpha}{3} \tag{11.6}$$

となり，$\alpha$ が同じであれば式（11.3）と同じ値を示し，例えば $\alpha = 20°$ とすると，約 0.96 になる。

次に端子間電圧に含まれる第 5, 第 7 高調波（三相交流機では，星形結線にしても三形結線にしても線間電圧には等 3 高調波成分は現れない）をできるだけキャンセルするために，短節巻（**図 11–11**）を用いている。短節巻係数 $k_q$ は，**図 11–12** より，

$$k_q = \sin\frac{\beta\pi}{2} \tag{11.7}$$

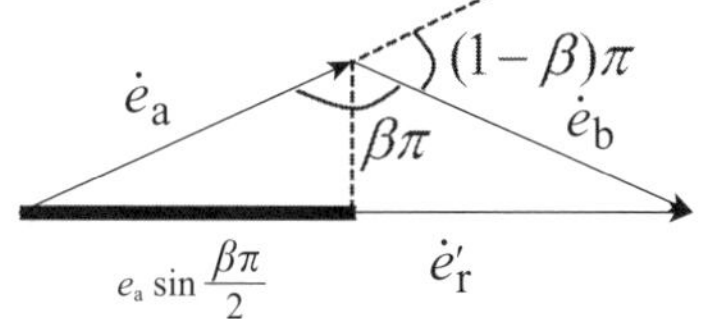


図 11–12　短節巻係数

短節巻係数も，分布巻係数と同じように，$\dot{e}_b$ と位相角 $(1-\beta)\pi$ だけ進んだ $\dot{e}_a$ を加えた $\dot{e}'_r$ を $2e_b$ で除した値に等しくなる。

分布巻係数 $k_d$，短節巻係数 $k_q$ を総合して巻線係数 $k_w = k_d k_q$ とし，この $k_w$ を式（11.1）に乗じて，誘導起電力を $E = 4.44\, k_w f_w \varPhi\,[\mathrm{V}]$ で表すことができる。

## 例 題 11.2

式（11.3）を誘導せよ。

## 例 題 解 答 11.2

図 11–10 に示すように，誘導起電力 $\dot{e}_1$，$\dot{e}_2$，$\dot{e}_3$ を位相差 $\alpha$ で描いたフェー

ザ図において，$e_1 = e_2 = e_3 = e$ として太線の線分 AB は $\frac{e}{2} = r \times \sin\frac{\alpha}{2}$，AC は $\frac{e'_{\mathrm{r}}}{2} = r \times \sin\frac{3\alpha}{2}$ となるので，分布係数巻 $k_{\mathrm{d}}$ は，

$$k_{\mathrm{d}} = \frac{e'_{\mathrm{r}}}{3 \times e} = \frac{2r \times \sin\frac{3\alpha}{2}}{3 \times 2r \times \sin\frac{\alpha}{2}} = \frac{\sin\frac{3\alpha}{2}}{3\sin\frac{\alpha}{2}}$$

となり，式（11.3）が得られる。◢

## 11.3　同期発電機の電機子反作用

同期発電機において，電機子電流によって生ずる磁束が界磁磁束に影響を及ぼす現象を電機子反作用と呼ぶ。電機子電流 $\dot{I}$ が無負荷誘導起電力 $\dot{E}_0$ と同相のときの**図 11–13**（**a**）に対し，（**b**）に示す $\dot{I}$ が $\dot{E}_0$ に対し $\pi/2$ 遅れ位相の場合，$\dot{I}$ によって生ずる起磁力 $\dot{F}_{\mathrm{a}}$ が界磁起磁力 $\dot{F}_{\mathrm{f}}$ を減らす減磁作用を表す。$\pi/2$ 進み位相の場合は増磁作用を表す。別の表現では，界磁起磁力 $\dot{F}_{\mathrm{f}}$ で内部誘導起電力 $\dot{E}_0$ が発生するのに対し，$\pi/2$ 遅れ位相の場合，電機子反作用による減磁作用を加味した誘導起電力 $\dot{E}_{\mathrm{a}}$ が $\dot{E}_0$ より小さくなってしまう。すなわち，電機子反作用は，電気回路上，リアクタンス $x_{\mathrm{a}}\,[\Omega]$ に相当する。例えば，

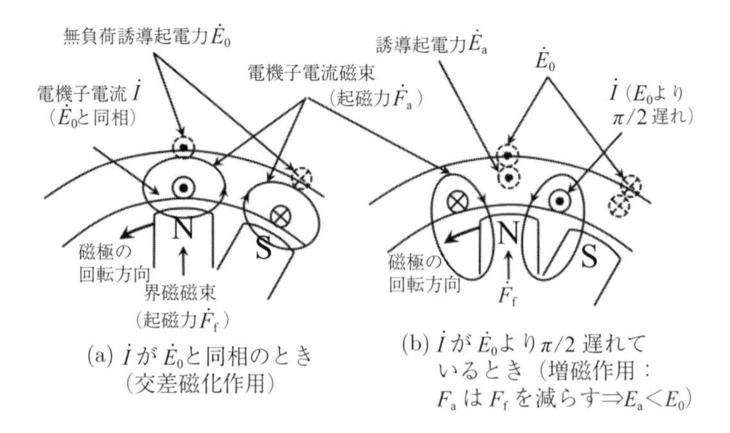


(a) $\dot{I}$ が $\dot{E}_0$と同相のとき（交差磁化作用）

(b) $\dot{I}$ が $\dot{E}_0$より$\pi/2$ 遅れているとき（増磁作用：$F_{\mathrm{a}}$ は $F_{\mathrm{f}}$ を減らす⇒$E_{\mathrm{a}}$＜$E_0$）

図 11–13　電機子反作用

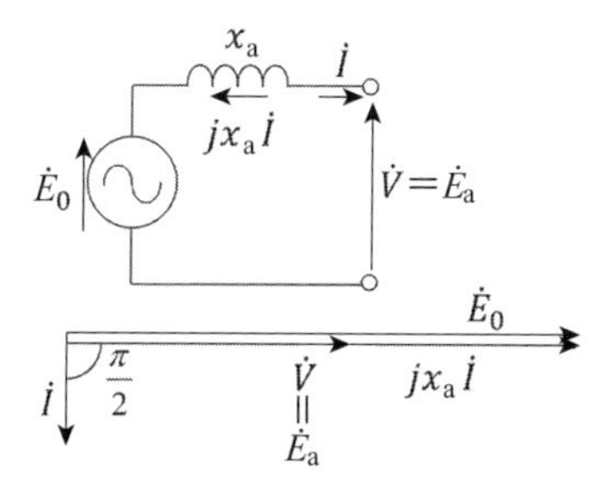


図 11–14　電機子反作用リアクタンス

**図 11–14** のフェーザ図（電機子抵抗 $r_\mathrm{a}$ と電機子漏れリアクタンス $x_\ell$ を省略している）に示すように $\pi/2$ 遅れ電流の場合，電機子反作用リアクタンス降下 $\mathrm{j}x_a\dot{I}$ は，端子電圧 $\dot{V}$（$\dot{E}_\mathrm{a}$ と等しい）を内部誘導起電力 $\dot{E}_0$ より減らす作用をしており，電機子反作用の減磁作用と同じ現象を表していると言える。

## 11.4　同期発電機の出力，短絡比

### 11.4.1　等価回路とフェーザ図

円筒形同期発電機の等価回路とフェーザ図を**図 11–15** に示す。発電機の内部誘導起電力 $\dot{E}_0$，電機子抵抗 $r_\mathrm{a}$，同期リアクタンス $x_\mathrm{s}$（$x_\mathrm{s} = x_\mathrm{a} + x_\ell$）とすると，端子電圧 $\dot{V}$ は，

$$\begin{aligned}\dot{V} &= \dot{E}_0 - \{r_\mathrm{a} + j(x_\mathrm{a} + x_\ell)\}\dot{I} \\ &= \dot{E}_0 - (r_\mathrm{a} + jx_\mathrm{s})\dot{I}\,[\mathrm{V}] \end{aligned} \tag{11.8}$$

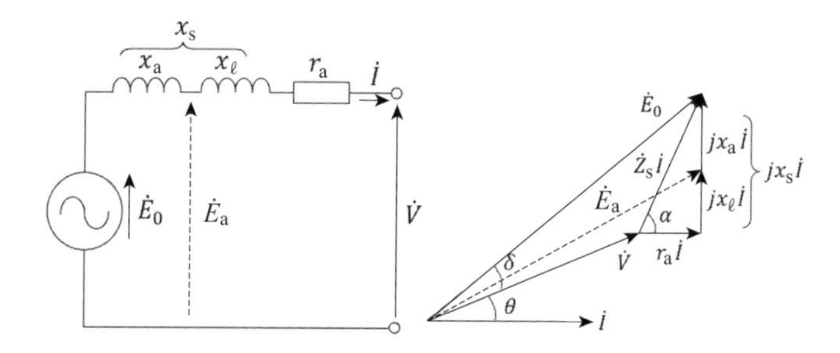


図 11–15　同期発電機の等価回路とフェーザ図

ここで $x_\ell$ は電機子漏れリアクタンス，$x_\mathrm{a}$ は電機子反作用リアクタンスを示す。$\dot{E}_0$ と $\dot{V}$ のなす角は負荷角 $\delta$，$\dot{V}$ と $\dot{I}$ のなす角は力率角 $\theta$ とする。

### 11.4.2　発電機出力

図 11–15 において $r_\mathrm{a} = 0$ とした場合のフェーザ図を**図 11–16** に示す。発電機出力は 1 相あたり

$$P_1 = VI\cos\theta\,[\mathrm{W}] \qquad (11.9)$$

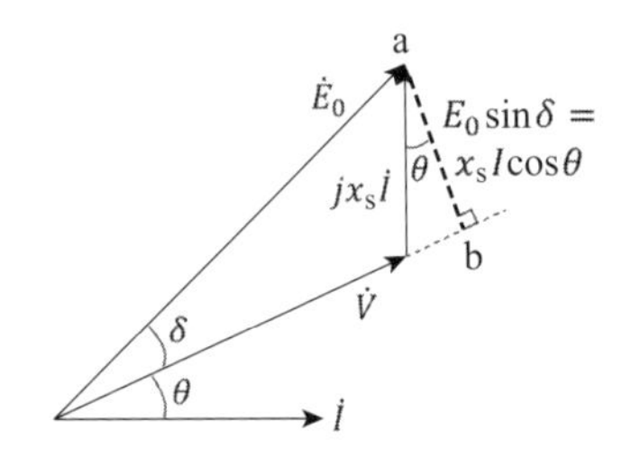


図 11–16　発電機出力

ここで，図 11–16 より線分 ab の長さは，

$$\begin{aligned} &E_0 \sin\delta = x_\mathrm{s} I \cos\theta \\ &\therefore I\cos\theta = \frac{E_0 \sin\delta}{x_\mathrm{s}} \end{aligned} \qquad (11.10)$$

したがって，

$$P_1 = V\frac{E_0 \sin\delta}{x_\mathrm{s}} = \frac{VE_0}{x_\mathrm{s}}\sin\delta\,[\mathrm{W}] \qquad (11.11)$$

三相分の発電機出力は，

$$P = 3\frac{VE_0}{x_\mathrm{s}}\sin\delta\,[\mathrm{W}] \qquad (11.12)$$

**図 11–17**（**a**）は，上記の円筒形同期発電機の出力を示す。（**b**）は，以下に

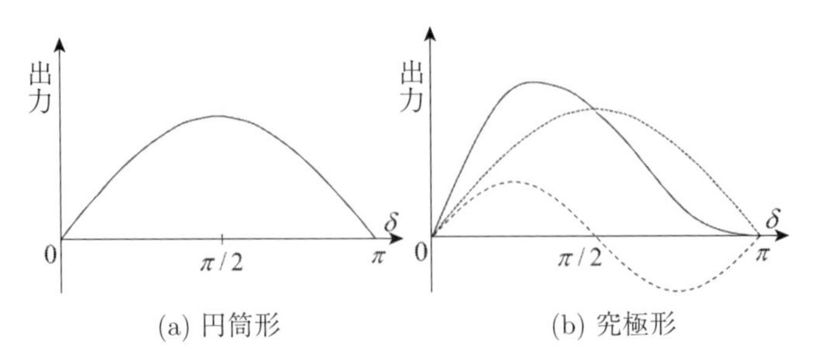


図 11–17　同期発電機の出力

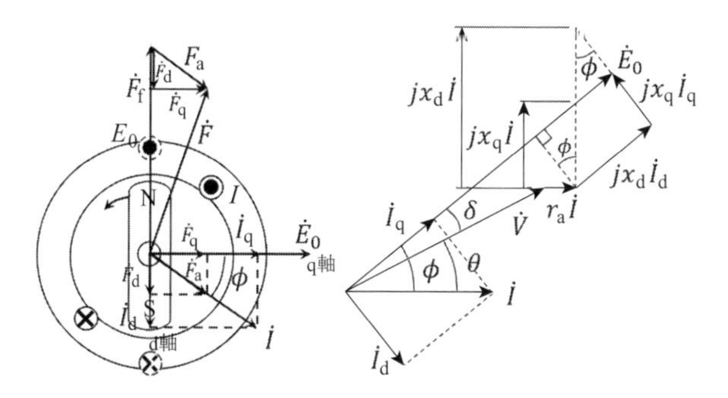


図 11–18　突極形同期発電機のフェーザ図（$r_a$ あり）

示す突極形同期発電機の出力を示す。

水力発電などに用いられる低速度の発電機で用いられている突極形同期発電機について，誘導起電力 $\dot{E}_0$ に対し電流 $\dot{I}$ が角度 $\phi$ だけずれている場合の空間フェーザ図及び時間フェーザ図を**図 11–18** に示す。突極形では，界磁磁極部のギャップが短く磁気抵抗が小さいが，磁極と磁極の中間部分はギャップが大きく磁気抵抗が大きくなる。したがって，磁束（= 起磁力／磁気抵抗）の大きさが，磁極方向（d 軸：直軸）と磁極と磁極の中間方向（q 軸：横軸）で異なってくるので電機子反作用も異なる。そのため電機子起磁力 $\dot{F}_a$ も直軸分 $\dot{F}_d$ と横軸分 $\dot{F}_q$ とに分けて表示している。また，直軸（d 軸）での電機子反作用リアクタンス $x_{ad}$ と電機子漏れリアクタンス $x_\ell$ を加えたものを直軸同期リアクタンス $x_d$，横軸（q 軸）についても横軸電機子反作用 $x_{aq}+$ 電機子漏れリアクタンス $x_\ell =$ 横軸同期リアクタンス $x_q$ としている。さらに，電機子電流 $\dot{I}$ も，直軸分 $\dot{I}_d$ と横軸分 $\dot{I}_q$ に分けて表示している。

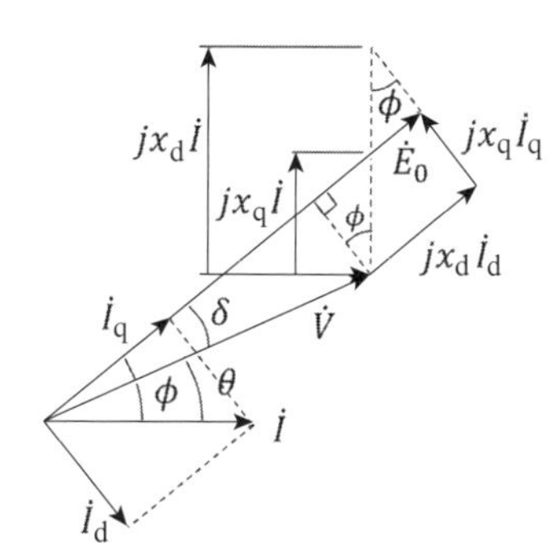


図 11–19　突極形同期発電機のフェーザ図（$r_a$ 無視）

図 11–18 の電機子抵抗 $r_a$ を無視したフェーザ図を**図 11–19** に示す。同図より，

$$V\cos\delta = E_0 - Ix_{\mathrm{d}}\sin\phi$$
$$V\sin\delta = Ix_{\mathrm{q}}\cos\phi \tag{11.13}$$

が成立するので，1相あたりの出力は，

$$\begin{aligned} P_1 &= VI\cos\theta = VI\cos(\phi-\delta) \\ &= \frac{VE_0}{x_{\mathrm{d}}}\sin\delta + \frac{1}{2}V^2\left(\frac{1}{x_{\mathrm{q}}} - \frac{1}{x_{\mathrm{d}}}\right)\sin 2\delta\,[\mathrm{W}] \end{aligned} \tag{11.14}$$

3相分の出力は $p = 3p_1$ となる。式（11.14）は，図11–17（b）のように描くことができる。第1項は，円筒形発電機の出力と同じである。第2項は，負荷角 $\delta$ の2倍（$2\delta$）の関数である。この突極形同期発電機の場合 $x_{\mathrm{d}} > x_{\mathrm{q}}$（突極性と呼ぶ）が成り立つ。

### 11.4.3 電圧変動率

電圧変動率 $\varepsilon$ は，下式で表される。

$$\varepsilon = \frac{E_0 - V_{\mathrm{n}}}{V_{\mathrm{n}}} \tag{11.15}$$

ここで，$V_{\mathrm{n}}$ は定格端子電圧（相電圧），$E_0$ は無負荷誘導起電力（相電圧）であり，図11–15で $x_{\mathrm{a}} + x_\ell = x_{\mathrm{s}}$ として，

$$\begin{aligned} {E_0}^2 &= (V\cos\theta + r_{\mathrm{a}}I)^2 + (V\sin\theta + x_{\mathrm{s}}I)^2 \\ &= V^2 + {Z_{\mathrm{S}}}^2I^2 + 2Z_{\mathrm{S}}VI\cos(\theta-\alpha) \end{aligned} \tag{11.16}$$

$V$，$I$ を定格値 $V_{\mathrm{n}}$，$I_{\mathrm{n}}$ とすると，

$$E_0 = \sqrt{{V_{\mathrm{n}}}^2 + {Z_{\mathrm{S}}}^2{I_{\mathrm{n}}}^2 + 2Z_{\mathrm{S}}V_{\mathrm{n}}I_{\mathrm{n}}\cos(\theta-\alpha)}\,[\mathrm{V}] \tag{11.17}$$

が得られる。ただし，$\left\{ \begin{array}{l} Z_{\mathrm{s}} = \sqrt{{r_{\mathrm{a}}}^2 + {x_{\mathrm{s}}}^2}\,[\Omega] \\ \alpha = \tan^{-1}(x_{\mathrm{s}}/r_{\mathrm{a}}) \end{array} \right.$ である。

### 11.4.4　無負荷飽和曲線と三相短絡曲線

発電機を無負荷のまま定格速度で運転し，界磁電流をゼロから徐々に増加した場合の誘導起電力 $E_0$（相電圧）と界磁電流 $I_f$ との関係を示す曲線を無負荷飽和曲線と呼ぶ。

発電機の中性点を除く全端子を短絡しておき，定格速度で運転して，界磁電流 $I_f$ をゼロから徐々に増加した場合の短絡電流 $I_s$ と界磁電流 $I_f$ との関係を示す曲線は，三相短絡曲線と呼ばれ，電機子反作用の減磁作用の影響を受け磁気回路は磁気飽和に至らないのでほぼ直線になる。

**図 11–20** に，無負荷飽和曲線と三相短絡曲線を示す。

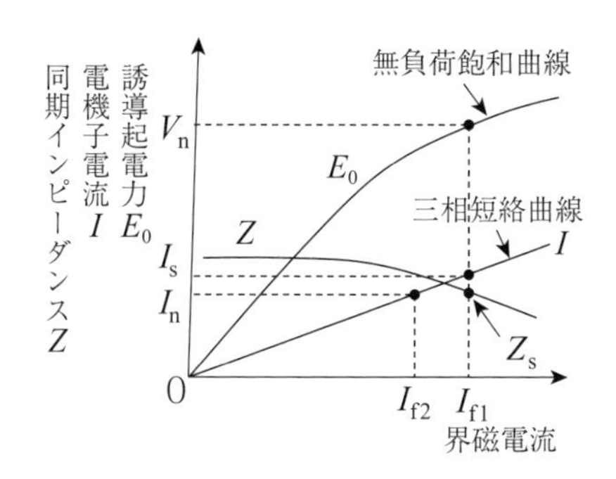


図 11–20　無負荷飽曲線と三相短曲線

### 11.4.5　短絡比と同期インピーダンス

定格速度において，無負荷定格電圧 $V_n$（相電圧）を発生するに必要な界磁電流 $I_{f1}$ と，定格電流 $I_n$ に等しい永久短絡電流を通じるのに要する界磁電流 $I_{f2}$ との比を短絡比 $K_s$ と呼ぶ。

$$短絡比\ K_s = \frac{I_{f1}}{I_{f2}} = \frac{I_s}{I_n} \tag{11.18}$$

同期インピーダンス $Z_s$ は，誘導起電力 $E_0$（相電圧）を永久短絡電流 $I_s$ で除したものである。図 11–20 に示すように，$Z_s$ の値は界磁電流が変わると変化するが，通常は界磁電流が $I_{f1}$ のときのものを同期インピーダンス $Z_s$ とする。

$Z_s$ を単位法（基準電圧に対する基準電流でのインピーダンス降下）で表すと，

$$Z_s\,[\mathrm{p.u.}] = \frac{Z_s I_n}{V_n} = \frac{\frac{V_n}{I_s} I_n}{V_n} = \frac{I_n}{I_s} = \frac{1}{\mathrm{K_s}} \tag{11.19}$$

のように，$K_s$ の逆数になる。

## 11.5 同期発電機の特性曲線

### 11.5.1 同期発電機の外部特性曲線

**図 11–21** に示す外部特性曲線は，同期発電機を同期速度で運転し，界磁電流を一定に保って負荷力率を一定にして，負荷電流を変化させた場合の端子電圧と負荷電流の関係を表したものである。遅れ力率（a 曲線）の場合には負荷の増加に伴い端子電圧が低下し，進み力率の場合（c 曲線）には端子電圧が上昇する。

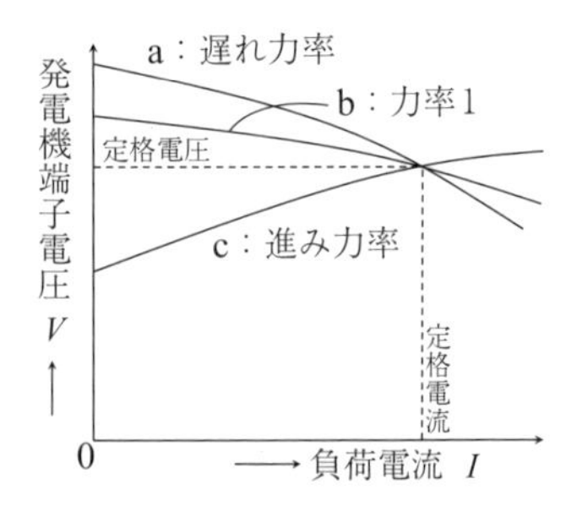


図 11–21　外部特性曲線

### 11.5.2 同期発電機の自己励磁作用

同期発電機を無励磁のままで同期速度で回転させ，静電容量負荷に接続すると，残留磁気による残留電圧が存在するため進み電流が流れて電機子反作用の増磁作用が働らき発電機の端子電圧を上昇させる。この現象を自己励磁現象と言い，**図 11–22** に示すように，静電容量 C が大きい場合，Oa と O′M との交点 $M_2$（定格電圧より大きい）まで電圧が上昇し，絶縁上問題になる（C が小さいときの交点 $M_1$ では，絶縁上問題にならない）。

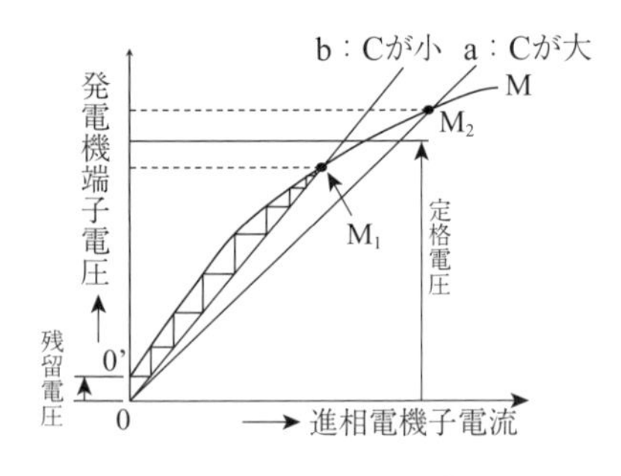


図 11–22　自己励磁作用

### 11.5.3　鉄機械，銅機械

鉄の使用量が多い機械を鉄機械（**図 11–23**），銅の使用量が多い機械を銅機械と呼ぶ。短絡比が大きい鉄機械は大形で同期インピーダンスが小さく安定度が高く高価である。

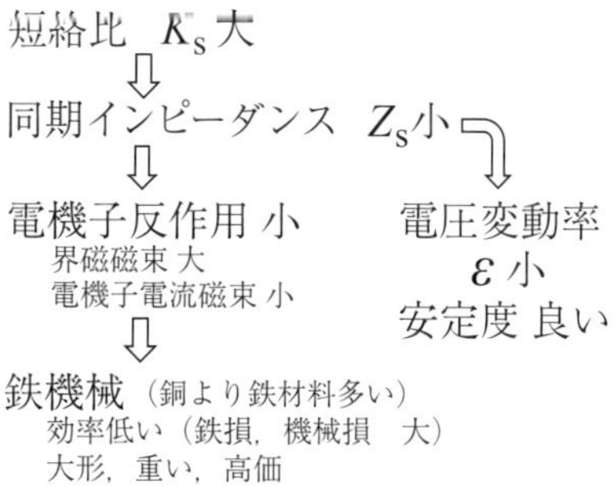

短絡比　$K_S$ 大
同期インピーダンス　$Z_S$小
電機子反作用 小
界磁磁束 大
電機子電流磁束 小
電圧変動率
$\varepsilon$ 小
安定度 良い
鉄機械（銅より鉄材料多い）
効率低い（鉄損，機械損　大）
大形，重い，高価

図 11–23　鉄機械

## 11.6　同期発電機の並行運転

2 台以上の発電機を並行運転させる条件として，起電力の大きさ，波形，周波数が等しく，同位相でなければならない。

A，B　2 機の誘導起電力の大きさが等しくない場合，**図 11–24** に示すように，合成起電力 $\dot{E}_r$ により無効循環電流 $\dot{I}_C = \frac{\dot{E}_r}{j2x_S}$ が流れる。この $\dot{I}_C$ は A 機に対して遅れ電流になり，電機子反作用の減磁作用により界磁を弱め，B 機に対して進み電流になり，増磁作用により界磁を強めることになる。したがって両機の端子電圧を等しくなるように働く。

**図 11–25** に，A，B 両機で負荷をとっているときのフェーザ図を示すが，負荷電流 $\dot{I}_A$，$\dot{I}_B$ が同じ大きさであるときに，一方の界磁電流を増加し誘導起電

$\dot{I}$
$\dot{x}_S$
$\dot{x}_S$
$\dot{I}_C$
$\dot{E}_A$
$\dot{E}_B$
負荷
$\dot{E}_A - \dot{E}_B$
‖
$\dot{E}_r$
$-\dot{E}_b$
$\dot{E}_A$
$\dot{I}_C$

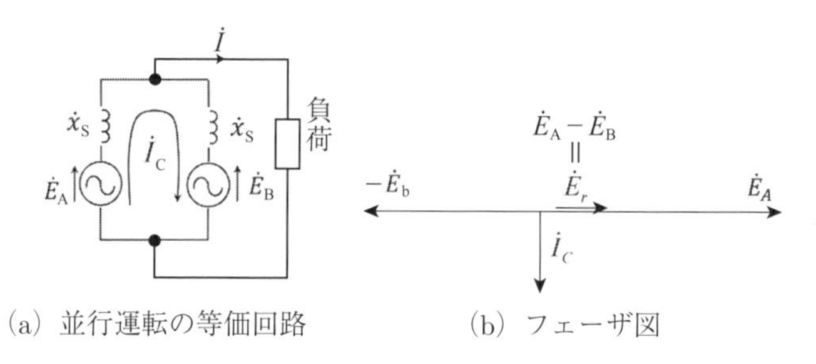

(a) 並行運転の等価回路　(b) フェーザ図

図 11–24　起電力の大きさが等しくないときの並行運転

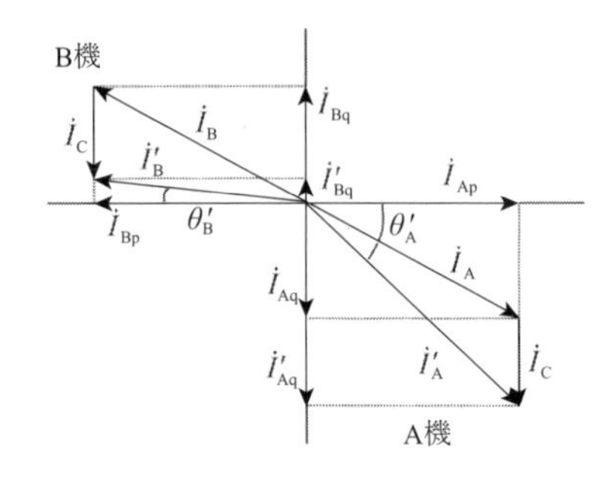

図 11–25　並行運転時の負荷電流

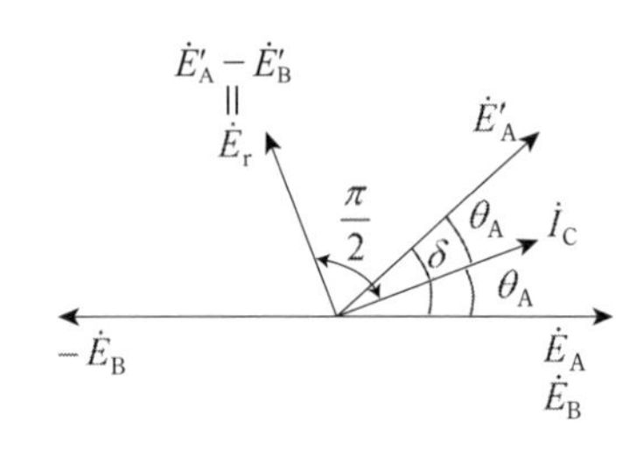


図 11–26　起電力の位相が異なるときの並行運転

力を大きくしても有効電流の負荷分担は変わらない。その場合，無効循環電流 $\dot{I}_C$ が流れるため負荷電流は $\dot{I}'_A$，$\dot{I}'_B$ となり，それぞれの負荷力率角が $\theta'_A, \theta'_B$ となるので，A 機の力率は低下，B 機の力率は上昇することになる。

両機の起電力の位相が異なり，例えば A 機の位相が進み $\dot{E}'_A$ になったとした場合には，**図 11–26** に示すように，同期化電流 $\dot{I}_C$ が流れる。$\dot{I}_C$ が流れることで，A 機では有効電力が増加（増加分 $P_A = E'_A I_C \cos\theta_A$ [W]）し減速するのに対し，B 機では有効電力が減少（減少分 $P_B = E_B I_C \cos(\pi - \theta_B) = -E_B I_C \cos\theta_B$ [W]（$\dot{I}_C$ に対し $\dot{E}_B$ は逆向き））し加速するので，両機の位相が揃うようになる。

## 演習問題

(1) 次のような三相同期発電機の無負荷誘導起電力（線間電圧）を求めよ。

| | | | |
|---|---|---|---|
| 1 極あたりの磁束 | 0.12 Wb | 1 相の直列巻数 | 250 |
| 極数 | 12 | 巻線係数 | 0.94 |
| 1 分間の回転速度 | 500 rpm | 結線 | Y（1 相のコイルは全部直列） |

(2) 定格電圧 6.6 kV，定格容量 5,000 kVA，短絡比 1.1 の三相同期発電機がある。同期インピーダンスはいくらか。

(3) 1 相あたりの同期リアクタンスが 1 Ω の三相同期発電機が無負荷電圧 346 V（相電圧 200 V）を発生している。そこに純抵抗負荷を接続すると電圧が

300 V（相電圧 173 V）に低下した。このときの電機子電流 [A] と出力 [W] を求めよ。

(4) 定格出力 5,000 kVA，定格電圧 6,600 V，同期インピーダンス 6.4 Ω／相の三相同期発電機がある。この発電機の定格出力，遅れ力率 80%における電圧変動率はいくらか。ただし，電機子抵抗は無視できるものとする。

## 実習；*Let's active learning!*

手回し発電機を回してみよう。負荷をつながない状態で回すと，回転の途中途中でカクカクと引っかかる感じがする。電機子巻線に鉄心を使用するなど，磁極と引き合うところとそうでないところが交互に存在し，回転子を回すのに力が必要である。これをコギングトルクと呼ぶ。

## 演習解答

(1) 1 相の誘導起電力は，巻線係数を $k_{\mathrm{w}}$ として，

$$E_0 = 4.44\, k_{\mathrm{w}} f w \Phi \,[\mathrm{V}]$$

周波数 $f$ は，極対数を $p = 12/2 = 6$ として，

$$f = \frac{pN}{60} = \frac{12/2 \times 500}{60} = 50\,\mathrm{Hz}$$

誘導起電力は，

$$E_0 = 4.44 \times 0.94 \times 50 \times 250 \times 0.12$$
$$= 6{,}260\,\mathrm{V}$$

Y 接続なので線間電圧に直すと，

$$E_{0\ell} = \sqrt{3}E_0 = \sqrt{3} \times 6240 = 10{,}843\,\mathrm{V}$$

（答）無負荷誘導起電力 10,800 V

(2) 定格電流 $I_\mathrm{n}$ は，定格電圧 $V_\mathrm{n} = 6{,}000\,\mathrm{V}$（線間電圧）より

$$I_\mathrm{n} = \frac{P_\mathrm{n}}{\sqrt{3}V_\mathrm{n}} = \frac{5{,}000 \times 10^3}{\sqrt{3} \times 6{,}600} = 437.4\,\mathrm{A}$$

短絡比は，$K_\mathrm{s} = \frac{I_\mathrm{s}}{I_\mathrm{n}}$ で表されるので短絡電流 $I_\mathrm{s}$ は，$I_\mathrm{s} = K_\mathrm{s} \times I_\mathrm{n} = 1.1 \times 437.4 = 481.1\,\mathrm{A}$ したがって，同期インピーダンス $Z_\mathrm{s}$ は，

$$Z_\mathrm{s} = \frac{V_\mathrm{n}/\sqrt{3}}{I_\mathrm{s}} = \frac{6{,}600/\sqrt{3}}{481.1} = 7.92\,\Omega$$

（答）同期インピーダンス 7.92 Ω

(3) 端子電圧を基準にしたフェーザ図を描くと**問題図 11–1** のようになる。

ここで，$\dot{V}$ は端子電圧（相電圧），$\dot{E}_0$ は誘導起電力（相電圧）であり，題意より電流 $\dot{I}$ の力率は 1.0 である。

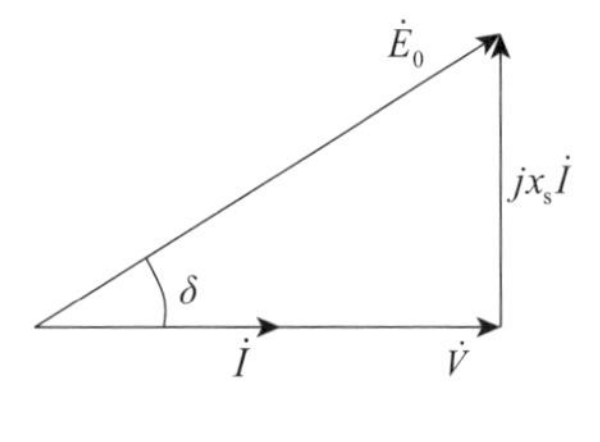

問題図 11–1

フェーザ図より，

$$(V)^2 + (x_\mathrm{s}I)^2 = E_0^2$$

$$\therefore x_\mathrm{s}I = \sqrt{200^2 - (173)^2} = 100\,\mathrm{V}$$

$x_\mathrm{s} = 1\,\Omega$ なので，電流 $I = 100\,\mathrm{A}$ となる。

また，発電機出力 $P\,[\mathrm{W}]$ は，

$$P = 3VI\cos\theta = 3 \times 173 \times 100 \times 1 = 51{,}900\,\mathrm{W}$$

（答）電機子電流 100 A，出力 51.9 kW

(4) 定格電流 $I_\mathrm{n}$ は，定格電圧 $V_\mathrm{n} = 6{,}600\,\mathrm{V}$（線間電圧）より

$$I_\mathrm{n} = \frac{P_\mathrm{n}}{\sqrt{3}V_\mathrm{n}} = \frac{5{,}000 \times 10^3}{\sqrt{3} \times 6{,}600} = 437.4\,\mathrm{A}$$

また，$r_\mathrm{a} = 0$ であるから 1 相の誘導起電力 $E_0$（相電圧）は，

$$E_0 = \sqrt{\left(\frac{V_\mathrm{n}}{\sqrt{3}}\cos\theta\right)^2 + \left(\frac{V_\mathrm{n}}{\sqrt{3}}\sin\theta + x_\mathrm{s} I_\mathrm{n}\right)^2}$$
$$= \sqrt{\left(\frac{6{,}600}{\sqrt{3}} \times 0.8\right)^2 + \left(\frac{6{,}600}{\sqrt{3}} \times 0.6 + 6.4 \times 437.4\right)^2}$$
$$= \sqrt{3{,}048.4^2 + (2{,}286.3 + 2{,}799.4)^2} = 5{,}929.3\,\mathrm{V}$$

$E_0$ を線間電圧 $E_{0\ell}$ に直すと，

$$E_{0\ell} = \sqrt{3}E_0 = \sqrt{3} \times 5{,}929.3 = 10{,}270\,\mathrm{V}$$

したがって電圧変動率は，

$$\varepsilon = \frac{10{,}270 - 6{,}600}{6{,}600} = 0.556 \quad \rightarrow \quad 55.6\%$$

（答）電圧変動率 55.6％

## 引用・参考文献

1) 広瀬敬一原著，炭谷英夫：電機設計概論［4 版改訂］，電気学会，2007.
2) 天野寛徳，常広 譲：電気機械工学 改訂版，電気学会，1985.
3) 前田 勉，新谷邦弘：電気機器工学, コロナ社，2001.
4) 森本雅之：よくわかる電気機器，森北出版，2012.
5) 野中作太郎：電気機器（I）森北出版，1973.

# 12章　同期電動機

同期機には発電機と電動機がある。同期電動機は，同期発電機と基本的な構造は同じであるが，電源の周波数で決まる同期速度で回転することができるので，一定速度を要求される負荷に対して用いられてきた。パワーエレクトロニクスの進歩に伴って，周波数を自由に変えられるようになって，小形の永久磁石を用いた同期電動機が，直流電動機と同じような制御性の良い電動機として，広く用いられるようになり，また近年，効率が高く小形軽量であることなどの理由で，自動車用などに交流電流を流し込んで駆動する永久磁石同期電動機が適用されている。

## 12.1　同期電動機の原理と構造

同期電動機の構造図を**図 12–1** に示す。図に示す固定子の電機子巻線の端子

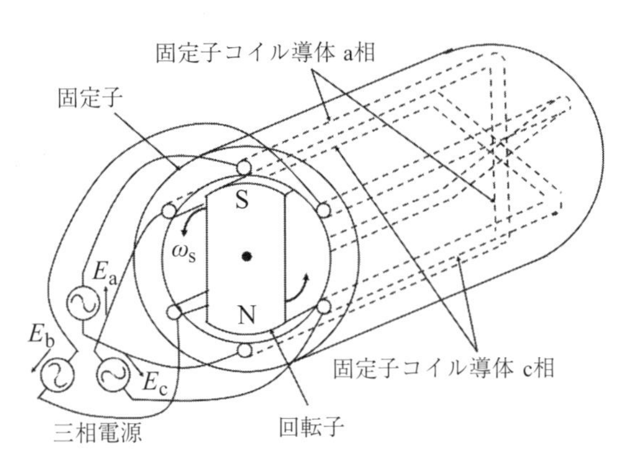


図 12–1　同期電動機の構造

に三相交流電圧を加えると回転磁界はa，b，cの相順方向に回転（8章 誘導機 回転磁界の項 参照）するが，あらかじめ回転子がa，b，cの相順方向に回転している場合には，回転磁界の回転に伴い回転子はa，b，cの相順に回転し続けることができる（ただし停止状態からでは回転できない）。

**例題 12.1**

定格電圧200 V，定格周波数60 Hz，6極の三相同期電動機の同期速度を求めよ。

**例題解答 12.1**

極対数 $p = 6/2$ であるから，同期速度は，

$$N_{\mathrm{s}} = \frac{f}{p} \times 60 = \frac{60}{6/2} \times 60 = 1{,}200\,[\mathrm{min}^{-1},\ \text{もしくは rpm}]$$

となる。

## 12.2 同期電動機の電機子反作用

同期発電機と同様に，同期電動機においても電機子反作用が発生する。同期電動機の電機子反作用を**図 12–2（a）・（b）**に示す。図12–2（b）に示すよう

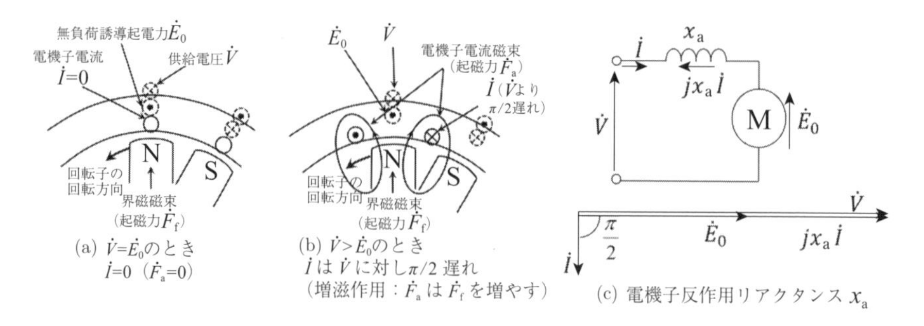


図 12–2 同期電動機の電機子反作用

に，同期電動機への供給電圧 $\dot{V}$ より無負荷誘導起電力 $E_0$ が小さい場合，$\dot{V}$ に対して $\pi/2$ 遅れ位相の電機子電流を流し，このとき電機子電流によって生ずる起磁力 $\dot{F}_{\mathrm{a}}$ が界磁起磁力 $\dot{F}_{\mathrm{f}}$ に加わり（増磁作用），$\dot{V}$ と平衡する起電力となる必要がある。$\dot{V}$ より $\dot{E}_0$ が大きい場合，$\dot{V}$ に対して $\pi/2$ 進み位相の電機子電流が流れ，電機子電流起磁力 $\dot{F}_{\mathrm{a}}$ が界磁起磁力 $\dot{F}_{\mathrm{f}}$ を減らす減磁作用を表すものである。ここで遅れ電流で増磁作用が起こるので，同期発電機の場合の減磁作用とは逆の作用になる。同期発電機における場合と同様，電機子反作用はリアクタンスと等価な作用を表すが，**図 12–2（c）**に示すように $\pi/2$ 遅れ電流の場合，フェーザ図上での電機子反作用リアクタンス降下 $jx_{\mathrm{a}}\dot{I}$ は，無負荷誘導起電力 $\dot{E}_0$ を増やす方向になっており，図 12–2（b）の増磁作用と同じ働きをしていることがわかる。

## 12.3 同期電動機のトルクと出力

### 12.3.1 等価回路とフェーザ図

**図 12–3** に同期電動機の等価回路とフェーザ図を示す。電動機の内部誘導起電力 $\dot{E}_0$，電機子抵抗 $r_{\mathrm{a}}$，同期リアクタンス $x_{\mathrm{s}}$ とすると，端子電圧 $\dot{V}$ は，

$$\dot{V} = \dot{E}_0 + (r_{\mathrm{a}} + jx_{\mathrm{s}})\dot{I}\,[\mathrm{V}] \tag{12.1}$$

で表される。ここで同期リアクタンス $x_{\mathrm{s}}$ は，電機子反作用リアクタンス $x_{\mathrm{a}}$ と

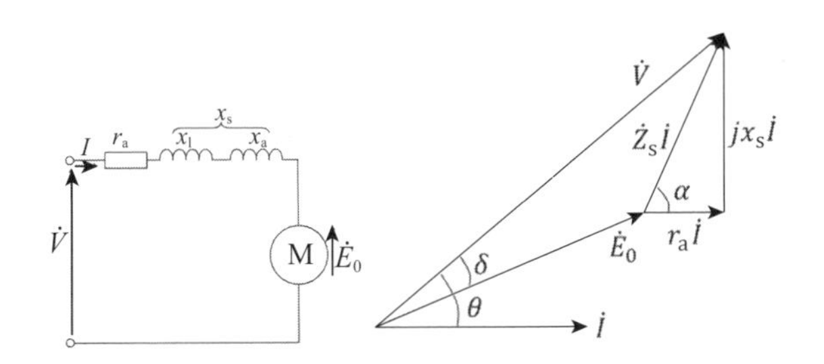


図 12–3 同期電動機の等価回路とフェーザ図

電機子漏れリアクタンス $x_\ell$ の和である。$\dot{E}_0$ と $\dot{V}$ のなす角は負荷角 $\delta$，$\dot{V}$ と $\dot{I}$ のなす角は力率角 $\theta$ とする。

### 12.3.2　同期電動機の出力

図 12–3 において $r_\mathrm{a} = 0$ とした場合のフェーザ図を**図 12–4** に示す。電動機出力は 1 相あたり

$$P_1 = E_0 I \cos(\theta - \delta)\,[\mathrm{W}] \tag{12.2}$$

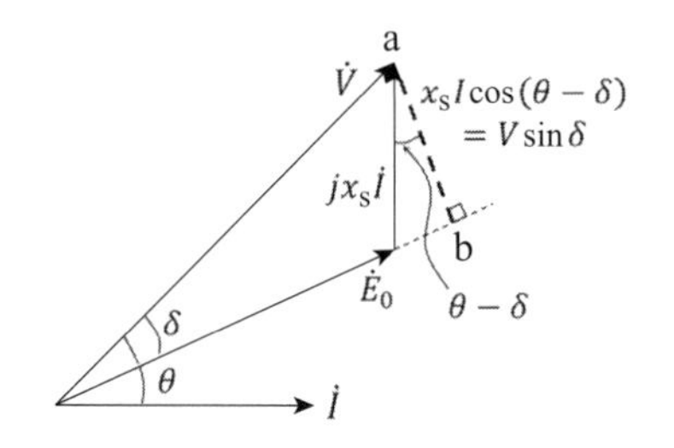


図 12–4　同期電動機の出力

ここで図 12–4 より ab の長さは，

$$V \sin\delta = x_\mathrm{s} I \cos(\theta - \delta) \tag{12.3}$$

$$\therefore I \cos(\theta - \delta) = \frac{V \sin\delta}{x_\mathrm{s}} \tag{12.4}$$

したがって，

$$P_1 = E_0 \frac{V \sin\delta}{x_\mathrm{s}} = \frac{E_0 V}{x_\mathrm{s}} \sin\delta\,[\mathrm{W}] \tag{12.5}$$

3 相分の電動機出力は，

$$P_\mathrm{m} = 3\frac{E_0 V}{x_\mathrm{s}} \sin\delta\,[\mathrm{W}] \tag{12.6}$$

$r_\mathrm{a}$ を無視しているので損失が 0 であり，電動機出力は発電機出力の式と同じになる。ただし，$r_\mathrm{a} \neq 0$ のときは抵抗損失が発生するので，電動機出力は発電機出力より小さくなる。

## 例 題 12.2

定格電圧 200 V，定格周波数 60 Hz，6 極の三相同期電動機があり，力率 0.9（進み），効率 80 %で運転し，トルク 72 N · m を発生している。

このときの出力 [W] はいくらか。

**例 題 解 答 12.2**

同期角速度 $\omega_s = 2\pi \times \frac{f}{p} = 2\pi \times \frac{60}{6/2}$ [rad/s] で表されるので，出力は，

$$P_m = \omega_s T = 2\pi \times \frac{60}{6/2} \times 72 = 9{,}050\,[\mathrm{W}]$$

となる。 ◢

### 12.3.3 同期電動機のトルク

同期電動機のトルクは，出力に比例し回転角速度に反比例するが，円筒形の場合，三相分電動機出力を $P_m$ [W]，同期角速度 $\omega_s$ [rad/s]，同期速度 $n_s$ [s$^{-1}$] とすると，下式で表される。

$$T = \frac{P_m}{\omega_s} = \frac{1}{2\pi n_s} \times \frac{3E_0 V}{x_s} \sin\delta\,[\mathrm{N\cdot m}] \tag{12.7}$$

**例 題 12.3**

周波数が 60 Hz の電源で駆動されている 4 極の三相同期電動機（星形結線）があり，端子電圧（相電圧）$V = 400/\sqrt{3}$ V，電機子電流 $I = 200$ A，力率 1.0 で運転している。この同期電動機の発生トルク [N・m] を求めよ。

**例 題 解 答 12.3**

同期角速度 $\omega_s = 2\pi \times \frac{60}{4/2}$ [rad/s]，相電圧 $V = 231$ V，電機子抵抗を無視すると電動機出力 $P_m$ と入力 $P$ は等しくなるから，力率 1.0 より $P_m = P = 3VI$ となり，発生トルクは，

$$T = \frac{3EI}{\omega_s} = \frac{3 \times 231 \times 200}{2\pi \times \frac{60}{4/2}} = 735\,\mathrm{N\cdot m}$$

となる（$\dot{V}$，$\dot{I}$ をフェーザ図で表すと，後述の問題図 12–1 のようになる）。 ◢

## 12.4 同期電動機の V 曲線

同期電動機の V 曲線は，端子電圧と出力を一定に保ったときの界磁電流と電機子電流の関係を示したものである。**図 12–5** に示すように，負荷の増加にしたがって V 曲線は上方に移動し，力率 1 の点より界磁電流が小さいときには遅れ力率，界磁電流が大きいときには進み力率となる。**図 12–6** のフェーザ図において，界磁電流 $I_{\mathrm{f}}$ を大きくすると電動機の内部誘導起電力が $\dot{E}_0$ から $\dot{E}_0'$ に増加するが，$\dot{E}_0'$ と $\dot{V}$ の差電圧に相当するリアクタンス降下 $jx_{\mathrm{s}}\dot{I}$ を発生させる進み電流 $\dot{I}$ を流す。この関係は V 曲線にて界磁電流 $I_{\mathrm{f}}$ を大きくすると進み力率を取ることに対応している。

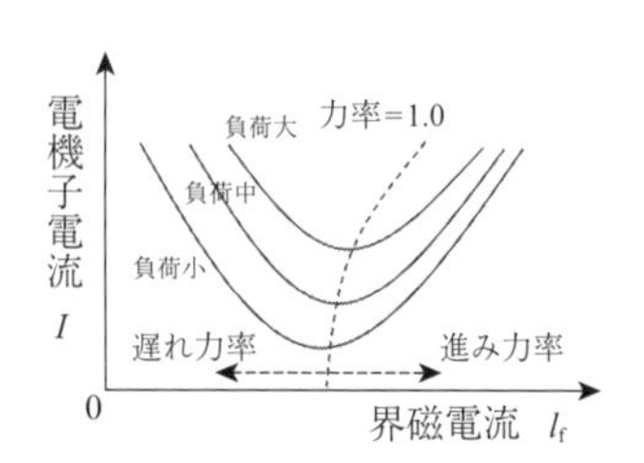


図 12–5 同期電動機の V 曲線

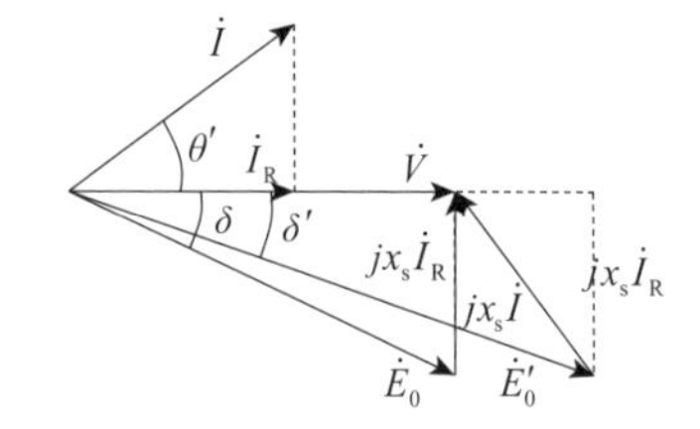


図 12–6 V 曲線フェーザ図

この現象を利用して，同期電動機の界磁を過励磁することで送電線などから進み電流を取って一種のコンデンサとして働いたり，不足励磁にすることで遅れ電流を取って一種のリアクトルとして働いたりする同期調相機が，かつて変電所で活用されていた。現在では新規での適用例はほとんど見られない。

## 12.5 永久磁石同期電動機

永久磁石同期電動機は，同期電動機の界磁巻線磁極を永久磁石に置き換えた電動機である。従来，同期電動機は電源周波数を自由に可変できなかった時代には定速度電動機として使用されてきたが，インバータが発達したことや，回転子に永久磁石を使用することで可変速電動機として使われるようになった。

特に回転子用の磁石として，エネルギー密度の高いネオジム磁石を使用することで小形軽量化が図られるようになり，ハイブリッド自動車や電気自動車などに用いられるようになった。この場合の重要な特徴として，効率が高く小形軽量化できることと，通常のマグネットトルクに加えリラクタンストルクを利用できることが挙げられる。

### 12.5.1　同期電動機のトルク発生原理

永久磁石同期電動機の回転子には，永久磁石を回転子表面に張り付けた表面磁石同期電動機（SPMSM）と，図 12–7（b）に示すように，回転子内部に永久磁石を埋め込んだ埋込磁石同期電動機（IPMSM）がある。円筒形同期電動機のトルクについては前述したが，ここでは永久磁石同期電動機と対比し突極形同期電動機も含めてトルク発生原理を示す。

突極形同期電動機と永久磁石同期電動機の回転子構造を**図 12–7** に示す。永久磁石の透磁率は，真空の透磁率とほぼ等しいため，永久磁石の部分は磁気的に空気と同等とみなすことができる。そのため IPMSM の場合，図 12–7（b）に示すように，d 軸方向は磁気抵抗が大きくなり，したがって d 軸のリアクタンス $x_\mathrm{d}$ は小さくなる。q 軸方向は磁気抵抗が小さく，リアクタンス $x_\mathrm{q}$ は大きくなる。したがって $x_\mathrm{d} < x_\mathrm{q}$ となり，巻線形界磁磁極を有するタイプの同期機

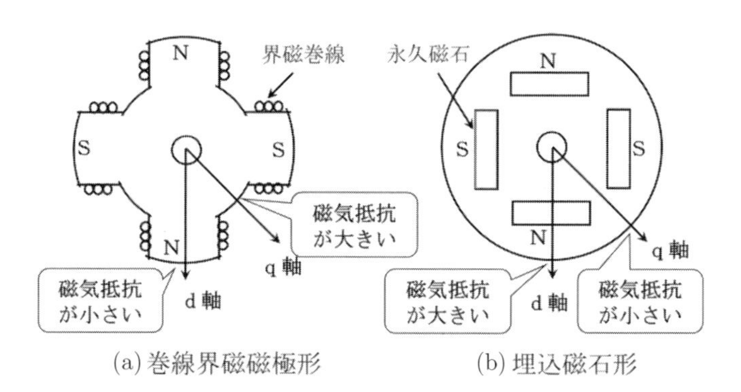


図 12–7　同期電動機の回転子構造（2 極対）

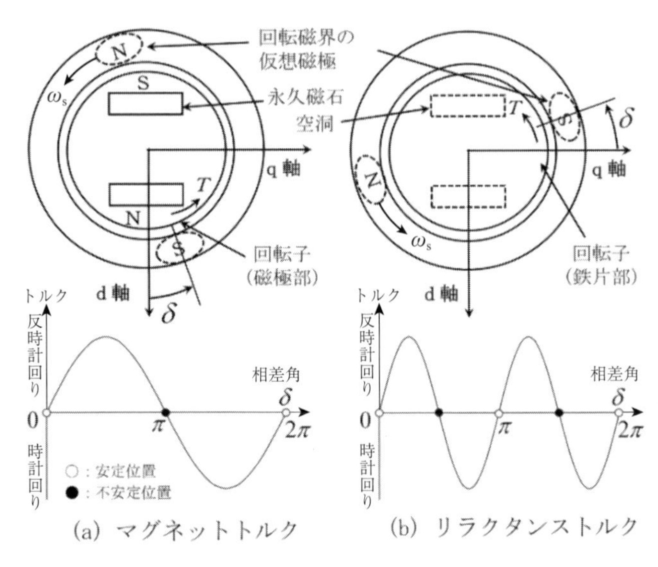


図 12–8　マグネットトルクとリラクタンストルク

(図 12–7 (a)) では $x_\mathrm{d} > x_\mathrm{q}$ で突極性を示すのに対し，逆突極性を有することになる。

突極性，逆突極性ともに同期電動機のトルクは，固定子側の回転磁界と回転子磁極の間に働くマグネットトルクと回転子の磁気的突極性により生じるリラクタンストルクに分けて考えることができる。リラクタンストルクは，鉄片が磁石に引き寄せられる力に起因して発生するトルクである。マグネットトルクは**図 12–8** (IPMSM の例) に示すように，回転磁界の磁極に対する回転子の相差角 $\delta$ が電気角で 180° 以下なら反時計方向のトルクが働く。一方，リラクタンストルクは $\delta$ が電気角で 90° 以下なら反時計方向のトルク，90° ～180° の場合は時計方向のトルクが働く。同期電動機では，マグネットトルクに加えリラクタンストルクを利用して合成トルクを大きくすることができるという特徴がある。

### 12.5.2　永久磁石同期電動機のトルクの式

回転子として巻線形界磁磁極を有する突極形同期機（$x_\mathrm{d} > x_\mathrm{q}$ で突極性を有する）において，巻線抵抗を無視した場合の電源電圧 $\dot{V}$，誘導起電力 $\dot{E}_0$ のフェーザ図を**図 12–9** に示す。電機子電流 $\dot{I}$ は $\dot{E}_0$ に対し位相遅れ $\beta'$ とする。$\dot{E}_0$（q 軸）は界磁起磁力 $\dot{F}_\mathrm{f}$（d 軸）より発生するので $\pi/2$ の位相差を有して対応し，$\dot{V}$ は $\pi/2$ の位相差を有してギャップ起磁力 $\dot{F}$ に対応している。$\dot{F}$ は $\dot{F}_\mathrm{f}$ と電機子電流起磁力 $\dot{F}_\mathrm{a}$（$\dot{I}$ と同相）の合成である。$\dot{V}$ と $\dot{E}_0$ の位相角は内部相差角 $\delta$ であり，$\dot{F}_\mathrm{f}$ と $\dot{F}$ の位相角と同じである。

電源電圧 $\dot{V}$ に対して誘導起電力 $E_0$ が遅れると（負荷により内部相差角 $\delta$ が発生），電機子には遅れ電流 $\dot{I}$ が流れ，磁束と電流の作用でトルク $T$ が発生する。このトルク $T$ は，同期角速度 $\omega_\mathrm{s}$ [rad/s] として，

$$T = \frac{1}{\omega_\mathrm{s}}\left[\frac{3VE_0}{x_\mathrm{d}}\sin\delta + \frac{3V^2}{2}\left(\frac{1}{x_\mathrm{q}} - \frac{1}{x_\mathrm{d}}\right)\sin 2\delta\right]\ [\mathrm{N\cdot m}] \qquad (12.8)$$

で表される。式（12.8）の第 1 項はマグネットトルク，第 2 項はリラクタンストルクを示す。内部相差角 $\delta$ に対するトルク特性を図 12–9 に示す。

内部相差角 $\delta$ の代わりに，電機子電流 $\dot{I}$ の誘導起電力 $\dot{E}_0$ に対する位相角 $\beta'$（図 12–9 のような遅れの場合を正とする）を用いたときのトルク $T$ は，

$$T = \frac{1}{\omega_\mathrm{s}}\left[3E_0 I\cos\beta' + 3\frac{x_\mathrm{d} - x_\mathrm{q}}{2}I^2\sin 2\beta'\right]\ [\mathrm{N\cdot m}] \qquad (12.9)$$

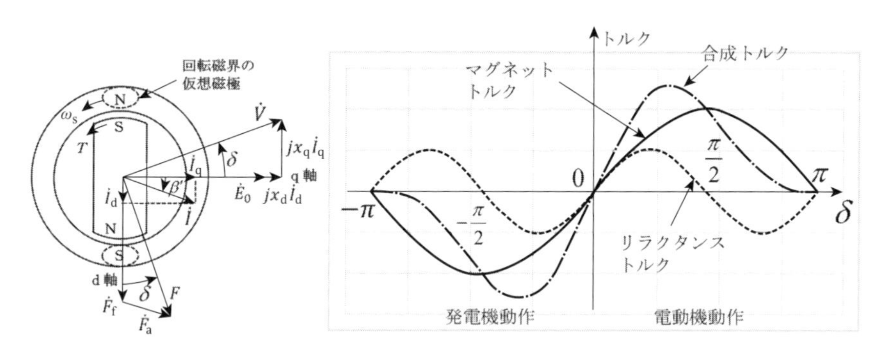


図 12–9　突極形同期電動機（1 極対）のフェーザ図及びトルク特性

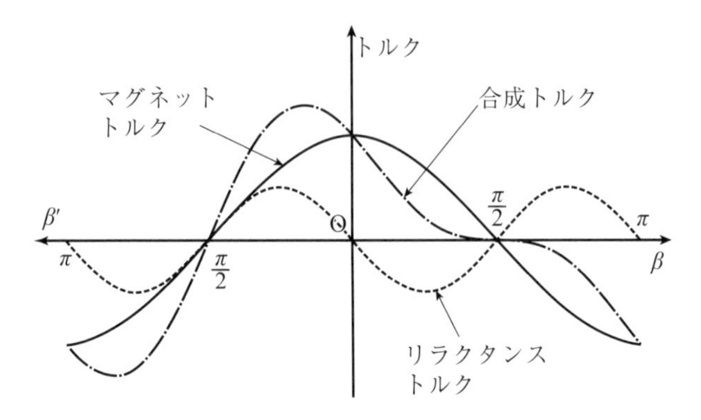


図 12–10 突極性同期機の電流位相角–トルク特性

で表される。式（12.9）の第1項はマグネットトルク，第2項はリラクタンストルクを示す。$\beta'$ の代わりに，進み位相を正にした $\beta$ を用いて図を描くと**図 12–10** のようになる（図 12–10 の横軸原点 0 より左側に $\beta'$ をとっている）。$\dot{E}_0$ に対し進み位相の $\beta$ を横軸にとった図 12–10 を突極性（$x_\mathrm{d} > x_\mathrm{q}$）のトルク特性といい，電機子電流 $\dot{I}$ の位相を $\dot{E}_0$ に対して進み位相 $\beta$ にしようとする（12.5.3 に示す弱め界磁制御のため）と，$\beta$ が小さい範囲では合成トルクはマグネットトルク単独の場合より低下する。

ここで，式（12.8）及び（12.9）のトルク $T$ は，図 12–9 において下式が成り立つので，

$$\begin{cases} V\cos\delta = E_0 + x_\mathrm{d}I_\mathrm{d} = E_0 + x_\mathrm{d}I\sin\beta' \\ V\sin\delta = x_\mathrm{q}I_\mathrm{q} = x_\mathrm{q}I\cos\beta' \end{cases} \tag{12.10}$$

を用い，巻線抵抗を無視して出力 $P_\mathrm{m}$ = 入力 $P$ とし，同期角速度 $\omega_\mathrm{s}$ [rad/s] とすると，

$$T = \frac{P_\mathrm{m}}{\omega_\mathrm{s}} = \frac{P}{\omega_\mathrm{s}} = \frac{1}{\omega_\mathrm{s}} \times 3VI\cos(\delta + \beta')\,[\mathrm{N\cdot m}] \tag{12.11}$$

より求めることができる。

次に IPMSM のように逆突極性（$x_\mathrm{d} < x_\mathrm{q}$）の場合，トルクは，

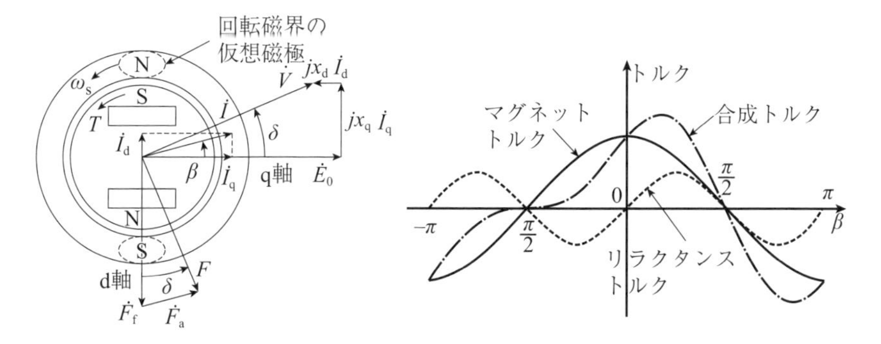


図 12–11　逆突極性同期電動機のフェーザ図及びトルク特性

$$T = \frac{1}{\omega_\mathrm{s}}\left[3E_0 I\cos\beta + 3\frac{x_q - x_d}{2}I^2\sin 2\beta\right]\ [\mathrm{N\cdot m}] \qquad (12.12)$$

で表される。$\beta$ を $E_0$ に対し進み位相にして逆突極性電動機のトルクを描くと**図 12–11** になる。

また，式（12.12）のトルク $T$ は，図 12–11 で下式が成り立つので，

$$\begin{cases} V\cos\delta = E_0 - x_\mathrm{d}I_\mathrm{d} = E_0 - x_\mathrm{d}I\sin\beta \\ V\sin\delta = x_\mathrm{q}I_\mathrm{q} = x_\mathrm{q}I\cos\beta \end{cases} \qquad (12.13)$$

を用いると，

$$T = \frac{1}{\omega_\mathrm{s}} \times 3VI\cos(\delta-\beta)\,[\mathrm{N\cdot m}] \qquad (12.14)$$

より求めることができる。

図 12–11 の横軸は電機子電流の位相であり，$\dot{E}_0$ に対する電機子電流 $\dot{I}$ の位相角 $\beta$（進み位相）に相当する。電動機を逆突極性にすることにより，電機子電流 $\dot{I}$ の位相を $\dot{E}_0$ に対して進み位相 $\beta$ にした場合（12.5.3 に記す弱め界磁制御のため），図 12–11 の例では，$\beta$ が 30° 付近で最大トルクを発生し，マグネットトルクだけの場合より 20～30％程度大きくなることがわかる。

### 12.5.3　永久磁石電動機の可変速制御

永久磁石同期電動機において，低速運転では電源電圧と誘導逆起電力の差電圧に相当する電流が流れて大きなトルクが発生するが，高速運転では，永久磁石回転子の回転に伴い発生する誘導起電力が，回転速度が大きくなるに伴い電源電圧より大きくなるので，電流が流れずトルクも発生せず，それ以上回転速度を上げられなくなる。この場合，永久磁石による磁束を，何らかの方法で弱めることで回転速度をさらに上昇させることができる。これを弱め界磁制御という。これは，電機子電流について進み角 $\beta$ 制御を行うことで，図 12–11 のフェーザ図に示すように誘導起電力 $\dot{E}_0$ と逆向きに逆起電力 $jx_\mathrm{d}\dot{I}_\mathrm{d}$ を発生させ，実質的に永久磁石磁束を弱める（弱め界磁制御）作用をさせている。

永久磁石同期電動機において固定子巻線電流を磁化電流成分 $\dot{I}_\mathrm{d}$ とトルク電流成分 $\dot{I}_\mathrm{q}$ に分けるのは，ベクトル制御を行うためである。すなわち，固定子巻線に流れる三相交流電流を**図 12–12** に示すように，回転磁界と同期して回転する d 軸電流ベクトルとそれに直交して回転する q 軸電流ベクトルに分け，それぞれ別々に制御することをベクトル制御という。永久磁石の磁束を $\dot{\phi}$ とし，$\dot{\phi}$ の変化で一次巻線に発生する誘導起電力を $\dot{E}_0$ とすると，$\dot{E}_0$ は $\dot{\phi}$ より $\pi/2$ 位相が進むことになる。したがって，上記より $\dot{\phi}$ は d 軸に一致させているので，$\dot{E}_0$ は q 軸に一致することになる。また，トルクは磁束 $\dot{\phi}$ と q 軸電流 $\dot{I}_\mathrm{q}$ の積に比例するので，$\dot{I}_\mathrm{q}$ を調整することでトルクを制御することができる。ここで，突極性を有さない SPMSM ではトルクに寄与しない d 軸電流をゼロとすると，発生トルクは q 軸電流に比例することになるので，q 軸電流でトルクを制御する最も簡易な方法を採用することができる。一方，逆突極性を有する IPMSM では，リラクタンストルクを活用して最大トルクを得るために，図 12–11 に示すように $\beta$ を進み角にして負の d 軸電流を流す必要がある。$\beta$ を進み角にすると，$jx_\mathrm{d}\dot{I}_\mathrm{d}$ 成分

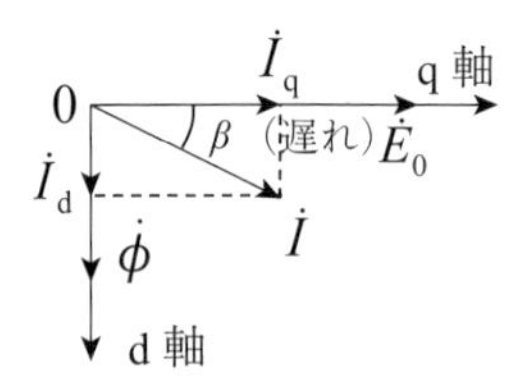

図 12–12　同期電動機の d 軸 q 軸電流

で弱め界磁制御が可能になり，高速運転で $\dot{E}_0$ が電源電圧 $\dot{V}$ より大きくなった場合でも，負の $\dot{I}_\mathrm{d}$ 成分の比率を大きくしながらトルク電流成分 $\dot{I}_\mathrm{q}$ を確保することで，高速運転時のトルクと出力を維持することができるようになる。

## 12.6　同期電動機の始動

同期電動機は，同期速度で回転することでトルクを発生するが，始動時に回転子磁極が受けるトルクは，同じ大きさで時間経過に伴ない向きが交互に変わるので，その平均トルクはゼロになり始動トルクを発生できない。そのため何らかの方法で同期速度付近まで加速させる必要がある。その方法には，自己始動法，始動電動機法などがある。

自己始動法は，回転子の磁極面に施した制動巻線を利用して，始動トルクを発生させる方法であり，制動巻線は誘導電動機のかご形回転子導体と同じ働きをする。この場合，固定子巻線に全電圧を直接加えると大きな始動電流が流れるので，始動補償器，直列リアクトル，始動用変圧器などを用い，低電圧にして始動する。

始動電動機法は，誘導電動機や直流電動機を用い，これに直結した三相同期電動機を回転させ，回転子が同期速度付近になったとき同期電動機の界磁巻線を励磁し電源に接続する方法であり，主に大容量機に採用されている。

また，近年インバータなどパワーエレクトロニクス装置の利用拡大によって可変電圧可変周波数の電源が容易に得られるようになったので，出力の電圧と周波数がほぼ比例するパワーエレクトロニクス装置を使用すれば，周波数を変えると同期速度が変わり，始動トルクを確保しやすくなっている。

## 12.7　リラクタンスモータ

リラクタンスモータは，同期電動機の回転界磁磁極の界磁巻線を無くし，突

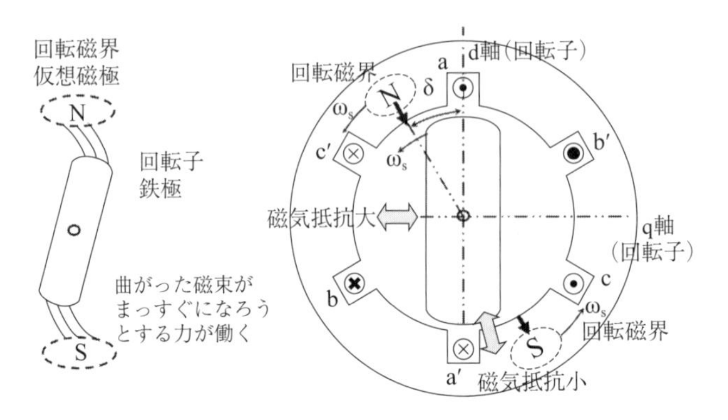


図 12–13　リラクタンスモータ

極形回転子としたものである。回転子の構造図を**図 12–13** に示す。回転磁界の仮想磁極の N 極から磁気抵抗の小さい回転子の突極部を通って回転磁界の S 極に至るが，この状態で回転磁界の回転速度で回転を続ける。このとき，負荷を負うと突極回転子が若干（図では $\delta$）ずれる。このずれは負荷トルクに対応するものである。

リラクタンスモータのトルクは，突極形同期電動機のトルクを示す式（12.8）の第 2 項のリラクタンストルクのみとなり，

$$T = \frac{1}{\omega_\mathrm{s}} \times \frac{3V^2}{2}\left(\frac{1}{x_\mathrm{q}} - \frac{1}{x_\mathrm{d}}\right)\sin 2\delta\,[\mathrm{N\cdot m}] \tag{12.15}$$

したがって，$\delta = \pi/4$ でトルクは最大になる。

リラクタンスモータは，永久磁石同期電動機のようなマグネット用の希土類元素を使用しないメリットがあるので，今後利用範囲が拡大されることが見込まれている。

## 12.8 ブラシレス DC モータ

ブラシレス DC モータは，永久磁石同期電動機を駆動する方法として交流電源の替わりに直流電源を用いたものである。回転子位置検出器と半導体スイッチ

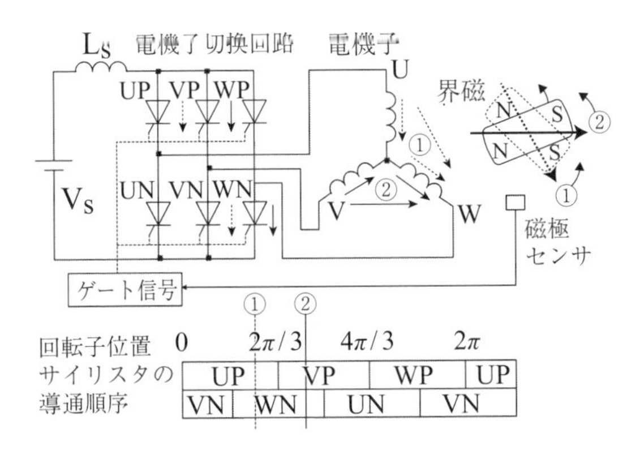


図 12–14　ブラシレス DC モータ

を用い，直流を交流に変換し，同期電動機を回転させるものである。**図 12–14** にブラシレス DC モータの構成図を示す。図の例では，6 個の半導体スイッチをそれぞれ電気角 120° で切り換え（120° 通電形），固定子巻線で発生させる回転磁界の方向を ① →② のように 60° ステップで回転させており，それに伴い永久磁石回転子を反発力で回転させるようにしている。タイミングよく回転子を反発できるようにするため回転子の位置検出が重要になる。ブラシレス DC モータは家電製品や AV 製品に広く使われている。

## 演習問題

(1) 定格電圧 3,300 V，1 相の同期リアクタンスが 10 Ω の三相同期電動機が負荷電流 110 A，力率 $\cos\theta = 1$ で運転しているときの 1 相あたりの内部誘導起電力はいくらか。

(2) 問題（1）の三相同期電動機において端子電圧及び出力は同一で，界磁電流を 1.5 倍に増加したときの負荷角を $\delta'$ とすると，$\sin\delta'$ はいくらになるか。

(3) 出力 1,500 W，負荷角 45° で運転している同期電動機がある。負荷角が 60° になると，出力はいくらになるか。ただし，端子電圧および励磁電流は変わらないものとする。

(4) 6 極，定格周波数 60 Hz，1 相の同期リアクタンス 3.52 Ω の円筒形三相同期電動機がある。端子電圧（線間）440 V の電源に接続し，励磁電流を一定に保って運転した。無負荷誘導起電力（線間）が 400 V，負荷角が 60° のときの電動機のトルクを求めよ。ただし，電機子抵抗は無視できるものとする。

(5) 式（12.10）及び（12.11）よりトルクの式（11.8）及び（11.9）を誘導せよ。

## 演習解答

(1) フェーザ図の問題である。

電動機では，$\dot{E}_0 = \dot{V} - jx_s\dot{I}$ が成り立つ。

フェーザ図を**問題図 12–1** に示す。図より，

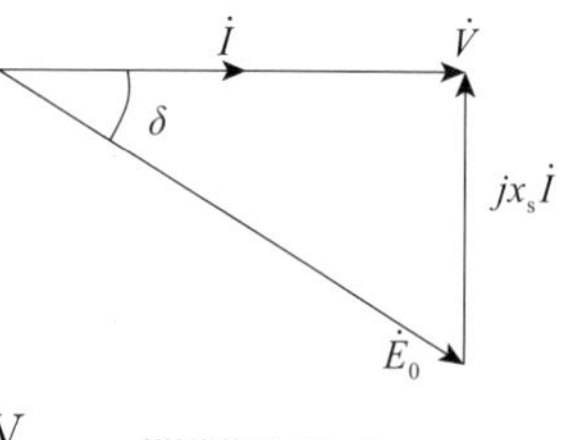


問題図 12–1

$$E_0 = \sqrt{V^2 + (x_s I)^2}$$
$$= \sqrt{(\tfrac{3{,}300}{\sqrt{3}})^2 + (10 \times 110)^2} = 2{,}200\ \mathrm{V}$$

（答）1 相の内部誘導起電力 2,200 V

(2) 界磁電流を 1.5 倍に増加すると内部誘導起電力 $E_0'$ も $E_0$ の 1.5 倍になり，

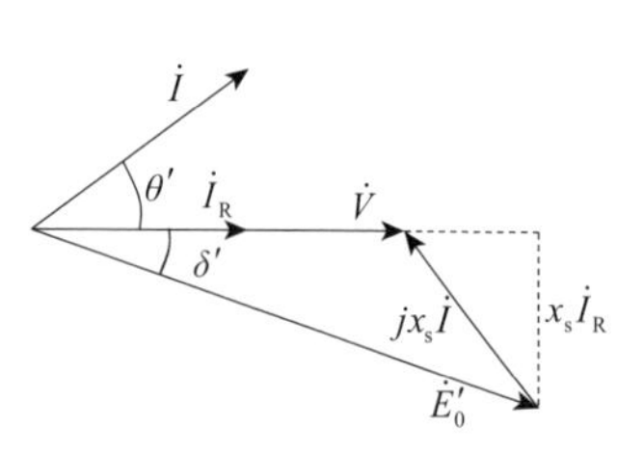


問題図 12–2

$$E_0' = 1.5E_0 = 1.5 \times 2{,}200$$
$$= 3{,}300\,V$$

これに伴い，電機子電流は進み位相になる。このときのフェーザ図を**問題図 12–2** に示す。

電動機出力は，

$$P_m = 3 \times \frac{E_0 V}{x_s} \sin\delta$$

題意より出力と端子電圧は同一なので，界磁電流増加後の出力は，

$$P'_{\mathrm{m}} = 3 \times \frac{E'_0 V}{x_{\mathrm{s}}} \sin\delta'$$

出力は同一で $P_{\mathrm{m}} = P'_{\mathrm{m}}$ であり，問題図 12–1 より $\sin\delta = \frac{1{,}100}{2{,}200}$ となるので，

$$\therefore E_0 \sin\delta = E'_0 \sin\delta'$$

$$\therefore \sin\delta' = \frac{E_0}{E'_0} \sin\delta = \frac{2{,}200}{3{,}300} \times \frac{1{,}100}{2{,}200} = 0.333$$

（答）$\sin\delta' = 0.333$

(3) 同期電動機の出力は，

$$P_{\mathrm{m}} = 3\frac{E_0 V}{x_{\mathrm{s}}} \sin\delta \,[\mathrm{W}]$$

端子電圧, 励磁電流は変わらないから $V$，$E_0$ は一定である。したがって，

$$P_{\mathrm{m}} = K \sin\delta \,[\mathrm{W}] \text{（問題図 12–3）}$$

問題図 12–3

係数 $K$ は，

$$\therefore K = \frac{P}{\sin\delta} = \frac{1{,}500}{\sin 45^\circ} = 2{,}121$$

ここで $\delta = 60^\circ$ になった場合，

$$P'_{\mathrm{m}} = K \sin\delta' = 2{,}121 \times \sin 60^\circ = 1{,}837\,\mathrm{W}$$

（答）出力 1,840 W

(4) この電動機の同期速度は，極対数 $p = 6/2 = 3$ なので

$$N = \frac{f}{p} \times 60 = \frac{60}{3/2} \times 60 = 1{,}200\,\mathrm{min}^{-1}$$

電動機出力は，

$$P_{\mathrm{m}} = 3\frac{E_0 V}{x_{\mathrm{s}}}\sin\delta$$
$$= 3\frac{400/\sqrt{3}\times 440/\sqrt{3}}{3.52}\sin 60^\circ = 43{,}300\,\mathrm{W}$$

このときのトルクは，

$$T = \frac{P}{\omega_{\mathrm{s}}} = \frac{P}{2\pi\frac{N}{60}}$$
$$= \frac{43{,}300}{2\pi\frac{1{,}200}{60}} = 344.6\,\mathrm{N\cdot m}$$

（答）トルク 345 N · m

(5) 式 (12.10) より

$$I\cos\beta' = \frac{V\sin\delta}{x_{\mathrm{q}}}, \quad I\sin\beta' = \frac{V\cos\delta - E_0}{x_{\mathrm{d}}}$$

が得られるので，式 (12.11) は，

$$T = \frac{3}{\omega_s}\left(VI\cos\delta\cos\beta' - VI\sin\delta\sin\beta'\right)$$
$$= \frac{3}{\omega_s}\left(V\cos\delta\frac{V\sin\delta}{x_{\mathrm{q}}} - V\sin\delta\frac{V\cos\delta - E_0}{x_{\mathrm{d}}}\right)$$
$$= \frac{3}{\omega_s}\left\{\frac{VE_0}{x_{\mathrm{d}}}\sin\delta + \left(\frac{1}{x_{\mathrm{q}}} - \frac{1}{x_{\mathrm{d}}}\right)V^2\sin\delta\omega_s\delta\right\}$$
$$= \frac{3}{\omega_s}\left\{\frac{VE_0}{x_{\mathrm{d}}}\sin\delta + \left(\frac{1}{x_{\mathrm{q}}} - \frac{1}{x_{\mathrm{d}}}\right)\frac{V^2}{2}\sin 2\delta\right\}$$

となり，式 (12.8) が誘導できる。

次に，式 (12.10) を式 (12.11) に直接代入すると，

$$T = \frac{3}{\omega_s}\left(VI\cos\delta\cos\beta' - VI\sin\delta\sin\beta'\right)$$
$$= \frac{3}{\omega_s}\left\{(E_0 + x_{\mathrm{d}}I\sin\beta')I\cos\beta' - (x_{\mathrm{q}}I\cos\beta')I\sin\beta'\right\}$$
$$= \frac{3}{\omega_s}\left\{E_0 I\cos\beta' + (x_{\mathrm{d}} - x_{\mathrm{q}})I^2\sin\beta'\cos\beta'\right\}$$

$$= \frac{3}{\omega_s}\left\{E_0 I \cos\beta' + (x_\mathrm{d} - x_\mathrm{q})\frac{I^2}{2}\sin 2\beta'\right\}$$

となり，式（12.9）が誘導できる。

## 引用・参考文献

1) 広瀬敬一原著，炭谷英夫：電機設計概論［4 版改訂］，電気学会，2007.
2) 天野寛徳，常広 譲：電気機械工学 改訂版，電気学会，1985.
3) 前田 勉，新谷邦弘：電気機器工学, コロナ社，2001.
4) 森本雅之：よくわかる電気機器，森北出版，2012.
5) 野中作太郎：電気機器（I）森北出版，1973.

# 索　引

【さ】



【た】

【な】



【は】

【ま】



【や】



【ら】

## 著者略歴

高木　浩一（たかき　こういち）（1 章）

1986 年　熊本大学工学部電気情報工学科卒業
1988 年　熊本大学大学院工学研究科博士前期課程修了（電気工学専攻）
1989 年　熊本大学大学院自然科学研究科博士後期課程退学（生産科学専攻）
1989 年　大分工業高等専門学校勤務 1995 年博士（工学）（熊本大学）
1996 年　岩手大学助手（電気電子工学科）
2011 年　岩手大学教授（理工学部システム創成工学科）
　　　　現在に至る

上田　茂太（うえだ　しげた）（10 章）

1979 年　北海道大学工学部電気工学科卒業
1981 年　北海道大学大学院工学研究科電気工学専攻修士課程修了
1981 年　(株)日立製作所日立研究所入社
1992 年　(株)日立製作所日立研究所主任研究員
1997 年　博士（工学）（北海道大学）
2001 年　(株)日立製作所日立研究所部長
2003 年　苫小牧工業高等専門学校助教授（電気電子工学科）
2004 年　苫小牧工業高等専門学校教授（電気電子工学科）
2016 年　苫小牧工業高等専門学校教授（創造工学科電気電子系）
　　　　現在に至る

上野　崇寿（うえの　たかひさ）（3 章）

2003 年　大分工業高等専門学校電気工学科卒業
2005 年　熊本大学電気システム工学科卒業
2007 年　熊本大学大学院自然科学研究科電気システム専攻修了
2008 年　大分工業高等専門学校勤務
2009 年　熊本大学大学院自然科学研究科博士後期課程卒業（複合新領域科学専攻）
　　　　博士（工学）
2013 年　大分工業高等専門学校講師（電気電子工学科）
2018 年　大分工業高等専門学校准教授（電気電子工学科）
　　　　現在に至る

郷　冨夫（ごう　とみお）（1 章，11 章，12 章）

1975 年　釧路工業高等専門学校電気工学科卒業
1975 年　(株)東芝入社 電力用遮断器及びスイッチギヤの設計・開発に従事
2006 年　一関工業高等専門学校教授（電気情報工学科）

2009 年　岩手大学大学院工学研究科博士後期課程修了（電気電子工学専攻）
　　　　博士（工学）
2018 年　郷技術士事務所開設
2018 年　サレジオ工業高等専門学校非常勤講師（電気工学科）
　　　　現在に至る

河野　晋（こうの　すすむ）（4 章）
1992 年　熊本大学工学部電気情報工学科卒業
1994 年　熊本大学大学院工学研究科博士前期課程修了（電気工学専攻）
1994 年　有明工業高等専門学校助手（電気工学科）
1999 年　熊本大学大学院自然科学研究科博士後期課程修了（生産科学専攻）
　　　　博士（工学）
2000 年　有明工業高等専門学校講師（電気工学科）
2003 年　有明工業高等専門学校助教授（電気工学科）
2007 年　有明工業高等専門学校准教授（電気工学科）
2016 年　有明工業高等専門学校教授（創造工学科）
　　　　現在に至る

三島　裕樹（みしま　ゆうじ）（5 章，6 章，7 章）
1992 年　旭川工業高等専門学校電気工学科卒業
1994 年　秋田大学鉱山学部電気工学科卒業
1996 年　秋田大学大学院鉱山学研究科電気電子工学専攻修士課程修了
1999 年　北海道大学大学院工学研究科システム情報工学専攻博士後期課程修了
　　　　博士（工学）
1999 年　茨城大学工学部助手
2005 年　茨城大学工学部講師
2006 年　函館工業高等専門学校助教授（電気電子工学科）
2007 年　函館工業高等専門学校准教授（電気電子工学科）
2015 年　函館工業高等専門学校教授（生産システム工学科）
　　　　現在に至る

向川　政治（むかいがわ　せいじ）（8 章，9 章）
1991 年　大分工業高等専門学校電気工学科卒業
1993 年　茨城大学理学部物理学科卒業
1995 年　広島大学大学院理学研究科博士課程前期修了（物理学専攻）
1998 年　広島大学大学院理学研究科博士課程後期修了（物理学専攻）
1998 年　広島大学ナノデバイス・システム研究センター講師（研究機関研究員）

2001 年　岩手大学助手（工学部電気電子工学科）
2009 年　岩手大学准教授（工学部電気電子・情報システム工学科）
2016 年　岩手大学教授（理工学部システム創成工学科）
現在に至る

## MEMO

実践的技術者のための電気電子系教科書シリーズ
**電気機器**

2020年 4 月 13 日　初版第 1 刷発行

検印省略

著　者　高木浩一
上田茂太
上野崇寿
郷　冨夫
河野　晋
三島裕樹
向川政治
発行者　柴山斐呂子

発行所　**理工図書株式会社**
〒102-0082　東京都千代田区一番町 27-2
電話 03（3230）0221（代表）
FAX03（3262）8247
振替口座　00180-3-36087 番
http://www.rikohtosho.co.jp


Printed in Japan　ISBN978-4-8446-0891-2
印刷・製本　藤原印刷株式会社